中国电子信息工程科技发展研究

海洋网络信息技术国内外发展态势研究

中国信息与电子工程科技发展战略研究中心

科学出版社

北 京

内 容 简 介

  本书按照"三网四化"的整体架构，鸟瞰了全球范围内海洋网络信息体系领域的发展状况。包括过去一年内的顶层规划与政策、重大项目或事件，海洋物联网、海洋能源网、海洋信息网(简称"三网")的网络信息体系建设，以及以"三网"为基础所推动的海洋农业现代化、海洋工业现代化、海洋服务业现代化以及海洋治理现代化(简称"四化")，并总结了我国海洋网络信息体系发展存在的挑战与问题；从发展目标、发展思路、推进策略、发展重点、建设原则和系统布局等方面提出总体构想，对我国海洋网络信息体系的未来发展做出展望；总结了我国海洋网络信息体系发展的热点和亮点；梳理了海洋网络信息领域内的年度热词，并介绍其基本含义及应用水平；最后整理了领域量化指标并对比了国际水平。

  本书适合水声工程、通信工程、海洋地球物理等专业的本科生和研究生阅读，亦可供相关领域的高等院校教师和产业工程科技人员参考。

图书在版编目（CIP）数据

中国电子信息工程科技发展研究. 海洋网络信息技术国内外发展态势研究 / 中国信息与电子工程科技发展战略研究中心著. — 北京：科学出版社，2024. 10. — ISBN 978-7-03-079159-7

Ⅰ. G203；P72

中国国家版本馆 CIP 数据核字第 2024WV3883 号

责任编辑：余　丁 / 责任校对：胡小洁
责任印制：赵　博 / 封面设计：迷底书装

科 学 出 版 社 出版

北京东黄城根北街 16 号
邮政编码：100717
http://www.sciencep.com

北京华宇信诺印刷有限公司印刷
科学出版社发行　各地新华书店经销

*

2024 年 10 月第　一　版　开本：880×1230　1/32
2025 年 1 月第二次印刷　印张：11
字数：245 000
定价：158.00 元
（如有印装质量问题，我社负责调换）

《中国电子信息工程科技发展研究》指导组

组　长：
　　　吴曼青　费爱国

副组长：
　　　赵沁平　余少华　吕跃广

成　员：
　　　丁文华　刘泽金　何　友　吴伟仁
　　　张广军　罗先刚　陈　杰　柴天佑
　　　廖湘科　谭久彬　樊邦奎

顾　问：
　　　陈左宁　卢锡城　李天初　陈志杰
　　　姜会林　段宝岩　邬江兴　陆　军

《中国电子信息工程科技发展研究》工作组

组　长：
　　　　余少华　　陆　军

副组长：
　　　　曾倬颖

国家高端智库

中国信息与电子工程科技发展战略研究中心
CHINA ELECTRONICS AND INFORMATION STRATEGIES

中国信息与电子工程科技
发展战略研究中心简介

中国工程院是中国工程科学技术界的最高荣誉性、咨询性学术机构，是首批国家高端智库试点建设单位，致力于研究国家经济社会发展和工程科技发展中的重大战略问题，建设在工程科技领域对国家战略决策具有重要影响力的科技智库。当今世界，以数字化、网络化、智能化为特征的信息化浪潮方兴未艾，信息技术日新月异，全面融入社会生产生活，深刻改变着全球经济格局、政治格局、安全格局，信息与电子工程科技已成为全球创新最活跃、应用最广泛、辐射带动作用最大的科技领域之一。为做好电子信息领域工程科技类发展战略研究工作，创新体制机制，整合优势资源，中国工程院、中央网信办、工业和信息化部、中国电子科技集团加强合作，于2015年11月联合成立了中国信息与电子工程科技发展战略研究中心。

中国信息与电子工程科技发展战略研究中心秉持高层次、开放式、前瞻性的发展导向，围绕电子信息工程科技发展中的全局性、综合性、战略性重要热点课题开展理论研究、应用研究与政策咨询工作，充分发挥中国工程院院士，国家部委、企事业单位和大学院所中各层面专家学者的智力优势，努力在信息与电子工程科技领域建设一流的战略思想库，为国家有关决策提供科学、前瞻和及时的建议。

《中国电子信息工程科技发展研究》
编写说明

    当今世界，以数字化、网络化、智能化为特征的信息化浪潮方兴未艾，信息技术日新月异，全面融入社会经济生活，深刻改变着全球经济格局、政治格局、安全格局。电子信息工程科技作为全球创新最活跃、应用最广泛、辐射带动作用最大的科技领域之一，不仅是全球技术创新的竞争高地，也是世界各主要国家推动经济发展、谋求国家竞争优势的重要战略方向。电子信息工程科技是典型的"使能技术"，几乎是所有其他领域技术发展的重要支撑，电子信息工程科技与生物技术、新能源技术、新材料技术等交叉融合，有望引发新一轮科技革命和产业变革，为重塑社会经济生产结构提供新质生产力。电子信息工程科技作为最直接、最现实的工具之一，直接将科学发现、技术创新与产业发展紧密结合，极大地加速了科学技术发展的进程，成为改变世界的重要力量。电子信息工程科技也是新中国成立 70 年来特别是改革开放 40 年来，中国经济社会快速发展的重要驱动力。在可预见的未来，电子信息工程科技的进步和创新仍将是推动人类社会发展的最重要的引擎之一。

    把握世界科技发展大势，围绕科技创新发展全局和长远问题，及时为国家决策提供科学、前瞻性建议，履行好国家高端智库职能，是中国工程院的一项重要任务。为此，中国工程院信息与电子工程学部决定组织编撰《中国电子信息工程科技发展研究》(以下简称"蓝皮书")。2018 年9 月至今，编撰工作由余少华、陆军院士负责。"蓝皮书"分综合篇和专题篇，分期出版。学部组织院士并动员各方面专家 300 余人参与编撰工作。"蓝皮书"编撰宗旨是：分析研究电子信息领域年度科技发展情况，综合阐述国内外年度电子信息领域重要突破及标志性成果，为我国科技人员准确把握电子信息领域发展趋势提供参考，为我国制定电子信息科技发展战略提供支撑。

"蓝皮书"编撰指导原则如下：

(1) 写好年度增量。电子信息工程科技涉及范围宽、发展速度快，综合篇立足"写好年度增量"，即写好新进展、新特点、新挑战和新趋势。

(2) 精选热点亮点。我国科技发展水平正处于"跟跑""并跑""领跑"的三"跑"并存阶段。专题篇力求反映我国该领域发展特点，不片面求全，把关注重点放在发展中的"热点"和"亮点"问题。

(3) 综合与专题结合。"蓝皮书"分"综合"和"专题"两部分。综合部分较宏观地介绍电子信息科技相关领域全球发展态势、我国发展现状和未来展望；专题部分则分别介绍 13 个子领域的热点亮点方向。

5 大类和 13 个子领域如图 1 所示。13 个子领域的颗粒度不尽相同，但各子领域的技术点相关性强，也能较好地与学部专业分组对应。

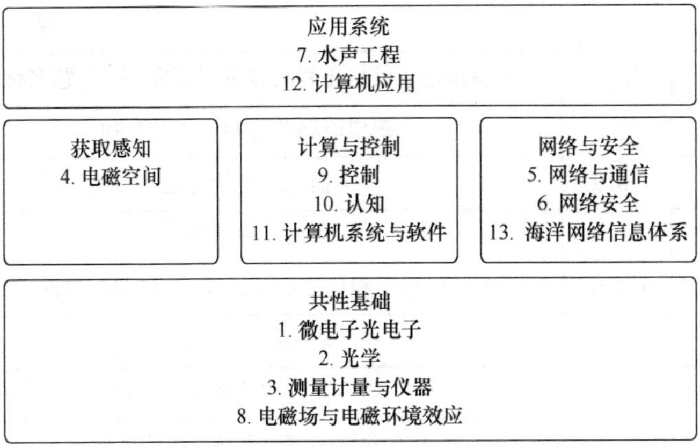

应用系统
7. 水声工程
12. 计算机应用

获取感知	计算与控制	网络与安全
4. 电磁空间	9. 控制	5. 网络与通信
	10. 认知	6. 网络安全
	11. 计算机系统与软件	13. 海洋网络信息体系

共性基础
1. 微电子光电子
2. 光学
3. 测量计量与仪器
8. 电磁场与电磁环境效应

图 1　子领域归类图

至今,"蓝皮书"陆续发布多部综合篇、系列专题和英文专题等,见表 1。

表 1　"蓝皮书"整体情况汇总

序号	年份	中国电子信息工程科技发展研究——专题名称
1	大本子	中国电子信息工程科技发展研究
2	2018	中国电子信息工程科技发展研究（领域篇）——传感器技术
3		中国电子信息工程科技发展研究（领域篇）——遥感技术及其应用
4	大本子	中国电子信息工程科技发展研究 2017
5	2019	5G 发展基本情况综述
6		下一代互联网 IPv6 专题
7		工业互联网专题
8		集成电路产业专题
9		深度学习专题
10		未来网络专题

续表

序号	年份	中国电子信息工程科技发展研究——专题名称
11	2019	集成电路芯片制造工艺专题
12		信息光电子专题
13		可见光通信专题
14	大本子	中国电子信息工程科技发展研究（综合篇 2018—2019）
15	2020	区块链技术发展专题
16		虚拟现实和增强现实专题
17		互联网关键设备核心技术专题
18		机器人专题
19		网络安全态势感知专题
20		自然语言处理专题
21	2021	卫星通信网络技术发展专题
22		图形处理器及产业应用专题
23	大本子	中国电子信息工程科技发展研究（综合篇 2020—2021）
24	2022	量子器件及其物理基础专题
25		微电子光电子专题
26		光学工程专题
27		测量计量与仪器专题
28		网络与通信专题
29		网络安全专题
30		电磁场与电磁环境效应专题
31		控制专题
32		认知专题
33		计算机应用专题

续表

序号	年份	中国电子信息工程科技发展研究——专题名称
34	2022	海洋网络信息体系专题
35		智能计算专题
36	2023	大数据技术及产业发展专题
37		遥感过程控制与智能化专题
38		操作系统专题
39		数据中心网络与东数西算专题
40		大科学装置专题
41	2024	软件定义晶上系统（SDSoW）专题
42		ChatGPT 技术专题
43		数字孪生专题
44		微电子光电子国内外发展态势研究
45		光学工程国内外发展态势研究
46		电磁空间学科发展及国内外发展态势研究
47		网络与通信国内外发展态势研究
48		网络安全国内外发展态势研究
49		海洋网络信息技术国内外发展态势研究

从 2019 年开始，先后发布《电子信息工程科技发展十四大趋势》、《电子信息工程科技十三大挑战》、《电子信息工程科技十四大技术挑战》（2019 年、2020 年、2021 年、2022 年、2023 年）5 次。科学出版社与 Springer 出版社合作出版了 5 个专题，见表 2。

表 2　英文专题汇总

序号	英文专题名称
1	Network and Communication
2	Development of Deep Learning Technologies
3	Industrial Internet
4	The Development of Natural Language Processing
5	The Development of Block Chain Technology

相关工作仍在尝试阶段，难免出现一些疏漏，敬请批评指正。

中国信息与电子工程科技发展战略研究中心

前　　言

习近平总书记在党的二十大报告中指出"发展海洋经济，保护海洋生态环境，加快建设海洋强国"，成为新时代建设海洋强国新征程的行动指南，全面吹响了建设中国特色海洋强国的奋进号角。中国是海洋大国，海岸线总长度超过 3.2 万公里，数十个港口城市星罗棋布，拥有广泛的海洋战略利益。因此，加快建设海洋强国是中国式现代化的必然选择，也是实现中华民族伟大复兴的重大战略任务。

海洋是生命摇篮、资源宝库、交通命脉、战略要地。当前，人类社会对海洋认识欠缺，对海洋资源开发利用不足，海洋生态保护和海洋维权能力亟待提升，海洋相关产业的发展潜力有待挖掘。如何加快海洋科技创新步伐，提高海洋资源开发能力，培育壮大海洋战略性新兴产业，是海洋经济高质量发展的关键。"信息主导"作为经略海洋的长远抓手，是突破这一关键问题的重要手段。随着以物联网、云计算、大数据等为代表的新一代信息技术的快速发展，海洋信息化建设成为关心海洋、认识海洋、经略海洋的必然选择。我国海洋信息化建设尚处于起步阶段，体系化设计和布局尚未形成共识，"九龙治水"现象在目前经略海洋过程中仍然不同程度地存在。因此，进一步加强海洋网络信息体系建设是加快实施海洋强国战略，推进"一带一路"合作共建，切实维护海洋权益的前提和基础。

海洋网络信息体系是指以海洋物联网、海洋能源网、海洋信息网("三网")为底层基础,支撑海洋农业现代化、海洋工业现代化、海洋服务业现代化和海洋治理现代化("四化")建设,以基础支撑应用、由应用牵引基础。近年来,我国在海洋网络信息体系建设方面所取得的成绩可圈可点,在物联、能源、信息等关键技术上均取得重要突破和显著成果;在产业能力上,发展韧性持续显现;同时,在国际上发起并主持多项海洋科学方面的重大项目,在为全球海洋治理提供科学解决方案上占有一席之地。

面向第二个百年奋斗目标,依托海洋网络信息体系的顶层架构,以新发展理念为引领,以技术创新为驱动,以信息网络为依托,牢牢把握海洋高质量发展需要,加强数字海洋新基建,助推海洋产业数字化转型,促进海上丝绸之路合作,共同推动海洋命运共同体建设,推动海洋从"游牧时代"到"智能时代"的跨越!

本书以加快建设海洋强国为出发点,结合全球新一轮信息技术与产业发展趋势,以"三网四化"的海洋网络信息体系为基本框架,聚焦数字海洋新基建,梳理了2022—2023年全球海洋信息化建设最新进展,概述了全球在"三网"方面的基础建设以及在"四化"产业的应用情况。紧接着对我国海洋网络信息体系发展现状进行了梳理与总结,并指出目前我国存在的挑战与问题。进而从发展目标、发展思路、发展重点、建设原则、系统布局等方面对我国未来海洋网络信息体系发展进行了展望;从关键技术、行业应用等方面对我国海洋网络信息体系建设方面所取得的热点亮点进行了总结。最后,梳理了海洋领域年度热词,

从"三网四化"角度对比了我国和国际的领域指标。

图 1　本书结构框架

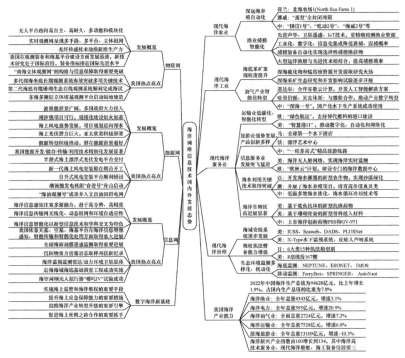

图 2　海洋网络信息技术国内外发展态势图

专家组名单

姓名	工作单位	职务/职称
王小谟	中国电科集团电科院	院士
吴立新	崂山实验室	院士
邱志明	海军研究院	院士
张平	北京邮电大学	院士
刘清宇	中国人民解放军 92578 部队	院士
童小华	同济大学	院士
石光明	鹏城实验室	副主任/教授
杨建坤	鹏城实验室	主任助理
察豪	海军工程大学	教授
邓中亮	北京邮电大学	教授
田纪伟	中国海洋大学	教授
乔钢	哈尔滨工程大学	教授
易宏	上海交通大学	教授
彭宇	哈尔滨工业大学	教授
位寅生	哈尔滨工业大学	教授
张在琛	东南大学	教授
李国强	华南理工大学	教授
罗敏学	中国石油集团东方地球物理公司	研究员

续表

姓名	工作单位	职务/职称
杨华勇	南方海洋科学与工程广东省实验室(广州)	教授
孙俊	中国电科集团电科院	研究员
张雪松	中国电科集团电科院	研究员
范强	中国电科集团电科院	研究员
刘兴江	中国电科第 18 研究所	研究员
陈光辉	中国电科第 23 研究所	研究员
陈小宝	中国电科第 23 研究所	研究员
陈平	中国电科第 28 研究所	研究员
郭利强	中国电科第 41 研究所	研究员
王劲松	中国电科第 49 研究所	研究员

注：排名不分先后

撰写组名单

姓名	工作单位	职务/职称
陆军	中国电科集团电科院	院士
冯拓宇	中国电科集团电科院	研究员
乔永杰	中国电科集团电科院	研究员
董琦	中国电科集团电科院	高工
刘金荣	中国电科集团电科院	高工
钱洪宝	中国电科集团电科院	高工
尚晓舟	中国电科集团电科院	高工
柳小军	中国电科集团电科院	高工
王成才	中国电科集团电科院	高工
庄园	中国电科集团电科院	工程师
贾袁骏	中国电科集团电科院	工程师
陈宇翔	中国电科集团电科院	工程师
刘海波	中国石油集团东方地球物理公司	高工
徐朝红	中国石油集团东方地球物理公司	高工
谢欢	同济大学	教授
杨群慧	同济大学	教授
肖长江	同济大学	副教授
唐军武	崂山实验室	研究员

续表

姓名	工作单位	职务/职称
谭华	青岛海洋科技中心	高工
苏亮	青岛海洋科技中心	高工
刘睿	青岛海洋科技中心	高工
刘晓凤	青岛海洋科技中心	工程师
周志权	哈尔滨工业大学	教授
王晨旭	哈尔滨工业大学	教授
张宇峰	哈尔滨工业大学	教授
娄毅	哈尔滨工业大学	副教授
罗清华	哈尔滨工业大学	副教授
黄海滨	哈尔滨工业大学	副教授
王金龙	哈尔滨工业大学	讲师
任肖强	上海大学	教授
周洋	上海大学	副教授
阎耀素	上海大学	工程师
高鹏	中国电科第18研究所	研究员
于直航	中国电科第18研究所	研究员
王赫	中国电科第18研究所	研究员
张博	中电科海洋信息技术研究院有限公司	研究员
唐斌	中电科海洋信息技术研究院有限公司	研究员
杨云祥	中电科海洋信息技术研究院有限公司	研究员
郭静	中电科海洋信息技术研究院有限公司	研究员
王谋业	中电科海洋信息技术研究院有限公司	工程师

姓名	工作单位	职务/职称
陈思源	中电科海洋信息技术研究院有限公司	工程师
韩恩权	中国人民解放军 92578 部队	正高工
毛柳伟	中国人民解放军 92578 部队	高工
王亮	中国人民解放军 91054 部队	副研究员
肖玉杰	中国人民解放军 91054 部队	副研究员
罗荣	中国人民解放军 91054 部队	工程师
何翼	中国人民解放军 91054 部队	助理研究员
田斌	海军工程大学	教授
俞启东	中国航天科技集团有限公司第一研究院	研究员
徐志程	中国航天科技集团有限公司第一研究院	研究员
詹景坤	中国航天科技集团有限公司第一研究院	高工
李明	中国航天科技集团有限公司第一研究院	高工
马潇健	中国航天科技集团有限公司第一研究院	高工
郭品	中国航天科技集团有限公司第一研究院	高工
陈晓健	中国航天科技集团有限公司第一研究院	高工
饶世钧	海军大连舰艇学院	教授
冷相文	海军大连舰艇学院	教授
蒋永馨	海军大连舰艇学院	教授
冯志勇	北京邮电大学	院长/研究员
叶海军	北京邮电大学	博士
熊珍凯	安徽理工大学	副院长/研究员
洪中华	上海海洋大学	教授

续表

姓名	工作单位	职务/职称
张先超	嘉兴大学	教授
严晗	武汉理工大学	教授
徐敬	浙江大学	教授
张晓升	电子科技大学	教授
周锋	哈尔滨工程大学	教授
商志刚	哈尔滨工程大学	教授
赵云江	中国船舶第七一零研究所	高工
万磊	厦门大学	副教授
姜明	鹏城实验室	助理研究员
吴勃	鹏城实验室	助理研究员
张琪	鹏城实验室	助理研究员
赖叶平	鹏城实验室	助理研究员
闫文东	鹏城实验室	工程师
王珍珍	鹏城实验室	工程师
胡呈祖	鹏城实验室	工程师
陆海博	鹏城实验室	副研究员
杜静茹	鹏城实验室	博士
尚正涛	鹏城实验室	博士

注：排名不分先后

目　　录

第1章 全球发展态势

1.1 概 述

随着全球经济持续发展、科技不断进步和人们生活水平提高，人类对资源的需求不断攀升，人口、资源和环境等问题日益凸显。海洋与人类生活息息相关，不仅是人类赖以生存的气候调节器，同时也拥有丰富的生物和矿物资源，并有大量的海洋能资源。因此，国际社会普遍关注海洋环境研究、海洋资源的开发利用及保护管理、深海极地探索及海洋安全等时代命题。

为了进一步保护海洋，解决人类可持续发展面临的严峻挑战，联合国框架下最重要的全球性海洋科学倡议——"联合国海洋科学促进可持续发展十年(2021—2030 年)"(简称"海洋十年")自 2021 年成功启动[1]。"海洋十年"将推动国际社会在数据、信息和科技的开放与共享方面的实践乃至制度创新，确保海洋科学为各国海洋可持续发展创造更好条件；在提升人类对海洋认知的同时，也在提升科学对治理和政策的影响，并在全球和国家层面构建更加强大的基于科学的治理体系和政策，从而影响海洋秩序[2]。基于全球性"海洋十年"这一顶层规划，各国结合自身实际，在海洋气候和生态系统、海洋观测和海洋安全等方面，纷纷推出相应的战略方案；在海洋的信息获取(尤其是深海)、生态保护、灾害监测、数据共享等方面发起了诸多重大项目及事件。以下将从海洋物联网、海洋能源网和海洋信息网(简称"三网")的科学技术角度,以及海洋农业现代化、海洋工业现代化、海洋服务业现代化和海洋治理现代化(简称"四化")的行业应用角度,鸟瞰国际海洋网络信息的发展现状,阐明未来发展趋势[3]。

从科学技术来看,人工智能不断渗透并推动"三网"的持续发展。

(1) 在海洋物联网方面,自由节点和固定网络相结合可为构建海洋网络信息系统奠定物质基础。以无人艇为代表的无人平台趋向高自主、高耐久、多功能和模块化。已建立的实时观测网呈现多手段、多平台、立体组网。纵横世界海洋的海底光缆,可通过分布式光纤声波传感(DAS)等技术,为实时监测低频声学事件并用于灾害预警、海洋生态保护与海洋治理等提供了重要手段,有望为下一代全球陆海空监测网提供基础保障。

(2) 在海洋能源网方面,目前按照"原位发电、海能海用"的理念进行发展,之后将朝向"产储输用"的方向打造成全链条式海洋能源网络。波浪能在海洋中具有高密度和广泛分布等优点,同时得益于超材料和人工智能技术的发展,许多提高波浪能收集性能的方法被提出,欧美等国大力支持波浪能的投入与市场推进。潮汐能技术受到国外多个研究机构重视,其技术可行性得到相关机构权威认证;潮汐能市场占有额十分可观,大型能源公司加速推进其项目开展。海上风电继续在全球能源结构中占据较大份额,在向深海进军的同时也面临着新的挑战。海上浮动光伏在加速能源转型方面发挥着重要作用，未来浮动太阳能的需求呈快速增长趋势，亚太、欧美等均积极推动该技术开发。同时，渗透能、洋流能等潜在能源拥有广阔的发展前景；太平洋岛屿国家和地区积极推动能源转型并成功进行了商业试点。

(3) 在海洋信息网方面，各海洋大国纷纷建立多源卫星融合的天基海洋目标监视系统，卫星遥感、航空遥感及无人机则用于空基海洋感知与探测，海基探测主要利用雷达技术进行目标探测和识别，水下信息感知手段则以欧美日等建立的水下设施或装备为代表。海洋信息传输包括海上通信、水声通信、水下光通信和磁感应通信，呈现无线化、动态组网和环境自适应性等特点。海洋信息的处理应用以智能化、共享化、集成化为发展趋势；大数据驱动的机器学习和深度学习等人工智能方法在海洋科学研究中的应用范围正在迅速扩大。

通过"三网"推动，相应的行业应用呈现出快速发展趋势。以深海养殖和渔业捕捞为代表的现代海洋农业变得更加科学和高效，"海能海用"理念在海洋牧场中体现得尤为明显。在现代海洋工业方面，矿产开采和油气勘探趋向于深海，反哺于科学研究和技术转型。对于现代海洋服务业，以技术驱动的低碳化、智能化、绿色化转型升级继续推进；同时，海面设备广泛应用于交通运输、信息服务、海水利用、生物医药等行业。在现代海洋治理上，多种信息化和智能化手段综合应用，有效处理海域安防、海上维权执法和海洋生态环境等各类涉海事务。

综上所述，面对海洋"复杂巨系统"所存在的现实问题，在"三网四化"构建的海洋网络信息体系之下，全球海洋信息领域正朝着多源融合、立体组网、绿色低碳、高效智能的方向大力迈进。图 1-1 为国际海洋网络信息的发展现状。

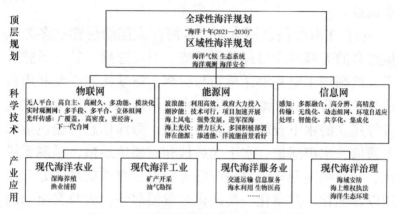

图 1-1　国际海洋网络信息的发展现状

1.2　背　　景

1.2.1　海洋网络信息体系建设的必要性及意义

21 世纪是海洋的世纪，海洋经济将成为全球支柱产业之一，同时海洋维权的重要地位也在不断上升。海洋强国战略要求我们关心海洋、认识海洋、经略海洋[3]，但当前人们对海洋的认识还很不够，对其蕴藏的丰富资源开发不足，对海洋生态保护和海洋维权能力亟待提升，与海洋相关产业的发展能力有待加强。针对这些问题，海洋网络信息体系建设势在必行，以推动海洋领域的跨越式发展。

1. 海洋发展客观驱动

作为人类赖以生存的第二自然环境，海洋具有十分鲜明的自身特点[4]。首先是"大"：海洋不仅面积大，占全球表面积的 70.8%，而且空间立体，包括空中、水面、水下三个层次；其次是"分"：不同于陆地上完全主权的占有，海洋作为全人类共同拥有的自然资源，由《联合国海洋法公约》分为领海、毗邻区、专属经济区和公海，而沿海国家在不同海域分别行使不同的权利；再次是"散"：相对于陆地，海洋的面积广阔使得各类海洋主体和海洋活动都处于高度分散的状态，相互之间难以建立联系，对海洋活动的管理和监控提出挑战；最后是"变"：海洋水文气象环境、海上活动的主体和内容都在不断变化[4]。海洋的这四个特点使得海洋信息化问题成为经略海洋的关键。数字海洋新基建利用网络(物联网、能源网、信息网)、大数据与人工智能等先进技术，通过对环境、目标和活动三类信息的及时获取与充分利用，实现对广阔、立体海洋空间的认知，制定不同海域的管理开发策略，管控分散状态下各类海洋主体与相关活动，进而应对各类变化带来的问题与挑战[3, 4]。

2. 国家战略需求引领

"信息主导"是经略海洋的前提与基础；没有信息，人类在海洋领域寸步难行[4]。随着社会发展和科技进步，海洋战略对于信息化发展的需求日益增强，二者之间的联系也愈发密切[4]。信息化水平和能力是各国制定海洋战略、发展海洋事业的主要参考依据[4]。美国在海洋事业发展中始终贯彻"数据为王"的理念[4]，不断扩大信息搜集范围、提升信息利用价值。欧洲等西方发达国家均高度重视海洋信息化工作，在各类海洋信息的获取、传输、处理与应用等方面投入大量资源开展长期建设，促进本国海洋信息化水平不断提升[4]。世界主要国家或组织自 2002 年起即纷纷开展海洋新基建战略规划(表 1-1)，竞争逐渐加剧。

表 1-1　世界主要国家或组织出台的战略规划

国家或组织	战略规划	出台年份
联合国	"海洋十年"	2021
	全球 eDNA	2021
美国	《21 世纪海洋蓝图》	2004
	《美国海洋行动计划》	2004
	《国家海洋政策》	2010
	《国家海洋政策实施计划》	2013
	《保卫前沿：美国极地海洋行动面临的挑战与解决方案》	2017
俄罗斯	里海数字双胞胎	2021
加拿大	《加拿大海洋战略》	2002
	《加拿大海洋行动计划》	2005
	《我们的海洋、我们的未来、联邦计划与活动》	2009
英国	《英国海洋法》	2009
	《英国海洋战略 2010—2025》	2010
	《英国海洋政策》	2011

续表

国家或组织	战略规划	出台年份
日本	《海洋基本法》	2007
	《海洋基本行动计划(2013—2017)》	2013
澳大利亚	《海岸带综合管理国家合作办法框架实施计划》	2003
	《一个海洋国家》	2009
	《海洋国家2025：支撑澳大利亚蓝色经济的海洋科学》	2013

我国高度重视海洋事业的发展。自 2013 年"关心海洋、认识海洋、经略海洋"指明海洋的发展方向以来，先后做出建设"海洋强国""21 世纪海洋丝绸之路"等战略部署，强调"向海洋进军""把装备制造牢牢抓在自己手里[5]"，"建设海洋强国是实现中华民族伟大复兴的重大战略任务[6]"。数字海洋新基建是面向海洋产业智能转型升级、服务国家战略重大调整的新型发展模式，通过联通海洋基础设施，促进海洋信息协同共享，构建海洋典型应用场景，拓展海洋业务范围，进一步推动国际深度合作、参与全球海洋治理，打造海洋科技强国，助力海洋经济高质量发展，汇聚"蓝色力量"支撑海洋强国战略实施。

3. 海洋产业结构优化

目前尚无真正意义上的海洋强国，人类对海洋的认识只有 3%—5%[3]，海洋信息产业将成为万亿级市场，但公开的数据表明，海洋产业结构仍需持续优化。美国 2020 年的海洋生产总值为 3614 亿美元，占美国国内生产总值的

1.7%；我国 2021 年海洋生产总值达 90385 亿元，占国内生产总值的 8%，但与 2020 年相比，第一、二产业比重有所增加，而第三产业则有所下降[7]。海洋信息化以技术创新为驱动，对现有的感知通信技术、信息处理技术、终端装备和服务类型等提出了新的需求和发展方向，将带动海洋信息服务、海洋智能装备制造等行业快速发展，同时赋能海洋传统产业，实现海洋产业的数字化转型升级，提升海洋科技创新能力，为海洋产业发展注入全新活力。

1.2.2　海洋方面的顶层规划与政策法规

1. 全球性海洋规划

纵观历史，海洋一直是贸易和运输的重要渠道，对海洋这一全球重要资源的有效管理是建设可持续发展未来的关键。为应对海洋和气候变化、促进可持续发展，联合国教科文组织制定了可持续发展目标，确定 2021—2030 年为"海洋十年"，并授权联合国教科文组织政府间海洋学委员会(IOC-UNESCO，简称"海委会")牵头制定《实施计划》，旨在扭转海洋健康衰退趋势并召集全球海洋利益相关方形成共同框架[8]，从而确保海洋科学能够为各国海洋可持续发展创造更好条件。

"海洋十年"将在《联合国海洋法公约》(UNCLOS)的法律框架下实施，采取自愿原则；其间开展的各项举措的设计和实施，将以"海洋十年行动框架"(图 1-2)为指导[2]。在该框架中，"海洋十年"挑战(图 1-3)居于最高层，是"海洋十年"最直接和最紧迫的优先事项[2]。这些挑战旨在团结"十年"合作伙伴，在全球、国家、地区和地方各级采取集体行动，并将推动实现"海洋十年"各项成果，因而直接关乎着"海洋十年"对《2030 年议程》和其他政策框架的总体贡献。在整个"十年"期间，这些挑战可能会发生调整变动，以应对新出现的问题。

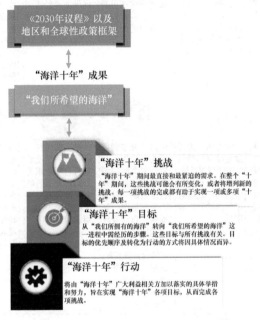

图 1-2 "海洋十年"行动框架[9]

"海洋十年"目标构成"行动框架"的第二层级并将引导推进实施多步骤的迭代循环进程，以完成"海洋十年"挑战，实现从"我们所拥有的海洋"到"我们所希望的海洋"的转变(图 1-4)。这一进程包括三个非线性的、相互交叠的步骤：第一，确定实现可持续发展所需的海洋知识；第二，生成数据、信息和知识，以全面了解海洋、海洋各组成部分及其互动关系；第三，利用所生成的海洋知识和

了解并查勘陆基和海基污染源及其对人类健康和海洋生态系统的潜在影响,并制定解决方案以消除或减轻这些影响。	了解多重压力源对海洋生态系统的影响,并制定解决方案,在不断变化的环境、社会和气候条件下,监测、保护、管理和恢复生态系统及其生物多样性。	生成知识、支持创新并制定解决方案,在不断变化的环境、社会和气候条件下,优化海洋在可持续地供养世界人口方面的作用。	生成知识、支持创新并制定解决方案,在不断变化的环境、社会和气候条件下,促进海洋经济实现公平和可持续发展。	增进对海洋与气候之间关系的了解,生成知识和解决方案,以便在所有地域和各级层面上减缓和适应气候变化并增强对气候变化影响的抵御能力,同时改进服务,包括海洋、气候和天气预测服务。

针对所有与地球物理、生态、生物、天气、气候以及人类行为有关的海洋和沿海灾害,加强多灾害早期预警服务,并将社区备灾工作和抗灾能力纳入主流。	确保在所有海洋盆地建立可持续的海洋观测系统,向所有用户提供可访问、及时且可操作的数据和信息。	通过开展多利益相关方协作,开发一套全面的海洋数字化系统,包括绘制一份动态海洋地图,并提供免费和开放的获取路径,以供不同利益相关方结合自身实际,探索、发现并可视化呈现过去、现在和未来的海洋状况。	确保在海洋科学所有方面以及面向所有利益相关方实现全面的能力建设以及公平获取数据、信息、知识和技术。	确保海洋之于人类福祉、文化和可持续发展的多重价值和服务得到广泛理解,并查明和克服行为转变障碍,以实现人类与海洋关系的彻底改变。

图 1-3　"海洋十年"挑战[9]

对海洋的了解,制定部署可持续发展的解决方案。要推进落实这一进程,就必须大幅提高海洋科学能力,将其贯彻到每一步骤中,以确保在"海洋十年"实施过程中不让任何一方掉队。这些目标涉及每一项"海洋十年"挑战,且将被用于组织和追踪"海洋十年"行动并查明尚需作出额外努力之处。

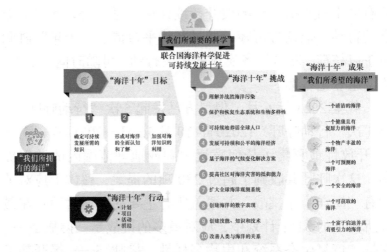

图 1-4 从"我们所拥有的海洋"到"我们所希望的海洋"[9]

　　"海洋十年"行动是由广大利益相关方加以落实的具体举措和努力，旨在实现"海洋十年"各项目标，从而完成各项挑战；分为(大科学)计划(Programmes)、项目(Projects)、活动(Activities)和捐助(Contributions)等 4 个层次[2]。其中(大科学)计划一般为全球性或地区性行动，将有助于完成一项或多项"海洋十年"挑战，具有实施期限长、持续多年、跨学科、由多国共同实施的特点，并由多个项目及潜在的辅助性活动组成[1,2]。项目是独立开展且重点突出的行动；从规模上讲，项目可能为地区级、国家级或次国家级行动，通常将为某一确定的"十年"计划做出贡献[1]。海委会的"十年"协调组(Decade Coordination Unit)一般每年两次发起"行动呼吁"(Call for Decade Actions)，倡议方应据此对计划和项目级别的行动请求予以核准(Endorsement)。这将确保各项举措合力推动落实"海洋十年"的优先事项，并有助于对举措的影响展开持续评估。对于活动和捐助级别的行动，倡议方可随时通过在线平台请求"十年"协调组予以核准。联合国各实体的相关行动，可随时向"十年"协调组登记备案。

截至 2023 年 6 月，倡议方已发起 5 次"行动呼吁"。第 1 次"行动呼吁"(2020 年 10 月 15 日—2021 年 1 月 15 日)开放性地募集了任何宽泛主题或地理范围内的计划提案。这次呼吁共收到了超过 230 项的提案，整体上应对了所有"海洋十年挑战"并覆盖所有主要的海洋盆地；在最终所批准的 31 个计划中，应对最多的挑战是：挑战 2——保护和恢复生态系统和生物多样性、挑战 5——揭开基于海洋的气候变化解决方案的面纱、挑战 9——人人享有技能、知识和技术，以及挑战 10——改变人类与海洋的关系。第 2 次"行动呼吁"提案的募集范围基于第 1 次计划中的缺口、对全球和区域性海洋知识的迫切性优先事项的考虑和对第 1 次行动呼吁中孤立项目需结构性计划来优化组织的考虑。第 3 次"行动呼吁"启动于 2022 年 4 月 15 日，招募全球性计划来应对挑战 3——可持续地养活全球人口或者挑战 4——发展可持续和公平的海洋经济。第 4 次"行动呼吁"(2022 年 10 月 15 日—2023 年 1 月 31 日)的重点是挑战 6 中的沿海复原力和挑战 8——海洋的数字表现。由于陆地和海洋上持续发生着对环境造成较大破坏性的活动，海洋生态系统的退化(包括排放的污染物和接触性污染物)正在加速进行。为了可持续地管理、保护或恢复海洋和沿海环境，重点知识空白需要被填补。2022 年 12 月通过的《昆明-蒙特利尔全球生物多样性框架》和正在进行的关于制定具有国际约束力的塑料污染条约的政府间谈判为应对这些挑战提供了一个全球框架，但需要海洋科学和知识来指导其实施。在此背景下，"十年"协调组于2023 年 4 月 15 日发起了第 5 次"行动呼吁"，征求针对挑战 1——海洋污染和挑战 2——生态系统恢复和管理的优先次主题的改革性"十年"方案。作为挑战 1 的一部分，"海洋十年"寻求以塑料污染和营养物污染为重点的计划；为了解决挑战 2——生态系统的恢复和管理，该呼吁的目标是提交与区域管理、生态恢复和多种海洋压力源(Ocean Stressors)有关的方案。

综上可知，全球性海洋规划整体上以"海洋十年"行动框架(图 1-2)为指导，并由"十年"协调组负责对"海洋十年"相关行动进行核准，推进并落实"海洋十年"的优先事项。另外，"海洋十年"是在一个动态变化的世界中进行开展：不断变化的社会经济条件将影响着社会对海洋知识的需求；同时，技术进步和新的科学发现以及大流行病等全球性事件的突发，都会为"海洋十年"提供新的优先事项和机遇。因此，海委会正在制定一个详细的监测和评估框架，以便届时追踪"海洋十年"的影响和成绩以及业务进展情况，从而对"海洋十年"进行适应性管理。

2. 区域性海洋规划

根据联合国教科文组织"海洋十年"的顶层规划，各国根据自己的实际状况，在海洋气候和生态系统、海洋观测和海洋安全等方面推出相应的战略方案。

在海洋气候和生态系统方面，美国政府推出首个《海洋气候行动计划》(简称《计划》)[10]，包括负责任的海上风电、增强生物多样性的海洋保护地以及加强渔业和沿海应对气候变化能力等措施。《计划》分为三部分内容：创建碳中和的未来，加速基于自然的解决方案(NbS)，以及增强社区应对气候变化的适应性。《计划》介绍了联邦政府 200多项跨部门且有时间表的具体行动，包括海上风能和海洋能源、绿色海运、海底二氧化碳封存、海洋二氧化碳去除、蓝碳、海洋保护地、适应气候变化的渔业、受保护的资源、水产养殖以及沿海气候适应性。韩国海洋水产部发布《蓝碳推进战略》，旨在推动实现 2030 年国家自主贡献目标和2050 年碳中和路线图目标。该战略主要内容包括：一是强化海洋的碳吸收能力及气候灾害应对能力；二是扩大民间、地区和国际社会对蓝碳活动的参与；三是推动新的蓝碳认证，并为长期发展蓝碳奠定基础。韩国海洋水产部负责人表示，相对于陆地碳汇而言，蓝碳的科学研究与政策尚处于起步阶段，但国际社会正在关注蓝碳在实现碳中和、应对气候危机方面的潜力[11]。瑞士联邦委员会通过了《海洋战略 2023—2027》，该战略确定了 5 个重点领域：一是国际法，瑞士将推动对海洋领域国际法的遵守和细化；二是海洋经济，瑞士将为海洋经济发展创造良好的条件；三是海洋环境和社会事务，瑞士将履行其在保护海洋生物多样性、消除塑料污染和应对气候变化领域的承诺；四是海洋科学研究，瑞士将提高本国研究机构在海洋科研领域的全球影响力；五是船舶管理，瑞士将建立一个可靠的监管框架，确保悬挂瑞士国旗的船舶具备高安全性，并满足可持续发展标准[12]。

在海洋观测方面，欧洲海洋观测系统(EOOS)发布《2023—2027 年战略：推进 EOOS——欧洲海洋知识的基础》，指明了 EOOS 未来 5 年的发展方向[13]。为实现其愿景，EOOS 的当前任务是协调和整合运行欧洲社会各界力量与组织，支持和维护海洋观测基础设施和活动，促进合作与创新[14, 15]。为此，该战略设定了三个目标：第一，通过 EOOS 框架实现欧洲海洋观测界的联合，共同设计并实施多平台、多网络和多主题的持续 EOOS，以满足用户特定需求；第二，与欧洲海洋观测服务和产品提供者合作，提高贯穿整个海洋知识价值链的合作水平；第三，为治理、资助和决策提供指导，以实施相关建议，实现持续的 EOOS[14, 15]。法国创建数字海洋，扩大全球海洋观测系统，提高社区对海洋灾害的抵御能力，保护和恢复生态系统和生物多样性，为所有人提供技能、知识和技术，实现全球可持续发展和公平的海洋经济[16]。新西兰提出综合海洋观测系统(NZ-OOS)，研究陆海连通性和相关的沉积动力因素、沿海和蓝碳预算、海洋资源的可持续开采(例如海底采矿、潮汐能等)、野生捕捞渔业和水产养殖的可持续性、海洋状态的多尺度驱动因素与响应和海上安全及优化运输[17]。

在海洋安全方面，2023 年 3 月，欧盟委员会、欧盟共同外交与安全政策高级代表全面更新了 2014 版"海洋安全战略"并联合发布了《加强欧盟海上安全战略，应对不断变化的海上威胁》文件(简称"海洋安全战略")。这体现了欧盟近年来在战略自主性建设方面的积极努力，以欧盟"战略指南针(2022)"为基础，强调加强共同防务能力，这一新举措也凸显了欧盟以更积极、果断的态度，巩固和扩展成员国的海上集体利益，并宣示推广西方价值观的战略目标[18]。日本政府在内阁会议上敲定了今后5年海洋政策的新指导方针《海洋基本计划》。该计划声称，日本"国家利益面临着前所未有的严重威胁"，将不断加强自卫队与海上保安厅的合作；此外，还提出将推进自主水下航行器(AUV)和无人遥控潜水器(ROV)等的研究开发，并将其运用于警戒监视和资源勘探[19]。

1.2.3 海洋领域的重大项目或事件

"海洋十年"愿景——"构建我们需要的科学，打造我们想要的海洋(The Science We Need for the Ocean We Want)"——奠定了全球海洋信息领域发展的基调。2022年6月，海委会发布了《"海洋十年"进展报告(2021—2022)》[20]。该报告涵盖了2021年1月至2022年5月期间"海洋十年"计划实施的主要信息，具体从"十年"行动、治理与协调、资源调配和利益相关方等方面总结了"海洋十年"的进展和成果。2021年是"海洋十年"计划实施的第一年，自计划启动以来取得的成就意义重大。尽管在海洋科学投资等方面的挑战依然存在，但现有成果为未来九年"形成变革性的海洋科学解决方案，促进可持续发展，将人类和海洋联结起来"之"海洋十年"使命的推动奠定了坚实基础。过去一年内所启动的重大项目、会议或发生的重大事件，基本上围绕信息获取(主要是深海监测)、生态保护、灾害监测和数据共享等方面；同时，经略海洋所需要的科学、知识，乃是广泛集结各界利益相关方，围绕共同面对的主题，统一协调各方研究、投资和举措，共同努力达成的结果。

1. 信息获取

美国等发达国家开始进军深海，通过各种手段致力于深海信息获取。由美国加州大学圣地亚哥分校和得克萨斯大学奥斯汀分校牵头发起了为期十年的(2021 年 1 月 1 日—2030 年 12 月 30 日)深海观测战略(Deep Ocean Observing Strategy，DOOS)大科学计划[21]。DOOS 代表了未来十年由深海观测、测绘、勘探和建模计划合力协作而成的互联网络，目标是：第一，在空间和时间上刻画深海的物理学、生物地球化学和生物学特征；第二，建立了解其生境和服务变化所需的基准；第三，提供拥有一个健康、可预测、有弹性和可持续管理的(深)海洋所需的信息。

同时,美国海洋和大气管理局(NOAA)与美国普罗透斯海洋集团(Proteus Ocean Group)签署协议，支持建设海洋水下空间站[22]，以推进海洋科研与教育，加深对海洋环境认识，寻求地球-海洋问题的解决方案。NOAA 将提供船舶工程等相关技术支持，共享海洋数据，协助水下空间站建成后的运营与科普宣传。目前在建的"普罗透斯"号水下空间站(图 1-5)位于加勒比海库拉索岛近海 18 米深处，面积 372 平方米，建成后可容纳 12 人活动和居住，将成为世界上最先进的海洋水下实验室。整个空间站由风能、太阳能和海洋热能维持运行，通过一条类脐带生命线与水面基站连接，持续输送新鲜空气和传输监测数据。

图 1-5　正在建设中的"普罗透斯"海洋水下空间站效果图

　　另外，新西兰科考船执行全球海洋实时观测网(Array for Real-time Geostrophic Oceanography，ARGO)计划航次，部署新深海浮标以了解深部洋流信息。2023 年 5 月初，由新西兰国家水文大气研究所(NIWA)主导的深海观测与浮标布设航次启航[22]。研究人员搭乘 Tangaroa 号科考船，在新西兰东部部署深海浮标，采集温度、盐度、溶解氧、洋流和生物地球化学数据。据悉，新深海浮标由美国加州大学圣地亚哥分校下属的斯克里普斯海洋研究所(Scripps Institution of Oceanography，SIO)参与研发，可在 6.5 年的使用寿命内每 10 天对海面以下 6000 米进行一次观测过程。Tangaroa 号船长 70 米，总吨位 2291，可乘员 40 人。

　　海底地形信息亦引起相关国家的关注。日本财团(The Nippon Foundation)与大洋深度图公司(General Bathymetric

Chart of the Oceans，GEBCO)合作产生了"日本财团-GEBCO 海底 2030"项目[23]，目的是在 2030 年之前绘制出整个海洋的权威测深图(图 1-6)，给出详细的海底信息。该地图将免费提供给所有用户，帮助科研人员在此基础上开展科学研究，并让相关部门有能力做出政策决定以可持续地利用海洋。无独有偶，美国施密特海洋研究所(SOI)新入列的调查船 Falkor (too)号(图 1-7)，在大西洋中脊长约 700 米区域内新发现 3 个海底热液喷口[22]，并观测到丰富的深海生物群落。调查船利用无人遥控潜水器(Remotely Operated Vehicle，ROV)对热液喷口附近的生物群落进行了细致观测，使用温盐深仪(CTD)采集水样并提取环境 DNA，

图 1-6　"日本财团-GEBCO 海底 2030"项目：绘制全球海底深度地图[24]

图 1-7　美国施密特海洋研究所调查船 Falkor (too)号[25]

利用自主水下航行器(Autonomous Underwater Vehicle，AUV)在该区域 170 平方公里的范围精确测深，绘制了精度达 1 米的海底地形图，并监测海底热液羽流。据悉，综合调查船 Faltor (too)于 2023 年 3 月入列，长 110.6 米，宽 20 米，总吨位 7238，建有 8 个实验室。

为了全面获取欧洲范围内的海洋基础设施信息，欧洲海洋和地图集项目发布了《欧洲海洋研究基础设施地图》[26]。该地图可显示整个欧洲范围内各类海洋研究基础设施，包括研究船及船上设备，海洋物理、生物、化学领域的研究和测试设施，以及远程和现场观测设施等。该地图将海洋研究基础设施分为 12 类，即水产养殖研究设施、海洋能源研究设施、海上天文台、深海钻探研究设施、海洋工程测试实验室、海洋可再生能源原位试验场、海洋生物站、海洋数据中心、海洋生态系统研究设施、移动海洋观测站、海洋观测卫星，以及水下航行器和大型设备。

2. 生态保护

生态系统的恢复和管理是"海洋十年"所面临的挑战之一。2023 年 2 月，新认可的"十年行动"关注基于科学的海洋复原力解决方案[27]，项目重点是以科学为基础的沿海生态保护和复原力的干预措施。这些项目是 AXA 研究基金和海委会联合征集研究员的结果，主题包括洪水、海啸风险、可持续渔业以及当地社区参与制定适应战略。其他被认可的项目包括：海洋生态系统的恢复，北极的气候变化，非法、未报告和无管制的捕捞，通过教育和支持初创企业的海洋创新，以及性别平等。

为了研究噪声污染对海洋生态系统的影响，泛欧政府间平台(Pan-European Intergovernmental Platform)JPI 海洋部(Joint Programming Initiative Healthy and Productive Seas and Oceans, JPI Oceans)启动了若干创新项目，其中包括开发创新的地震激发源作为传统海洋地球物理勘探的更安静和有效的替代品[28]。项目的启动会议在布鲁塞尔大学基金会举行，为各项目自我介绍、合作、协调和统一其活动以及讨论共同挑战提供了首次机会；同时将不同项目与正在进行的政策进程即欧盟海洋战略框架指令的实施联系起来，并且使得各项目有机会讨论协同作用和互补性，并同意组织若干联合活动，包括一个联合数据库、协调员之间的定期会议以及测量和生成声景(Soundscape)方法的协调等。这些项目是比利时、德国、爱尔兰、意大利、挪威、波兰、罗马尼亚、西班牙，以及与波罗的海和北海研究与创新计划(BANOS)、蓝色地中海项目(BlueMed)、NOAA 和联合国"海洋十年"之间独特合作的结果。

加拿大关注北极地区生态环境与海洋酸化问题。卡尔加里大学(University of Calgary)发起了加拿大北极生物地球化学观测网项目[29]，通过加拿大北极地区海洋碳化学的年度时间序列数据并结合改进的观测和模型，制定可适应策略，将人类引起的加拿大北极地区的转变的负面影响最小化及正面成果最大化。具体是使用一个由研究船、海洋观测站和陆基仪器装置组成的分布式网络，测量整个加拿大北极地区的海洋生物地球化学过程，以了解对温室气体循环、初级生产和海洋酸化的区域影响；并通过一个扩展性的观测网络向因纽特(Inuit)社区提供实时环境观测，向北方居民提供培训和研究机会，并与其他潜在的利益相关方建立联系。同时，加拿大约克大学(York University)牵头主持了"未来北极机动性"项目，其目标是在加拿大北极地区的区域和社区层面上提供关键冰冻圈变量(雪、淡水冰、海冰等)及其驱动因素(温度、降水等)的气候模型预测，以更好地理解影响、风险和适应方案，保证安全的本地和区域的海陆流动性[30]。另外，加拿大还启动了隶属于大科学计划"全球海洋氧气十年(GOOD)"的圣劳伦斯河口研究与观测项目[31]，研究在过去几十年中不断扩大的圣劳伦斯河口底部低氧和酸性的大型持续区域在多大程度上受到持续的沿海富营养化的影响。缺氧区营养物质和有机物的转化和利用发挥正反馈作用，进一步降低了含氧量和pH，从而导致生态系统退化。理解和量化脱氧、酸化、富营养化及其他环境驱动因素(如与气候变化有关的海洋变暖、水文循环和大尺度海洋环流的变化)之间的相互作用，有助于为最终做出减缓和适应海洋脱氧行动(如营养物使用和排放法规)的决策提供依据。

针对碳排放问题，英国自然环境研究委员会(Natural Environment Research Council，NERC)发起生物碳计划(BIO Carbon)以调查海洋生物如何储存二氧化碳。生物碳计划旨在解决三个关键科学问题：第一，海洋生物如何影响海水吸收二氧化碳的潜力；第二，海洋生物将二氧化碳转化为有机碳的速率是多少；第三，气候变化如何影响未来海洋碳储存。研究人员表示生物碳计划将提供一套新的强大工具，同时开创低碳排放的环境科学方法[32]。

潮间带是近海生物重要栖息繁殖地和鸟类迁徙中转站，是珍贵的湿地资源，具有重要的生态功能。由英国国家海洋学中心(National Oceanography Centre，NOC)领导的一个新项目将解锁一项创新性卫星测绘技术，以便更好地对潮间带进行大规模监测。为了满足区域和地方更高的空间和时间监测需求，NOC 利用时间水线法(TWL)开发了一种基于 S1 SAR(合成孔径雷达)的新方法。用于潮间带测绘的对地观测技术(EO)并不是一个新概念，由 NOC 开发的技术以“每像素”的方法独特地运作，形成卫星图像的分辨率(约 6.4 米)产生潮间带的立视图信息，该方法减少了光学方法中固有的人工插值步骤，并开启了观察潮间带动态的新方法。这项工作建立在对 X 波段海洋雷达环境监测近 20 年的研究基础上，补充了原地雷达监测提供的同步和时间频率[32]。

日本东京大学大气与海洋研究所主持了海底渗漏的化学、观察和生态学(Chemistry，Observation，Ecology of Submarine Seeps，COESS)项目[33]，重点关注发生在日本和环太平洋周围海底碳氢化合物和热液渗漏。随着人们对与冷渗羽流(Cold-Seep Plumes)有关的碳氢化合物和与海底热液矿床有关的稀土金属的兴趣日益浓厚，需要在它们有可能成为商业活动的对象之前研究与之有关的生态系统；此外，还需要通过开发和部署相关监测仪器，以确定这些渗漏周围海底条件的基线和自然变化。该项目将提高公众对渗漏的重要性及其独特生态的认识，还将调查渗漏气体排放进入海洋和大气的时间关系。

3. 灾害监测

海啸早期预警是一项极具有挑战性的活动，目前主流方案是利用深海波浪浮标收集水体信息的变化后发出预警，但耗时较长、所争取的岸上人群疏散时间有限。美国加州大学洛杉矶分校与英国卡迪夫大学研究人员应用声学技术和人工智能，基于监测海底深部构造活动，开发了一套海啸预警系统[34]。海底发生地震时，置于海底的水听器可第一时间捕捉到声波变化信息，计算机基于人工智能算法对地震的滑动方式及强度进行解析，可得出地壳活动方式与持续时间，进而推演和预测海啸的强度与破坏程度。此预警系统从震源着手解析和预测海啸信息，极大地提前了预警时间，为海啸灾害预防提供新思路。

近年来兴起的光纤传感使得研究人员可以把光纤改造成高密度传感器，从而对火山、冰川滑移、环境噪声、海洋风暴、海洋涌浪、海底地震等进行监测。备受瞩目的是，美国加州理工学院詹中文研究组同谷歌公司合作，使用该公司之前布设的长达一万多公里、名叫居里(Curie)的海底光缆，在 9 个月测试期间成功监测到 10MHz—5Hz 频段内的 30 场海洋风暴骤升事件、约 20 次中大型地震，包括 2020 年 1 月 28 日发生在牙买加附近的 7.7 级地震[35]。

意大利成立沿海复原力十年合作中心(Decade Collaborative Centre for Coastal Resilience，DCC-CR)，重点关注提高沿海地区(包括与海洋接壤的陆地、潮间带和大陆架等)对海洋灾害(如地质灾害、污染、气候变化和海平面上升等)的抵御能力和灾后恢复能力。该中心还将与其他专注于沿海复原力相关方面的"十年"协调机构密切合作，包括但不限于海洋-气候联系、海洋预测和海洋气候解决方案等领域[36]。

4. 数据共享

为积极响应联合国"海洋十年"号召，为"海洋十年"数据管理与全球海洋数字生态系统建设作出实质贡献，国家海洋信息中心和欧洲海洋观测与数据网(European Marine Observation and Data Network，EMODnet)联合申请加入"海洋十年"第六海洋实验室，于 2022 年 5 月 11 日成功举办线上边会活动——拓展亚欧海洋数据互操作网络研讨会。本次研讨会基于国家海洋信息中心和欧洲海洋观测与数据网自 2020 年起牵头实施的"中国-欧盟海洋数据网络伙伴关系"合作[37]，分享中欧海洋数据互操作和海洋信息技术联合研发成果，强调数据互操作在全球海洋数据共享和支撑服务中的便捷性和重要性，探索中欧深化海洋数据共享，并在亚洲与欧洲之间进一步拓展合作范围，惠益更加广泛的领域和地区的潜在机会。

2023年，由荷兰辉固国际集团(Fugro)和海委会成立工作组，聚焦于建立框架和机制，使私有的海洋科学数据公开化，从而有助于增进人类对海洋的整体性认识，进而恢复海洋健康。作为创始成员加入该集团的有五家代表不同行业的私营部门公司，包括法国通信公司阿尔卡特海底网络(Alcatel Submarine Networks，ASN)、挪威海洋技术与海鲜公司 Ava Ocean、法国地球物理服务公司 CGG、挪威国家石油公司 Equinor 和丹麦能源公司 Ørsted。成员们将探讨数据共享的挑战和机会，以制定解决方案和最佳做法，使私营部门的海洋数据公开可用。海委会执行秘书 Vladimir Ryabinin 博士认为，该工作组的启动为释放目前海洋科学无法获取的具有巨大潜力的工业海洋数据提供途径；科学界、工业界和政府间的合作，对于增强海洋知识和信息，制定长期可持续的解决方案以恢复清洁、健康、高产和有弹性的海洋，具有变革性意义[38]。

1.3 现 状

1.3.1 海洋物联网

1. 无人平台趋向高自主、高耐久、多功能和模块化

无人艇作为"空天海潜"跨域物联网的关键节点，是实现全域信息联通、物质传输、能量传递的重要载体，是构建智慧海洋系统的重要基础设施。随着海洋探索的深入，海洋监测与调查工作越来越多、任务复杂度越来越高，在现有探测装备的基础上，作为高机动性海基探测手段的无

人艇为新一代智慧海洋系统提升监测效率、扩展应用范围提供了有效途径。通过美国和全球各国在无人舰艇发展计划的制定及其相关无人艇性能指标的比对，中大型无人艇是未来重点发展方向，高自主、高耐久、模块化、可重配置是其重点突破的关键技术。

近年来，美俄等国大力投入海上无人装备，以寻求利用该技术构建绝对领先的海上作业优势。在集群化方面，美国打造未来无人舰队并推进海上无人装备的实际应用[39]。美国海军接收 4 艘大型无人水面艇，进一步实现了其"幽灵舰队"项目 10 艘大型无人水面艇的目标[39]。此次移交对于美国海军而言是一个里程碑式事件，意味着其无人舰队集群化发展取得阶段性重大进展；美国海军举行全球最大规模的海上无人系统演习，旨在解决复杂环境中无人系统协同作业方面的技术难题[39]。美国海军海洋系统司令部(NAVSEA)在 2020 年 7 月宣布，已授予 L3 哈里斯(Harris)科技公司一份价值 3500 万美元的初始合同，提供一台 MUSV 原型机——这是美国海军为无人水面艇开发项目签订的第一个主要合同，可能会采购多达 8 台 MUSV，累计价值高达 2.81 亿美元。该型 MUSV 是一种码头发射、自部署、模块化开放系统架构的水面舰艇，能够自主安全导航和执行相关行动。它有 195 英尺长，排水量约为 500 吨，相当于美国海岸警卫队一艘近岸交通艇的大小。在体系化方面，俄罗斯无人潜航器技术不断取得突破，推出可执行各类任务的无人潜航器[39]。其中，"波塞冬"最大潜深 1000 米，打击距离 10000 千米，可携带核弹头执行核打击任务，是俄罗斯为扩大"三位一体"打击体系、弥补俄美差距而研发的新型海底武器；"克拉维辛"最大潜深 6000 米，可执行搜索任务；"替代者"号采用模块化设计，可模仿大型潜艇的特征，充当"诱饵潜艇"。未来，随着这三款无人潜航器的服役部署，俄罗斯水下作业优势将获得大幅提升。此外，美国 ANDURIL 公司研发出一款最大潜深为 6000 米的无人潜水器，不仅能从船上布放，还可直接从岸边下水后被控制到达深海指定区域执行探测任务。法国 IXBLUE 公司攻克深海导航定位技术难题，研发出一款合成孔径声呐。该型声呐适用于法国最新研制的 6000 米级深海自主潜水器，能够结合惯性制导和声学定位系统来同时提供实时成像与海底高分辨测绘功能，可大幅提升法国的深海测绘能力[40]。在军用化方面，欧洲重视推进无人潜航器向海上无人平台方向发展。法国 ECA 集团推出一款无人水面艇横向部署与回收新系统，旨在使无人水面艇更好地执行反水雷任务。挪威康斯伯格海事公司进一步攻克无人潜航器能源、指挥控制技术等难题，推出一款新型无人潜航器，可在 1000 米水深作业超过 24 小时，主要执行反水雷任务[40]。

2022 年 8 月，美国国防杂志(National Defense Magazine)发表了一篇名为《特别报道：无人驾驶系统在环太军演期间大放异彩》的报道，介绍了 6 月 29 日至 8 月 4 日在南加州和夏威夷举行的环太平洋军演中对于包括水面、空中和水下的无人系统(图 1-8 和图 1-9)的大规模测试的重点情况[41]。其中，多种无人舰艇亮相并进行第一次自主长距离航行，包括 DARPA 开发的"海洋猎人号"以及通过海军研究办公室开发的"海鹰号"。上述无人舰艇均是

图 1-8　美国主导的"环太军演-2022"[41]

图 1-9　美国海军在"环太军演-2022"上重点测试了多个无人平台[41]

首次参加如此大规模的演习，不仅需要长时间离开港口，并且也经受住了夏威夷群岛附近热带风暴所引起的恶劣环境的考验。此外，美国海军在评估无人平台性能的同时，也在评估用于将数据从平台来回传输到指挥节点的网络。此次演习中重点测试的网络是一个便携式链接系统，旨在为不同终端提供相同的实时操作画面。这次演习对通信系统进行了严苛的考验，未来美军的重点发展方向是加强无人系统的使用效能，实现国防部联合全域指挥和控制的要求。美国"无人帆船探险家"水面舰艇[42]是一种自主无人水面航行器(图 1-10)。船体长 7 米、高 5 米、吃水深 2 米，利用风力航行并使用太阳能为船上设备供电，理论上航程无限。船上的主要传感器可测量风速和风向、空气湿度和盐度、浪高和水深等，实际使用效能在海洋测绘和海上安全等多次任务中得到验证。"无人帆船探险家"将风力推进技术与太阳能驱动的气象与海洋传感器相结合，可在较为恶劣的海洋环境中自主远程收集海上信息，提供海域态势感知数据。它能运用船上的计算设备，在不暴露自身位置的情况下，实时发送目标数据，提升信息和决策优势。它还可提供高分辨率海洋测绘数据，用于导航、通信、勘探和海洋研究等。实用性方面，"无人帆船探险家"的涉及任务范围广泛：一是执行情报监视与侦察任务，掌握海上战略态势，跟踪舰艇目标，进行卫星通信链接；二是为易受攻击的目标提供必要防护，增强威胁探测能力；三是支援海上执法，探查海盗、运毒、人口贩运或非法捕鱼等违法活动，并发出警报；四是监测海上生态系统，探测石油泄漏和扩散事故，监控海上保护区内的活动等。操控性方面，"无人帆船探险家"强调自主航行能力。操控员除通过卫星监控任务进程外，还会在既定的航点之间预先设定安全范围，在此范围内由其自主航行。无人帆船可在 30 天内从最近的海岸到达大多数指定地点，覆盖大面积海域。此项测试是美军"数字地平线"演习的一部分，旨在检验海上侦察能力，以期尽快将新型海上无人系统与人工智能技术融入美国海军任务行动。

图 1-10　代号为"无人帆船探险家"的无人水面舰艇[42]

　　2022 年，俄乌战争进一步白热化，也让自杀式小艇再次成为各方关注焦点。2022 年 10 月 29 日凌晨 04：30，乌克兰使用无人机和无人艇对俄罗斯克里米亚塞瓦斯托波尔海军基地发动了密集突击[43]。据报道，此次乌克兰共出动 9 架无人机、7 艘自主式无人艇，攻击目标不仅是海军主基地的码头，还有在港外停泊锚地担负战斗值班的舰艇。俄罗斯国防部确认，9 架无人机均被击落，4 艘无人艇在塞瓦斯托波尔港外围水道被摧毁，另 3 艘无人艇在内部水道被摧毁[43]。俄罗斯军方称，黑海舰队"伊万·戈卢别茨"号扫雷舰以及尤日纳亚湾的拦阻隔离带受轻伤。不过，从乌克兰公布的无人船自杀攻击的画面来看，俄罗斯海军导弹护卫舰"马卡罗夫海军上将"号应该也受到了攻击。虽然俄罗斯具体损失存在争议，但是乌克兰这次使用的无人艇确实成功突进了俄罗斯军港，此次袭击可谓是海战史上的又一重大事件。

　　"全球鹰"无人机系统已成为美国国家航空航天局 (NASA)用于美国海岸线巡查的标准设备,在欧洲改进型的 "全球鹰"无人机也经常在各国海域执行任务,应用技术相 对成熟[44];2019 年,希腊海岸警卫队测试了美国通用原子 能公司的"海上守卫者"MQ-9 无人机,该无人机搭载多模 式海上搜索雷达、高清/全运动视频光学和红外传感器,其 海面搜索雷达系统可连续跟踪海上目标,与自动识别系统 (AIS)发射器和雷达监测相结合,逆合成孔径雷达(ISAR)模 式有助于识别和分类光学传感器探测范围之外的舰船,高 清/全运动视频光学和红外传感器可实时监测和识别飞机 周围的大型和小型水面舰船,全天候覆盖 360° 范围[44]; 2020 年,日本海上保安厅进行了大型无人机引入试验,作 为海洋监测平台。试验采用了"海上守卫者"MQ-9B 无人 机,机身长度为 11.7 米,翼展 24.0 米,最长续航时间达 35 小时,搭载光电吊舱和对海雷达,可通过卫星传输系统远 程操控无人机并实时传输监测数据,其操作半径可覆盖日 本的专属经济区,如图 1-11 所示[44]。

图 1-11　　"海上守卫者" MQ-9B 无人机

　　美国"海神"无人机为了满足海军在复杂气象下执行任务的能力，对机翼和机身进行了加固，机尾还使用了双腹鳍，并安装了除冰系统，较好地解决了飞行安全问题。与美国空军装备的 RQ-4"全球鹰"(图 1-12)不同，前者只能在高空飞行，而"海神"无人机可以在多云等气象条件下发现可疑目标后，下降至 5000 米高度，对目标进行探测、识别和跟踪；通过合成孔径雷达或光电探测设备，可识别目标到底是军舰、货轮、渔船，还是浮出水面的潜艇。

图 1-12　"全球鹰"无人机

　　美国将无人潜航器视为夺取深海作业优势的力量倍增器，发展了多型大小不等、应用环境不同、执行任务各异的深海无人潜航器，目的是颠覆传统的水下工作样式[45]。在此背景下，DARPA 希望工业界开发一种能够执行长距离水下操纵任务的"垂钓者"深海无人潜航器(图 1-13)，其可潜入深海执行破坏敌方通信电缆、打捞沉没潜艇和坠毁飞机、布放水雷等任务。该无人潜航器可自主运行,在没有外部通信的情况下就可导航、搜索、定位和物理操纵海床上或附近的物体,并能使用机载传感器进行自定位、躲避障碍物。"垂钓者"项目于 2019 年启动,该项目旨在寻求在海底自主探索和操纵能力,分 3 个阶段进行:第一阶段相关工作于 2019 财年启动,持续 12 个月,主要开展组件演示工作;第二阶段相关工作于 2020 财年启动,持续 18 个月,主要开展子系统演示工作;第三阶段相关工作于 2022 财年启动,主要开展综合演示工作。目前,"垂钓者"项目进行到第二阶段[46]。

图 1-13　"垂钓者"深海无人潜航器

美国"魔鬼鱼"项目于 2019 年启动,旨在开发新型长航时、执行远程任务且无须人工干预的大型无人潜航器,如图 1-14 所示。该无人潜航器主要有以下三个特点:首先,在危险度极高且环境条件变化迅速的浅海区域,能够长时间、自主地执行情报搜集任务;其次,可作为诱饵,协助母舰艇追踪和捕捉敌方潜艇,或者对其进行长时间监视;

最后，能够搭载各种类型的导弹和炸弹，实施自主攻击[47]。该项目分 3 个阶段进行。2020 年，项目进入第一阶段，由为期 11 个月的初步设计审查和为期 7 个月的关键设计审查组成。2021 年，项目处于第二阶段[48]，后续进入第三阶段。通过三个阶段的研发，该项目最终将在动态开放的海洋环境中进行无人潜航器样机演示。诺斯罗普·格鲁曼和洛克希德·马丁公司获得"魔鬼鱼"项目第二阶段合同，将为 DARPA 开发全尺寸无人潜航器原型。

图 1-14　　"魔鬼鱼"无人潜航器

2. 实时观测网呈现多手段、多平台、立体组网

全球海洋观测系统(Global Ocean Observing System, GOOS)是全球综合地球观测系统(Global Earth Observation System of Systems, GEOSS)的一部分，于 1991 年由联合国教科文组织政府间海洋学委员会、世界气象组织、联合国环境计划署和国际科学理事会共同发起。旨在建立一个永久性全球系统，用于对海洋和海洋变量进行观测、模拟和分析，以开展针对气候变化、业务化海洋服务和海洋健康

的研究和服务[49]。目前，全球已形成了多种观测手段组成的观测网络，包括剖面漂流浮标、多种形式的锚系浮标和平台、海洋站、海洋高频雷达站、调查船、志愿船、水下滑翔器和动物遥测等，同时这一网络通过世界气象组织——政府间海洋学委员会海洋与海洋气象原位观测联合支持中心(JCOMMOPS，后更名为 OceanOPS)进行观测平台和数据的整合与监控[49]。2022 年 6 月，GOOS 在全球处于实时运行中的观测设备和平台总数超过 9000 个，保持了对全球海域的覆盖观测[49]。

美国海洋观测网(Ocean Observatories Initiative，OOI)于 2016 年全面建成并投入使用。作为一个长期的科学观测系统，OOI 由区域网(RSN)、近岸网(CSN)和全球网(GSN)三大部分构成，布设了 5 个观测阵列，部署了 80 多个观测平台，搭载了 45 种不同类型、共计 800 多台的观测仪器，持续向公众在线免费提供 200 多种不同的实时参数，累计满足了 2.87 亿次数据请求，提供了 90TB 的数据,存储了 1190 亿行数据[50]；同时，OOI 还为最新传感器技术的研发提供了试验平台，推动了海洋观测技术的发展[51]。2022 年，OOI 被纳入"海洋十年"，同时开展了一系列的设施维护工作。OOI 更新了 Coastal Endurance 阵列的海洋观测设备，在华盛顿大陆架和俄勒冈大陆架共布放了 7 套锚系，并在附近海域部署了 5 台水下滑翔机[52]；完成了英格兰大陆架 Coastal Pioneer 阵列最后一次的部署和回收工作,并在阵列附近海域进行了自主水下航行器(AUV)的作业任务[53]，该阵列将于 2024 年初调整部署到位于南大西洋中部海湾的新位置；成功开展了 Global Station Papa 阵列的联合考察航次，为 OOI 的 3 套锚系、NOAA 的浮标和噪声监测系统以及华盛顿大学的波浪骑士进行了更换或部署[54]；更新了格陵兰岛东南端 Global Irminger Sea 阵列的 3 套锚系和 3 台水下滑翔机，保障了该阵列在极端恶劣海况下的生存能力[55]；针对 Regional Cabled 阵列开展了为期 45 天的维护航次，部署或维护了 200 多台仪器和几台海底主基站[56]。目前，美国伍兹霍尔海洋研究所(Woods Hole Oceanographic Institution，WHOI)正在为 OOI 在大西洋中南部海湾部署观测阵列做准备，将在北卡罗来纳州海岸外部署两套测试锚系，分别位于浅海和深海区域，该阵列预计 2024 年完全投入使用并在线共享近实时数据[57]。另外，OOI 正在努力推进数据质量的提高和标准化，为不同类别的传感器提供数据质量评估手册，逐步实施海洋实时数据的质量保证措施[58]。为了扩大 OOI 生物地球化学传感器数据的使用范围，OOI 于 2022 年制定了《生物地球化学传感器数据最佳实践和用户指南》，该指南向终端用户介绍了 OOI 生物地球化学传感器观测数据的访问、处理和质量保证及质量控制[59]。此外，OOI 正在优化数据流的相关参数值，使其更符合气候和预报(CF)的要求，并使得用户更容易查找数据[60]。

加拿大海底观测网(Ocean Networks Canada，ONC)是由 2009 年建成的东北太平洋 NEPTUNE Canada 观测网和 2006 年建成的 VENUS 海底实验站在 2013 年合并组建而成[61]。2021 年，ONC 启动了"2030 战略计划"，规划了 ONC 推进联合国"海洋十年"计划的理想愿景，阐明了 ONC 在科学、工业和社会方面的战略和具体措施，以支持加拿

大蓝色经济的可持续和未来海洋的健康[62]。2022 年，ONC
持续对观测站点及仪器设施进行维护更新和改造升级[63]：
完成了 NEPTUNE 观测网底栖爬行器 Wally 的回收，并布
放了 ARGO 浮标，部署了 DIDSON 声呐和声学摄像机；恢
复了热液口附近 Endeavour 观测点的海缆设备的连接，使
该站点自 2021 年 8 月断开后重新上线；扩大了 Endeavour
观测点和 Barkley 峡谷上部斜坡的地震观测网络，并与合
作伙伴合作推出一个地震预警系统，以便关键基础设施的
运营商能够在地震发生后尽快启动安全和应急措施；更换
了 Folger 深海站位的温盐深仪(CTD)，部署了 Endeavour 观
测点的沉积物收集器和 Barkley 峡谷的摄像系统。此外，
ONC 夏季航次还向社会公众直播了 Cascadia 盆地、Barkley
峡谷的多样化生态环境以及 Endeavour 观测点热液喷口的
水下场景。同时，ONC 持续升级和扩展对数据的收集和处
理能力，其数据管理系统目前已升级为 Oceans 3.0，可对来
自三个海岸的 9000 多个传感器的所有海洋数据进行存储、
管理和免费共享，数据量平均每天超过 300GB[64]。

欧洲多学科海底观测网(European Multidisciplinary
Seafloor and Water Column Observatory，EMSO)是一个分布
在欧洲的大范围、分散式科研观测设施[61]。2015 年 9 月 1
日，为了加速 EMSO 分布式研究基础设施的全面运营，
EMSO 发起了分布式研究基础设施设备(Distributed
Research Infrastructure Device，EMSODEV)项目，开发和
部署了一种名为 EGIM(European Generic Instrument
Module)的通用仪器模块，该模块可适用于 EMSO 的全部
观测站中。2022 年，EMSO 在葡萄牙部署了深海观测设备

EGIM，标志着 EMSO 观测能力的提升和覆盖范围的进一步扩大[65]。目前，EMSO 正在运行从极地到亚热带环境的 14 个海洋观测节点，其中 3 个为浅海试验节点[66]；这些观测节点通过高技术观测平台搭载各种传感器，开展了温度、pH、盐度、洋流、海底运动等多参数观测，用于地球科学、物理海洋学、生物地球化学和海洋生态学等学科的学术研究[67]。

日本自 2006 年开始建设海洋实时监测系统(Dense Oceanfloor Network System for Earthquakes and Tsunamis，DONET)[68]。部署在 Kumano-nada 海的 DONET1 于 2011 年 7 月开始全面运行；部署在 Kii 海峡的 DONET2 于 2016 年 3 月开始全面运行。全网共计 51 个观测站点，每个观测站点均包括一套地震感应系统(六分量强震仪、三分量宽频带地震仪)和一套压力传感系统(水压计、水听器、差压计和温度计)，实现了对日本南海海槽高危地震和海啸的高密度精确监测[69]。

继 DONET 之后，日本于 2011 年启动了海沟海底地震海啸观测网 S-net(Seafloor Observation Network for Earthquakes and Tsunamis along the Japan Trench)的建设，并于 2015 年建成[70]。该观测网位于日本海沟到千岛群岛海沟海域，总长度 5700km，由 6 大观测系统组成，每个观测系统由 2 个岸基站进行供电通信，共计 150 个观测点，观测点之间间隔约为 30km，均布设有地震仪和水压计[70]。该系统充分加强了日本对地震和海啸的实时观测和预警预报能力。

海底观测网涉及两项关键技术：湿插拔连接器技术和

海洋传感器技术。水密连接器是一种用于水下设备连接的电气连接器，具备防水、耐腐蚀、耐高压、耐高温和耐高湿度等特性，在各类水下和深海装置之间起到动力、信号传输和连接作用，是海底科学观测网实现组网观测的核心设备[71]。高可靠性、稳定性的海洋传感器技术是实现海洋立体感知的基础和前提。常见的海洋传感器包括声学多普勒流速剖面仪(ADCP)、温盐深传感器(CTD)、潮位仪、测波仪、生物化学传感器(用于测量 pH、溶解氧、硝酸盐、叶绿素、浊度等)等[72]。

(1) 湿插拔连接器技术

早在 20 世纪 80 年代，国外发达国家就开始了对水下湿插拔连接器的研发，经过几十年发展，水下湿插拔连接器已经形成不同电压等级系列和不同芯数系列的产品，产品成熟度、可靠性较高，并已投入工程化应用。目前，在建的海底观测网系统使用的产品几乎都来自美国 Teledyne ODI，其生产的专利产品 Nautilus 型深海电连接器是当前公认的高可靠性湿插拔多通道电连接器的首选，特殊型号的 Nautilus 连接器可以实现 250A 的大电流传输[73]。另外，该公司生产的 Rolling Seal 型光纤连接器是行业标杆产品，在湿插拔过程中可形成一个干净绝缘的充油连接通道，排除水体和水下泥沙等侵入污染[74]。NRH 型湿插拔光电复合连接器则是集成了 Nautilus 型电连接器和 Rolling Seal 型光纤连接器的特点，可以提供多芯多模或单模的光纤连接以及多芯高达 30A 的电气连接[75]；该光电连接器还具有多重密封的设计，极大地提高了密封性能和工作可靠性，NRH 型光电复合连接器已经大规模服役于加拿大海底

观测网 (ONC)。隶属于瑞士 TE Connectivity 集团的
SEACON 公司是另一家深海连接器领域的大型企业，其生
产的 CM2000 型电连接器采用模块化设计，具有 25 年的
设计寿命和至少 100 次的插拔寿命，适应于各种水下应用
场景；出产的 HydraLight 型湿插拔光纤连接器以高性能和
高可靠性著称，置信水平达到 99%[76]。此外，西门子下属
的 TRONIC 公司提供的 FoeTRON 型光纤连接器、美国
RMS pumptools 公司的 Sea Connect 型电连接器等产品也
被广泛使用[77]。能够提供相关产品的知名制造商还有德
国的 GISMA 公司、丹麦的 MacArtney 集团等，这些企业
大多已形成标准化产品线，占据大部分市场[77]。

(2) 海洋传感器技术

在温盐深传感器方面，知名企业包括美国 Seabird 和
RDI、加拿大 AML 和 RBR、德国 Sea & Sun Technology、
意大利 IDRONAUT、日本 ALEC 以及英国 VALPORT 等。
其中，Seabird 公司在温盐深传感器的精度和可靠性等方面
尤为突出，占据了国内外大多数市场份额[78]。在投弃式剖
面测量设备方面，美国洛克马丁斯皮坎公司和日本鹤见精
机公司联合垄断了国际市场[72]。在海洋生物化学传感器领
域，已有一批基于光谱法的营养盐传感器，如美国
WETLabs 公司的 MicroLAB 和 EeoLAB2、加拿大 Satlantic
公司的 SUNA-V2 等原位传感器技术已相对成熟并实现产
品化；基于光度法的美国 SAMI 和西班牙 SP101-SM 原位
海水 pH 传感器的测量精密度可达 0.001[79]。随着材料、信
息、集成电路等技术的突破，海洋传感器正逐步向小型化、
微型化、多参数化以及低成本、智能化的方向发展[80]。例

如，英国 Valeport 公司基于 SWiFT 系列剖面仪，推出了一款可应用于 6000m 水深的新一代温盐深剖面仪——SWiFT Deep CTD[81]，该 CTD 采用纯钛外壳，长 33cm，直径 8cm，重仅 2.9kg，采用内置锂电池，支持自主运作，可部署在海底长时间自主测量海水电导率、声速、温度和盐度，续航时间长达 5 天。挪威海洋表面测量公司 Miros 推出了新一代海浪雷达系列的首款设备——WaveFusion TM，可对风力涡轮机周围最多 13 个点进行高精度海浪实时监测，最远可至涡轮机外 200m，能够在 1—30s 内准确测量所有的定向波和非定向波。美国哈希公司生产的多参数水质监测仪 HACH，最小外径不足 5cm，可以监测溶解氧、pH、氧化还原电位、电导率(盐度、总溶解固体、电阻)、温度、深度、浊度、叶绿素 a、蓝绿藻、罗丹明 WT、铵/氨离子、硝酸根离子、氯离子、环境光、总溶解气体共 15 种参数。美国 Turner Designs 公司开发的 C3 潜水式荧光计最多可配置 3 个光学传感器，另外配有温度传感器、深度传感器，可实现色素浓度的原位测量，在监测和量化有害藻类的繁殖情况领域发挥了重要作用。加拿大达特茅斯海洋技术公司(Dartmouth Ocean Technologies)制造的磷酸盐传感器可提供磷酸盐循环监测和建模的综合解决方案；另外该公司与英国 Nature Metrics 公司目前正在联合研发一项海洋 eDNA 原位取样技术，监测设备可搭载于 ASV 或 AUV 长期作业，实现商业规模的海洋 eDNA 样本采集[82]。自日本提出强行排放核污水以来，对于海洋原位放射性原位监测传感器的关注度大幅增加。希腊 HCMR 机构通过改进电路和算法等，持续升级其原有的 Karterina 探测器，不断提升其灵敏度，在 2022 年基于新设计的 Karterina II 成功获取了爱琴海海滩砂矿中的放射性物质分布[83, 84]。韩国首尔大学引入 GAGG 材料作为闪烁晶体，并使用 SiPM 型光电探测器，研制了探测效率更高、结构更紧凑的探测器，更加适用于海洋浮标环境布放[85]。2022 年，南非研究人员通过优化测量算法和改进外壳材料，研制了低成本的 DUGS 伽马能谱仪，并成功应用于水下沉积物的核素测量[86]；同年，韩国原子能机构基于开源 Arduino 系统，研制了一款结构更紧凑的移动放射性传感器，并进一步降低成本[87]。

自 20 世纪 80 年代末开始，全球热带大洋锚系浮标观测阵(Global Tropical Moored Buoy Array，GTMBA)项目[88-90]得以实施，旨在研究太平洋、大西洋和印度洋的热带海气相互作用，构建了跨越洋盆的热带海区长期连续观测阵，特别是对于热带海洋全球大气(Tropical Ocean Global Atmosphere，TOGA)计划[91]起到了重要的观测作用，为人类监测和预测厄尔尼诺事件奠定了基础。20 世纪 90 年代进行的世界大洋环流实验(World Ocean Circulation Experiment，WOCE)[92, 93]重点围绕全球深海大洋展开，进行了大量高分辨率断面观测、化学痕量综合观测、卫星观测、潜标长期连续观测、表层和次表层漂流浮标观测。1998 年开始实施 ARGO 计划[94]，基于 ARGO 浮标实现了全球上层海洋的水文要素准实时观测；目前已经建成一个由 4000 枚 ARGO 剖面浮标组成的覆盖水域更深厚、涉及领域更宽广、观测时域更长远的真正意义上的全球 ARGO 实时海洋观测网。

深海生态系统和地质观测方面，20 世纪中叶发起的深海钻探计划及其后的国际大洋钻探计划(International Ocean Drilling Program，IODP)[95]、20 世纪 90 年代发起至今的国际大洋中脊计划(International Cooperation in Ridge-Crest Studies，InterRidge)[96]和 21 世纪初发起的海洋生物地球化学和海洋生态系统研究计划(Integrated Marine Biosphere Research Project，IMBER)[97]，以大洋钻探、深部取样、海底生态系统连续监测等为主要手段研究地球起源、地质演化和多圈层相互作用。在极区动力环境观测方面，2009－2014 年美英联合实施了南大洋混合试验(The Diapycnal and Isopycnal Mixing Experiment，DIMES)[98]，基于潜标、断面观测、漂流浮标和示踪物追踪等手段，对南大洋混合过程及其对大洋翻转环流的调控进行了组网观测。

上述观测计划的实施，极大地提高了全球海洋观测水平，促进了海洋观测仪器及其传感器的研发水平，提高了数据传输手段的多样性和时效性。在这些大型全球和区域观测计划的支撑下，海洋科学领域开展了一系列研究计划，包括国际气候变化与可预测性研究计划(Climate Variability and Predictability，CLIVAR)[99]、全球海洋通量联合研究计划(Joint Global Ocean Flux Study，JGOFS)[100]、上层海洋-低层大气研究计划(Surface Ocean-Lower Atmosphere Study，SOLAS)[101]、全球有害藻华生态学与海洋学研究计划(Marine Geological & Biological Habitat Mapping，GEOHAB)[102]等。

3. 光纤传感研究火热，有望成为下一代监测台网

近年来，通过将细如发丝的通信光纤改造为一系列地震传感器，作为一门新兴的地震学分支，光纤地震学已成功应用于海洋地球物理观测，引起国际地学界的广泛关注。目前光纤传感系统主要依赖三种技术：分布式光纤声波传感(Distributed Fiber-Optic Acoustic Sensing，DAS)[103]、超稳定激光干涉(Ultrastable Laser Interferometry，ULI)[104]和偏振状态(State of Polarization，SOP)分析法[35]。DAS 监测系统基于相干瑞利光散射原理，采用相位敏感光时域反射技术(Optical Time-Domain Reflectometry，φ-OTDR)，通过探测光纤内部各点(脉冲光)的后向瑞利散射光信号(相位)变化，获得沿光纤长度上连续分布的应变、振动和声信号等。ULI 技术借助频率测量技术(Frequency Metrology Technique)向光纤的一端注入激光信号，在光纤的另一端测量输出的信号，通过比较输入端和输出端的相位差异便可提取相应的地震扰动[105]。SOP 分析法是通过分析日常远程通信信号的光偏振变化，发现该变化正好对应附近的海底地震；该方法避免增置激光源，因为海底光缆和信号源已经存在，对于地震预警极具吸引力。该方法的具体技术原理(图 1-15)是：在光缆的光偏振中，如果同时传播两束不同的光，由于两束光的偏振不同，因而互不干扰并都能传输数据；当发生地震时，光缆会弯曲，这时光缆的光波方向会被改变，因此数据也会出现异常，此时在电缆另一端，工作人员就可注意到数据变动(即光的"偏振状态"的变化)；由于光偏振对温度变化非常敏感，海底的热稳定性使得研究人员能监测常规的光通信流量，并将观测到的变

化归因于电缆中跟地震和压力相关的应变，因此就能发出预警。

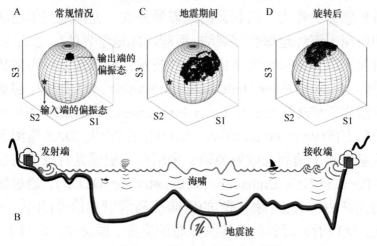

图 1-15　光偏振感知原理图[35]

图 1-15 中，(A)输入端的偏振状态(SOP)保持稳定(庞加莱球上的五角星)，同时接收端进行 SOP(圆点)的常规监测；(B)对于谷歌公司的居里光缆，输出端的 SOP 是非常稳定的，因其大部分路径都在深海故而引起的扰动非常微小；(C)这种稳定性使得可用电缆由震动或挤压导致的 SOP 异常来探测地震或海浪；(D)偏振状态可用 2 个独立的斯托克斯(Stokes)参数表示，把该参数旋转到庞加莱球的北极，然后着重对 S1 和 S2 两个参数进行分析。

后面两种技术的应用不如 DAS 的热度高，且都存在空间分辨率不足的问题，但尽管有这种局限性，却因可利用现有的海底光缆且测量距离远远超过 DAS，故在全球范围内的应用潜力巨大[105]。

DAS 早期主要应用于井中观测，用于垂直地震剖面 (Vertical Seismic Profile，VSP)研究中，之后拓展到水力压裂监测、微地震监测、地下水水位监测等研究领域。自 2012 年美国劳伦斯伯克利国家实验室在澳大利亚开展的地表 DAS 观测实验成功记录到落锤震源激发的面波信号之后[106]，一系列地表 DAS 观测实验和应用研究火热开展；其高密度观测优势使其在诸多领域均有应用，包括地震波、海洋波浪、海洋表面重力波和海洋微震动等的监测和分离[107-109]，海洋生物、风暴、船只和地震的监测[110-112]，浅层结构的探测和成像[113, 114]，安防预警[115]，城市浅层结构勘察和交通监控[116, 117]等，对地震学和海洋地球物理、海洋生态保护和海洋治理、灾害监测和城市服务均有重要意义。

在海洋动力学观测方面，美国加州大学伯克利分校、劳伦斯伯克利国家实验室、蒙特利湾水族馆研究所 (MBARI)和莱斯大学组成的联合研究团队[109]，将蒙特利湾海底 MARS 系统(Monterey Accelerated Research System)的一条暗光纤与岸上的 DAS 设备相结合，生成了约 10000 个传感器、20km 长的监测阵列，揭示了海底断层和海洋动力学特征，显示出 DAS 技术在海洋地球物理方面的应用潜力。该电缆延伸到距海岸 52km 的地方，是第一个设在太平洋海底的地震监测站[118]；同时，该研究负责人莱斯大学地球物理学教授 Jonathan B. Ajo-Franklin 认为，这也是第一次使用离岸光纤电缆观察到地脉动(Microseisms)、亚重力波 (Infragravity Waves)、破碎内波 (Breaking Internal Waves)等类型的海洋信号和成像断层结构，有助于填补海洋这一全球地震学网络的空白[118]。

　　在地震监测方面，法国由蔚蓝海岸大学、艾克斯-马赛大学与 Febus-optics 公司(分布式光纤测量系统设备制造商)组成的研究组[107]，对使用 DAS 技术把现有海底光缆改造成高密度震声(Seismo-Acoustic)传感器进行监测的应用范围进行了评估。他们将法国土伦近海的一条海底电缆构建成 DAS 阵列，测量出高度敏感的震声信号(监测到 100km 以外的 1.9 级地震)，显示出 DAS 能以前所未有的细节监测从海岸到深海平原的海陆相互作用和区域的地震活动性。

　　美国加州理工学院地震实验室联合西班牙阿尔卡拉大学及光学研究所、比利时 Marlinks 公司(著名的海底光缆技术服务提供商)[108]利用比利时已有的远程通信电缆实行地震监测，在近海处将长达 42km 的一部分暗光纤构建出 4192 个传感器的海底 DAS 阵列(道间距为 10m)，观测到地脉动、表面重力波、远震，并且提取了发生于斐济(Fiji)的 2018-08-19 Mw8.2 深震的 P、S 波震相。其研究结果表明 DAS 在构建下一代海底地震网中具有巨大潜力。

　　在用 DAS 阵列监测地震之前，英国国家物理实验室(NPL)和意大利国家计量研究院(INRiM)携手，并与英国地质调查局和马耳他大学合作开展了一项独立研究[104]：利用现有通信光缆(包括陆基和海底电缆)作为"声学传感器"，结合最新的频率测量(ULI)技术，在陆地和海底的光纤链路长度 75—535km 范围内监测到震中距为 25—18500km 的地震。该技术为构建可实时监测海底地震的全球地震网络提供了一个有效方案；但由于所提取的地震扰动信号是对整条光缆的积分，因此需要两条以上的光缆共同组成台阵才能对地震事件进行定位[105]。

　　在灾害预警方面，尽管地震仪可以提供亚秒级的地面振动监测，具有极高的时间分辨率，但只有密集的传感器网络才能够精确定位物体的运动，较为稀疏的固定地震台网往往难以满足地质灾害的早期预警和科学研究需求。通过解调器向光缆注入一系列激光脉冲，在光纤内部产生的后向散射信号便转化为沿光纤每隔几米采样的应变率记录，从而使得 DAS 在准静态到万赫兹间的频带内记录地震波在几十公里长的光纤上产生的动态应变信号[119]。瑞士苏黎世联邦理工学院(ETH Zürich)的 Walter 等[119]利用 DAS 技术在阿尔卑斯山冰川上开展了微地震信号以及环境噪声观测研究。该团队在冰川表面布设的光缆形成边长为 220m 的等边三角形台阵，用以监测冰川黏滑活动、岩崩以及冰震；通过使用 SILIXA iDAS 分布式光纤传感系统(近 500 个通道，时间采样率为 500Hz，空间采样间隔为 4m)，获得各种各样的地震记录，其中包括一次地表冰震、一次冰川滑坡、一次爆炸源以及持续 15s 的落石信号；得益于 DAS 提供的极小空间采样间隔，识别了稀疏的传统地震仪台阵所不能识别的多重反射和临界折射波，相比于传统地震仪台阵，得到更加准确的定位结果(精度范围 20—40m)。该研究团队称[119]，DAS 技术的出现颠覆性地改变了地震监测台网的覆盖范围，在不远的未来可利用阿尔卑斯山脉地区大量的既有光缆进行监测，从而显著降低探测门槛，有效提高该地区的地质灾害预警能力。

　　以德国地学研究中心(GFZ)为首的研究组使用 DAS 技

术来远程监测和识别埃特纳(Etna)火山(位于意大利西西里岛, 欧洲最大、最活跃、旅游观光最多的火山)事件, 并对隐藏的近地表火山结构进行精细成像[120]。

日本海洋地球科学技术厅(Japan Agency for Marine-Earth Science and Technology, JAMSTEC)和日本防灾科学技术研究所(National Research Institute for Earth Science and Disaster Resilience, NIED)联手在 DAS 市场居领先地位的英国公司 Optasense(作为英国公司 QinetiQ 的一部分, 于 2020 年被美国光纤传感器公司 Luna 收购, 合并后的公司有望创建全球最大的光纤传感公司[121]), 依托日本东海岸的高密度海底地震-海啸实时观测网(Dense Ocean-Floor Network System for Earthquakes and Tsunamis, DONET), 首次在 50km 长的海底光缆上获取了以气枪作为主动源的 DAS 水声信号(频率范围为 0.1 赫兹至几十赫兹), 显示出通过 DAS 远程监测水声信号及海底火山活动的可能性[122]。

当前的海底地震和海啸预警主要依赖于漂浮式水听器和海底地震仪的观测记录, 而漂浮式水听器和海底地震仪价格昂贵、维护困难、难以密集布设, 制约了海底地震和海啸预警研究的发展。DAS 和 ULI 这两种技术均兼具优势与不足: DAS 技术的信号敏感性和空间分辨率较高, 但有效光缆覆盖性差; ULI 技术的有效光缆覆盖性和信号敏感性较高, 但空间分辨率和适用性不足。综合这两种光纤传感技术的优缺点, 美国加州理工学院地震实验室詹中文研究组联合谷歌光纤通信专家开创性地提出基于光的偏振状态将跨洋通信光缆"转化"为地震仪进而探测地震和海浪运动的方法, 成功利用海底上万公里的通信光缆监测海底地震和海浪运动[35]。该方法利用现有海底通信光缆，无须增设仪器，不影响光纤正常通信，不涉及通信隐私，仅利用通信公司已有的光纤偏振状态(SOP)记录即可实现全天候地震、海啸监测，为海底地震研究和海啸预警提供了全新的思路，成为光纤地震学前沿研究领域的新突破，有望填补海洋地球物理观测的空缺，推动建立更经济、更广泛的全球海底地球物理监测网。目前，詹中文正和谷歌开发一种机器学习算法，以监测出偏振变化的来源，从而实现更到位的预警[123]。

在目标识别与定位方面，挪威科技大学研究组借助通信海缆的暗光纤构成 DAS，成功监测到在北冰洋和北海70—90km 以外长须鲸的发声并对其进行了 3D 位置估计[110]。国防分析师兼打击舱系统(Strikepod Systems)创始人 David R. Strachan 在评述该研究工作的基础上，探讨了利用 DAS 技术探测现代潜艇、水下机器人、空投水雷声音的可行性，以及在综合水下远程预警和防御中的作用[124]。随后，该研究组使用两条相隔数百米、近乎平行的暗光缆和 4 个解调器，获得了总长约 250km 覆盖范围的 DAS 数据，在 1800km^2 海域下对 8 头长须鲸进行了同时定位(定位精度约为 100m)和跟踪[112]。除了探测长须鲸，他们还用先进的 DAS 解调器以史无前例的信噪比捕获了一系列的声学现象，探测、跟踪并识别出鲸鱼、风暴、船只和地震[111]；利用 DAS 记录反演得到海底浅层速度结构，同时将海洋涌浪(Ocean Swells)的成因追溯到距离光缆 13000km 的风暴[125]；研究结果显示，有望在不久的将来建立具备广泛应用(如海底哺乳动物预测、船只跟踪及调度等)的全球陆海空(Earth-Ocean-Atmosphere-Space)DAS 监测网[111]。

在海洋工程应用方面，爱尔兰都柏林大学和爱尔兰科学基金会(SFI)应用地球科学研究中心(iCRAG)联合英国公司 Optasense，为进行近海风电场岩土工程监测评估，利用 DAS 在 Dundalk 海湾附近海上风电场获取主动源 Scholte 波地震数据，反演得到海底底质的横波速度剖面，为近海现场调查提供了新手段，减少了施工设计的不确定性，并最终降低近海风力发电的平准化度电成本[126]。

1.3.2 海洋能源网

海洋本身是一个巨大的能量场，从海面上空、海平面到海洋内部都蕴藏着丰富的可再生自然能源，但海洋能源利用还处于起步阶段，通过形成海洋能源网，将极大缓解现有能源供应状况。海洋能源主要包括海洋内部与海水有关的波浪能、潮汐能、潮流能、温差能和盐差能，海洋上空的风能，海洋表面的太阳能以及海洋生物质能等。海洋能源网建设与发展初期可以按照"原位发电、海能海用"的理念，借助信息化、网络化技术，通过海上多类能源获取、转换与管理，实现对海洋能源的高效收集和利用，打造出产能、储能、输能和用能全链条的海上能源网络。

1. 波浪能前景广阔，多国政府大力投入

波浪能在海洋中具有高密度和广泛分布等优点，这为其在海洋环境中以较小体积的转换器单元进行发电提供了可能。与风能、太阳能等其他可再生能源相比，波浪分布更为广泛且可用于发电的能量密度更高：波浪能功率密度

约为 2—3kW/m², 风能约为 0.4—0.6kW/m², 太阳能约为 0.1—0.2kW/m²。根据国际能源机构的调查, 地球表面的潜在波浪能约为 30 亿千瓦, 年平均功率约为 40MW/km。在全社会降低碳排放的大背景下, 波浪能的高效利用变得更有吸引力。世界能源理事会调查发现, 一天可获得 2×10^{12}kW 的波浪能, 一年可获得 1.752×10^{15}kW 的波浪能, 其中 2×10^{14}kW 的波浪能可转化为电能。目前, 独立的波浪能转换(WEC)系统已经实现了为岛屿、航标灯和海洋观测设备提供电力, 降低了储能电池的使用与维护保养成本。然而, 随着海洋能源的开发, 海洋中独立的能量转换单元和电力传输系统也进一步增加了电力生产和输出的成本, 所输出电能与功率日益不能满足用能需求。因此, 欧盟的 MARINA、丹麦的 POSEIDON、苏格兰的 Wave Treader 等多国研究机构提出了开发由风能、波浪能和太阳能组成的能源互补发电平台, 通过共享发电平台和输电系统, 可提供比独立的 WEC 系统或风力系统更好的电能质量和更高的能量密度[127]。

在波浪能收集方面, 近年来产生了新的技术。适合收集的波浪能主要来自风力产生的波浪, 风力产生的波浪受重力和惯性力的支配。图 1-16 展示了世界上波浪能的区域分布状况。在 30°—60°的纬度范围内, 波浪能的强度较大, 而在赤道和两极附近则较弱。近年来出现了诸如摩擦电纳米发电机(TENGs)的先进技术, 在收集低频能量方面具有显著的优势, 增强了其在波浪能收集方面的实用性。随着超材料和人工智能技术的发展, 许多新的机制和研究方法被应用于提高波浪能收集性能。实现高效波浪能收集的方法包括相位控制或共振形成。已有研究发现，深度强化学习(DRL)控制在直接驱动 WEC 系统的电力生产中优于基于模型的控制[128]。

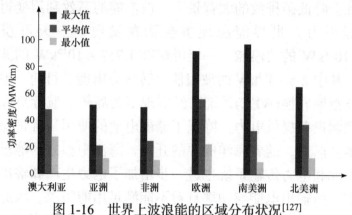

图 1-16　世界上波浪能的区域分布状况[127]

　　欧美等大力支持波浪能的投入与市场推进。自 2021 年以来，波浪能累计装机 12.7MW。欧洲海洋能组织(OEE)发布的《2022 年海洋能产业发展趋势与统计》报告中预计，2023 年欧洲波浪能计划部署 450kW。报告提出，美国每年在海洋能方面资金投入约为 1.1 亿美元，并正在建设世界上最大的波浪能试验场；英国和加拿大均提出一系列市场激励政策。OEE 建议欧盟制定针对海洋能市场的政策措施以提高市场能见度，确保欧洲的竞争优势[129]。

　　总部位于奥克兰的波浪能公司 CalWave Power Technologies 已成功完成加州近海为期 10 个月的波浪能试点项目(图 1-17)，展示了该技术的性能、可靠性和环境可接受性。瑞典-以色列公司 Eco Wave Power 在 AltaSea 进行波浪能试点项目，并认为：波浪能是最大的清洁能源来源，无论是在环境方面还是在经济方面，其在加州的广泛实施将产生巨大的积极影响，将在制造、运输、建筑、工程和其他领域创造源源不断的与清洁能源相关的工作岗位[130]。

图 1-17　淹没在水中的 CalWave 的 x1 波浪能装置[130]

2023 年 5 月，瑞典 CorPower Ocean 公司的商业规模 C4 波浪能设备在葡萄牙近海阿古萨多拉(Aguçadoura)进行部署。CorPower 最近在维亚纳堡港完成了 C4 波浪能系统的预备试验(图 1-18)，该系统已在位于港口的公司设施中组装完成。CorPower 独特的移动工厂单元概念允许大量现场制造，确保与当地供应链的紧密合作，该公司在开发其首个商业规模波浪能转换器方面发挥了重要作用。葡萄牙电力公司 EDP、爱尔兰蓝色经济公司 SimplyBlue Group 和意大利绿色能源公司 ENEL Green Power 的合作项目 HiWave-5，旨在实现 2024 年向市场提供经过认证和保修的波浪能设备的目标[131]。瑞典公司 Seabased 最近公布了在百慕大开发一个 40MW 波浪能的计划，百慕大政府近期批准的为该岛提供电力的创新许可证(包括波浪能)条例则有利于其顺利推进该计划。Seabased 的 40MW 项目将建在距离圣乔治岛百慕大机场几公里的租赁区域，届时波浪能公园将为岛上电网提供电力，约能满足百慕大 10%的能源需求[132]。

图 1-18　维亚纳堡港的 CorPower C4 波浪能装置[131]

2. 潮汐能项目可行，规模化建设如火如荼

潮汐能技术受到国外多个研究机构的重视，其潜在优势或将得到充分发掘并付诸实际项目。新的研究表明，采用潮汐能和其他形式的可再生能源可显著提高能源安全，并在一定程度上推动实现清洁能源目标；除了太阳能和海上风电场之外，安装潮汐流系统在平衡供需方面比仅靠太阳能和风能技术的效率高出约 25%；将潮汐能技术用作可再生能源组合的一部分还可将陆地和海上发电设施所需的空间减少约 33%，且由于潮汐流设备大部分都在海面以下运行，其视觉影响也显著减少；相对于太阳能和风能系统，

潮汐能减少了获取昂贵储备供应的需求，从而有助于降低整个系统能源的平准化成本。据 2023 年 2 月报道，英吉利海峡上的怀特岛计划到 2040 年产生与其消耗的可再生能源一样多的可再生能源，并实现净零排放。为此，它需要想方设法通过清洁能源产生平均 136MW 的电力，以满足其未来的年度需求。它的主要能源供给方式是一个燃气发电站，虽然太阳能目前发电量为 80MW，但在 2015 年，附近海上风电场的计划因其视觉影响被停止运行。与此同时，该岛的潮汐流潜力尚未得到充分开发。针对以上挑战，研究人员设计了一个考虑了供需平衡、整个系统的能源成本以及可再生能源项目空间覆盖范围的模型。从模型中发现，安装 150MW 的太阳能、150MW 的海上风能和 120MW 的潮汐流容量可以最大限度地实现供需平衡和最大电力盈余。相对于性能最好的太阳能和风能系统，该模型效率将高出 25%。此外，采用潮汐流发电还可将全年最大电力短缺和过剩的幅度分别降低 11% 和 24%。该研究由普利茅斯大学 Interreg 的 TIGER 项目研究员 Danny Coles 领导，与欧洲海洋能源中心 (EMEC)、英国 HydroWing、英国 Perpetuus 潮汐能中心和爱丁堡大学合作。与风和太阳不同，潮汐一年四季都存在；潮汐能提供了一种可预测、可靠性高的可再生能源，可补充风能和太阳能的间歇性。采用这三者的组合可以减少对进口电力的依赖和价格的波动；该研究量化了可预测和可靠的潮汐供应可以提供的系统效益。相关结果已被怀特岛委员会和苏格兰南部电力网络用于评估岛上电网。Scotia Gas Networks (SGN) 也将研究结果用于全系统研究，并重点关注怀特岛上的整个电力系统

(图 1-19)[133]。

图 1-19　怀特岛上的电力系统[133]

美国加利福尼亚州在政策上为潮汐能的开发提供绿色通道。该州参议院于 2023 年 5 月批准了一项法案，旨在使该州走上开发波浪能和潮汐能的道路，实现其无碳目标。制定了 SB 605 措施，推动该州能源委员会与相关州机构合作，研究该州波浪能和潮汐能开发的可行性和潜力。在承认波浪能和潮汐能开发对海洋物种和栖息地产生潜在影响的同时，SB 605 指出，大规模开发和部署海上波浪能和潮汐能有可能为国家带来经济和环境效益。

潮汐能的技术可行性近期得到相关机构的权威认证。2023 年 5 月，苏格兰公司 Flex Marine Power 因其 SwimmerTurbine SW2 潮汐能转换器获得了英国劳埃德船级社(Lloyd's Register of Shipping)授予的世界上第一份国际电工委员会可再生能源设备认证互认体系(IECRE)可行性证书。在完成技术鉴定研讨会后，Flex Marine Power 制定了相关计划，概述了其打算完成的全套鉴定活动，以提供证据证明该技术在部署地点的预期应用中是可行的。Flex Marine Power 的潮汐涡轮机包括两个连接到钢制轮毂和机舱的中空玻璃纤维叶片，机舱将电气和监控设备容纳在干式设备舱内，并连接到管状系泊连接结构。涡轮机的机舱内有一个动力总成系统，当涡轮机旋转时，该系统会产生电力，并通过脐带缆输送到岸上[134]。Flex Marine Power 的 CEO David Mummery 表示，通过 IECRE 合格评定系统对 SwimmerTurbine SW2 潮汐能转换器进行的深入评估，证明了技术开发工作在开发适用于广泛沿海地区可扩展发电方面的技术能力。

目前，潮汐能在市场占有可观份额，大型能源公司加速推进其项目开展。根据印度评估及顾问公司 Astute Analytica 最近的报告，2022 年全球潮汐能和波浪能市场价值为 4.7781 亿美元，预计到 2031 年将产生约 100 亿美元的收入，预测期内复合年增长率(CAGR)为 43%。2023 年 5 月，国际能源署(IEA)发布了一本海洋能源系统(OES)指导手册，重点介绍了其成员国在潮汐能领域取得的进展。该手册提供了 IEA-OES 成员国开发的潮汐项目清单，显示出 2023 年将继续快速发展。开发人员不仅专注于积累长期运行和执行维护计划的经验，还专注于新涡轮机的设计，以及开发改进的控制系统，并优化完全集成的动力传动系。这些创新旨在降低潮汐能技术成本、增加额定功率并增强涡轮机性能。OES 指出，几个正在开发的项目为沿海社区带来新的发展机遇。开发商还提供全面的环境监测计划，并与多个合作伙伴一同解决海洋空间规划问题，以实现大规模潮汐能的利用。通过多方共同努力，期待在不断降低成本的同时提高可靠性，并朝着大规模、商业上可行的潮汐能项目发展。IEA-OES 手册显示，SIMEC 亚特兰蒂斯能源公司(Simec Atlantis Energy Ltd)开发的 MeyGen 潮汐能项目规模最大；其次是韩国的 Uldolmok 潮汐发电站，其利用珍岛鸣梁海峡的潮汐刚完成了两年的发电。总部位于爱丁堡的潮汐能公司 Nova Innovation，在 2023 年 1 月通过安装两台新涡轮机将设得兰群岛潮汐阵列的规模扩大了一倍。据该公司通报，第五台和第六台涡轮机安装后，设得兰群岛潮汐阵列将成为世界上涡轮机数量最多的阵列。手册中还介绍了潮汐能领域即将推出的其他发展，包括荷兰公司 SeaQurrent，预计在瓦登海的 Ameland 展示其第四个 TidalKite 系统[135]。

　　SIMEC 亚特兰蒂斯能源公司开发的 MeyGen 潮汐能项目，在 2023 年 2 月创下世界首个 50GWh 潮汐能发电纪录，成为全球首个利用潮汐能产生 50GWh 清洁电力的潮汐流阵列(图 1-20)。据该公司称，这是大规模提供潮汐流发电的一个重要里程碑，所有其他潮汐能设备和站点的全球总发电量不到 MeyGen 创纪录的 50GWh 的 50%。MeyGen 站点于 2017 年开始运营，从 2018 年 12 月起，该公司部署时间最长的涡轮机一直保持运行，涡轮机的平均可用性为 95%。涡轮机位于苏格兰北海岸寒冷水域下方 20 米处，苏格兰大陆和奥克尼群岛之间的北海与北大西洋之间的水交换受到挤压。这个地方拥有世界上最强的潮汐流，并提供可预测的可再生电力来源。MeyGen 潮汐能阵列目前由三台完全运行的涡轮机组成，最后一台于 2022 年 9 月部署。该项目的第一阶段满负荷额定功率为 6MW，共有四台涡轮机[136]。

图 1-20　AR1500 潮汐涡轮机[135]

瑞典清洁能源公司 Minesto 在 2023 年 5 月完成了 1.2MW 潮汐能风筝海上安装的第一阶段(图 1-21)，在安装 1.2MW 潮汐能装置 Dragon 12 之前，Minesto 已经铺设了主要海底电缆，作为正在进行的海上工程的一部分。这条 3.4km 的主海底电缆铺设在海床上，从陆上电网连接点到法罗群岛 Vestmanna 的海上安装节点。在穿越北大西洋到达 Vestmanna 后，电缆安装工作在 22 小时内完成。Minesto 的分包商 Inyanga 改装了一艘标准的近海供应船来铺设电缆，从而为海上作业提供具有成本效益的船舶解决方案。该电缆由英国的全球海底电缆供应商 JDR 制造，通过哈特

尔普尔的安装船运往法罗群岛。据 Minesto 称，Dragon 12
安装的下一步是海底锚固和风筝安装[137]。

图 1-21　Minesto 潮汐能风筝的电缆安装工程[137]

　　EEL Energy 公司已获得法国航海局(Voies Navigables
de France，VNF)的许可，可在里昂附近的罗讷河部署其仿
生潮汐能涡轮机(图 1-22)，随后配备另外三个设备，从 2023
年下半年开始测试其潮汐能涡轮机。该涡轮机的设计基于
模仿鱼的运动产生能量的波浪膜。测试在法国东南部的
Caluire-et-Cuire 和 Villeurbanne 公社之间的专用地点进行，
第一台设备于 2023 年 6 月底部署。经 VNF 授权并与地方
政府(里昂大都会和 Caluire-et-Cuire 公社)达成协议，EEL
Energy 将逐步部署四台仿生潮汐涡轮机，以形成一个河内
潮汐能农场。第一个装置在里昂港组装并通过河流运输到

其部署地点。之后，EEL Energy 在 2023 年底前再安装三台涡轮机。该项目的主要目标是对这些新型潮汐涡轮机进行全面的技术测试，然后再考虑在其他河流站点以及法国或发展中国家的海洋能源站点进行长期部署。该项目产生的电力将并入法国电网，预计将达到 400MWh——相当于 100 户家庭的用电量。EEL Energy 河流涡轮机标称功率为 50kW 至 100kW，并预计未来三年内将推出功率为 750kW 的海洋能源涡轮机[138]。

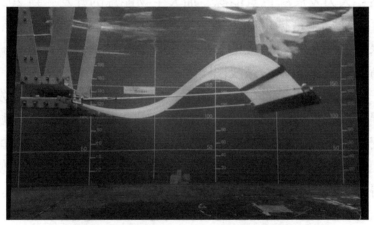

图 1-22　EEL Energy 的仿生潮汐能涡轮机[138]

3. 海上风电强势发展，项目规划迈向深水

海上风电继续在全球能源结构中占据较大份额。据全球风能理事会发布的《2022 年全球风能报告》显示，2021 年，全球新增风电装机容量 93.6GW，累计风电装机容量达 837GW，同比增长 12%；新增海上风电装机容量 21.1GW，其中中国占 80.02%。此外，2021 年全球风电招标量达到 88GW，较上年增长 153%[139]。全球风能理事会预计，未来

5 年内全球风电新增装机容量将达到 557GW[139]。国际可再生能源署发布的《2022 年世界能源转型展望》报告称，尽管全球能源转型取得了进展，但远未走上 1.5℃温控的轨道，未来 8 年对于能源转型至关重要。到 2030 年，陆上风电装机容量将达到 3000GW，海上风电装机容量将达到 380GW，提供全球 1/4 的电力。虽然陆上和海上风力发电的平均成本在过去十年中稳步下降，但还需要科研、政策和资金的持续支持。报告提出，到 2030 年的优先事项包括：大力发展绿色氢能源、加大生物能源的开发、到 2030 年电动汽车占据市场主导、大幅提升新建筑的能源效率、保障能源与材料供应的长期安全、制定国家能源计划并提高国家自主贡献的路线图[140]。

在能源自给自足的推动下，海上风电行业正在加快发展步伐，同时也面临着新的挑战，其中包括在更深的水域安装涡轮机。许多规划海上风电项目的地区没有北海地区相对较浅的水域，而北海地区迄今已开展了很多项目，使得开发商也在寻求在离海岸更远更深的水域建造风电场。因此，在更深的水域实施海上风电项目已成趋势。所面临的挑战便是安装涡轮机，其中一种解决方案是使用浮动风力涡轮机，但同时面临新的问题：传统安装使用的自升式船舶不再适用，新一代风电安装船亟须开发。总部位于荷兰的造船厂 Damen Shipyards Group 联合包括船舶运营商、风电场开发商和设备制造商在内的行业利益相关者，开发了 Damen 浮动海上风力支持船 FLOW-SV(图 1-23)。该船旨在建造更大、更快和更高效率的涡轮机系统，完成运输和预先铺设的相关工作。此外，该船还可以进行拖曳和挂钩，这意味着涡轮机安装整个过程可以用一艘船完成。Damen 表示未来几年预计将安装数千台浮动式涡轮机，其中在 2030 年安装 1800 台。最近的一个测试案例表明，安装一台涡轮机需要大约 34 个船舶工作日。即使大幅改善安装效率，也不太可能减少到 11 个船舶工作日以下。这意味着仅 2030 年就需要 100 多艘船来安装涡轮机。最适合这项工作的船只(大型锚处理拖船供应船 AHTS)基本上已经用于石油和天然气市场中的项目。目前 AHTS 船队的大多数船只每次安装一个支架后都需要返回岸上。Damen 的 FLOW-SV 概念显著增加了容量，包括 1600m² 的甲板面积和 3000m³ 的链式储物柜空间。该船可以在一次航行中运输三个浮式系泊系统。FLOW-SV 提供超过 400 吨的系船柱拉力，这明显高于大多数 AHTS 船，但对于浮动涡轮机分布，该公司正在验证高达 1000 吨的装载线。Damen 近年来大力发展海上风电业务，FLOW-SV 的开发对于 Damen 公司来说是十分重要的发展机会[141]。

图 1-23　Damen 浮动海上风力支持船 FLOW-SV[141]

4. 海上光伏潜力巨大，亚太欧美积极部署

海上漂浮太阳能(FPV)在加速能源转型方面发挥着重要作用，未来漂浮太阳能的需求呈快速增长趋势，亚太、欧美等均积极推动该技术开发。根据全球能源和金属行业顾问公司 Wood Mackenzie 的分析，全球漂浮太阳能市场预计到 2031 年将突破 6GW 大关，其中亚太地区的需求最大[142]；与全球太阳能总需求相比，未来 10 年漂浮太阳能的复合年增长率(CAGR)预计将达到 15%；预计到 2031 年将有 15 个国家的漂浮太阳能累计安装量超过 500MW，其中印度尼西亚、印度和中国将占 2022 年总需求的近 70%。地面太阳能项目的土地供应有限、土地成本不断增加，包括光伏开发商在内的全球太阳能行业持续与之作斗争，从而推动了对浮动装置的需求。尽管漂浮太阳能的开发成本比同类地面安装项目高出 20%—50%，但开发商和工程采购施工(EPC)领域竞争力的提高正在帮助降低该行业的成本。亚太市场在 2022 年拥有约 3GW 的漂浮太阳能项目，占据了当年漂浮太阳能需求的 90%以上。Wood Mackenzie 的分析发现，中国、印度尼西亚、印度、韩国和泰国等正在开发多个漂浮太阳能项目。欧洲拥有近 150MW 的光伏发电容量，是漂浮太阳能需求的第二大地区，荷兰居首，其次是法国。随着欧洲各地区正在实施多种土地利用政策，越来越多的国家正在采用降低土地依赖的漂浮太阳能技术(图 1-24)。荷兰拥有亚太地区以外最大的漂浮太阳能项目，占 2022 年欧洲市场的 32%，这得益于 2021 年上线的 41.4MW Sellingen 漂浮太阳能公园。虽然在欧洲仍然是一个小市场，但趋势是积极的，预计在不久的将来会

有更大的漂浮太阳能电站。2025 年之后，预计增长放缓，达到初步饱和状态。对于美国，未来 10 年漂浮太阳能的复合年增长率估计约为 13%，其中太阳能需求高但土地成本昂贵的地区(包括加利福尼亚、佛罗里达和新泽西)正在推动开发该技术。总体而言，由于 2022 年供应链受限，组件成本和其他软成本增加，漂浮太阳能行业在所有细分市场都出现了高成本现象；但随着供应链的扩大，成本预计会降低[142]。

图 1-24　漂浮太阳能电池阵列[142]

2023 年 5 月，Blueleaf Energy 公司和 SunAsia Energy 公司从菲律宾政府获得了在菲律宾建造和运营全球最大的漂浮太阳能项目的合同，该项目的累计装机容量为 610.5MW。此举被视为菲律宾能源领域的一个里程碑，菲律宾能源部(DOE)为总计 1.3GW 的漂浮太阳能项目发布了第一套太阳能运营合同(SEOC)。2022 年 9 月，麦格理 (Macquarie)的独立投资组合公司 Blueleaf Energy 签署了一份意向书(LOI)，大幅增加其在菲律宾的可持续基础设施投资。Blueleaf Energy 与 SunAsia Energy 合作，在拉古纳(Laguna)湖上共同开发大型漂浮太阳能设施，该设施横跨新兴城市 Calamba、Sta Rosa 和 Cabuyao，以及 Bay 镇和 Victoria 镇。据悉，SunAsia Energy 自 2019 年以来一直在拉古纳湖上通过运营试验台来研究波浪的行为、风的运动、太阳的强度以及当地温度的变化，不断增进其对湖上漂浮太阳能电池板的认识。Blueleaf Energy 公司在过去 20 年中在全球范围内开发和建设了近 2GW 容量的太阳能电站，其中包括菲律宾的 250MW；目前在亚太地区拥有超过 7GW 的太阳能、风能和储能项目[143]。

高效、环保、环境适应性强的海上光伏技术正加快付诸应用。2023 年 3 月，Jan De Nul(比利时扬德努公司，其公司总部位于卢森堡)、Tractebel(比利时动力集团)和 DEME(德美集团)共同开发了一种名为 SEAVOLT 的海上漂浮太阳能平台(图 1-25)，能够在恶劣的海洋条件下运行，创造出不受海浪影响的大面积海上漂浮太阳能技术，并可与海上风电场结合使用。该技术的模块化设计可以轻松适应不同场地和需求，因此可增加本地可再生能源生产以及在地方当局允许多用途特许权的海上风电场中安装相应的面板；另一个优势是在相对较短的时间内增加大量可再生能源容量。早在 2019 年，Jan De Nul、Tractebel 和 DEME 与 Ghent University(比利时根特大学)一起在 Blue Cluster 框架内启动了 VLAIO(弗兰德斯创新创业公司)资助的研究项目 MPVAQUA(海洋光伏水产养殖)。海洋漂浮物与对海洋生态系统影响的初步研究、水产养殖的整合和财务评估将同时进行。在实验室测试之后，相关单位目前正在开发海上太阳能测试装置，该装置于 2023 年夏季在比利时海岸启动。此外，与 RBINS(比利时皇家自然科学研究所)合作，在能源转型基金和联邦重启基金的支持下，正在平行推进以生态系统、环境和成本效益为重点的评估。总之，SEAVOLT 是一种可靠、高效且环保的解决方案，即使在最恶劣的海上条件下也可以部署；通过补充海上风电场，在优化海上空间利用方面将发挥关键作用[144]。

图 1-25　SEAVOLT 海上漂浮太阳能平台效果图[144]

2023 年 4 月，法国建设第一个海上太阳能农场。作为 Sun'Sète 项目的一部分，法国初创公司 SolarinBlue 在地中海部署了两个海上漂浮太阳能装置(图 1-26)，该项目旨在为法国塞特港(Port of Sete，法国十大港口之一)提供清洁电力。SolarinBlue 是专门为海洋环境给出漂浮太阳能解决方案的设计者，于 2023 年 3 月中旬推出了 Sun'Sète 项目的第一批装置。该装置安装在距离海岸 1.5km 的商业港口，位于前海上石油卸货站的旧址上。Sun'Sète 项目包括几个阶段，第一个阶段安装两个浮动单元，后续阶段最终将增加到 25 个单元，总装机功率为 300kW 峰值(kWp)，占地面积为半公顷。SolarinBlue 的海上太阳能技术可适应公海的恶劣条件，具有重量轻且环保的设计特点，经过处理的钢框架和可回收的高密度聚乙烯(HDPE)浮体可回收率达 90%。漂浮结构的大气流和最大浮力保护面板可最大限度地提高其耐用性。SolarinBlue 声称，面板永远不会与海浪接触，漂浮结构能够承受 12m 高的海浪和 200km/h 的风速。

图 1-26　SolarinBlue 在地中海的两个海上漂浮太阳能装置[145]

在接下来的两年里，SolarinBlue 团队将研究漂浮物的海洋行为、光伏生产，并将对演示器进行维护操作。SolarinBlue 表示，这些研究将证实其海上漂浮太阳能专有技术的潜力，并为其大规模开发做准备[145]。

5. 能源转型积极推动，潜在能源前景看好

2023 年 5 月，20 个太平洋岛屿国家和地区的领导人已批准全球海洋能源联盟(Global Ocean Energy Alliance，GLOEA)，强调实施正在开发的 1.5MW 海洋热能转换(Ocean Thermal Energy Conversion，OTEC)平台；并将制定

一项海洋计划，使太平洋岛屿国家和地区为未来的海洋可再生能源技术做好准备。该措施旨在消除障碍并为太平洋地区带来最新的创新成果。联合国工业发展组织(UNIDO)的 Martin Lugmayr 指出，海洋经济到 2030 年可能达到 3 万亿美元以上，并创造 4000 万个就业机会。在 GLOEA 的领导下，位于非洲西海岸几内亚湾的圣多美和普林西比率先在小岛屿发展中国家(SIDS)中进行了 OTEC 的商业化，证明了可以用来自海洋的清洁能源代替传统柴油。海洋能源可同时满足小岛屿发展中国家的蓝色和绿色经济愿望，并且显著提高气候适应能力。GLOEA 太平洋提案中名为 DOMINIQUE 的 OTEC 浮动平台(图 1-27)，是由英国公司开发的首个 1.5MW 浮动 OTEC 平台，其开发得到 SIDS DOCK(小岛屿发展中国家码头)、UNIDO(联合国工业发展组织)和 GN-SEC(区域可持续能源中心全球网络)在全球环境基金/绿色气候基金(GEF/GCF)的支持，预计将于 2025 年在圣多美和普林西比进行部署[146]。

图 1-27　名为 DOMINIQUE 的 OTEC 浮动平台[146]

与潮汐流相比，洋流恒定且非常可预测，研究人员相信这种能源会发展成为世界第三大可再生能源。2022 年 11 月，美国 Equinox 公司开发出用于在稳定流动的洋流中进行发电的大型水下涡轮机。在荷兰达门船厂集团(Damen Shipyards)的支持下，总部研究人员 Pieter de Haas、Joris van Dijk 和 Andries van Unen 准备在五年内在位于 Gorinchem 的 Damen 安装商业运营的洋流涡轮机。大型双叶片涡轮机位于洋流中，涡轮叶片将由混凝土制成，能够承受发生在水下涡轮机翼等细长附件上的典型载荷、振动和脉动。海洋中的水流总是朝同一个方向移动，大部分速度相同。这意味着大型涡轮机可以与缓慢移动但高扭矩的发电机一起使用。轴承、锚固和电力传输电缆、叶片等所有其他组件和整个系统都倾向于低速，与改变方向的快速水流相比，始终保持相同速度的单向水流对材料的要求大大降低。另一个很大优势是涡轮机可以安装在更小的地方。Equinox 及其合作伙伴计算出全球洋流能源生产的潜力在 700GW 左右，可安装大量涡轮机来获取相应能源。理想情况下，安装在海岸附近的洋流涡轮机电场应连接到陆基网络，为当地居民提供电力。如果附近有海上风力涡轮机电场或其他供电基础设施，与现有电网建立共同连接将更具成本效益[147]。

渗透能从河流淡水与海水相遇时的盐浓度差异中获得，在河流三角洲中较为常见[148]。2023 年 3 月，由 Sweech Energy(法国)、Saltpower(丹麦)、REDstack(荷兰)和 CNR(法国)四家欧洲公司成立欧盟渗透能协会(OE4EU)，以促进渗透能的发展。该协会立志于推广渗透能作为可再生能源的来源，并在欧盟层面创建一个适应性监管框架，包括正在进行的关于修订可再生能源指令(RED II)的三方对话。OE4EU 成员代表了从技术生产商到能源供应商的该行业主要参与者，他们坚信渗透能是解决欧盟能源和可持续性挑战以及脱碳目标的关键解决方案。OE4EU 成员表示，新的突破性技术允许以非常有效和有竞争力的方式捕获渗透能。据该协会称，渗透能行业现在已准备好扩大规模，荷兰、丹麦和法国已经建立了首批工业应用[148]。

1.3.3　海洋信息网

海洋信息技术指利用计算机、通信、遥感、定位等现代信息技术手段，对海洋环境进行监测、预测、评估、管理和利用的技术，包括海洋信息感知、海洋信息传输、海洋信息智能化处理等。其中，海洋信息感知包括对海洋环境各种信息的获取、处理、分析和利用等，还包括前端传感器、海洋仪器设备、海洋观测平台与海洋信息平台等；海洋信息传输包括卫星数据传输、海洋无线电波、海底观测网等，覆盖海洋声光电等各种数据传输方式；海洋信息智能化处理通过利用大数据、人工智能、区块链等信息技术，对海洋进行环境监测、预测、评估和管理。

1. 海洋信息感知注重多源融合，趋于高分辨、高精度

在天基海洋目标监视方面，世界各海洋大国日益重视信息融合处理研究，并建立基于多源卫星信息融合的海洋目标监视系统[149](表 1-2)。美国推进了光学遥感卫星图像舰船监测系统 RAPIEP 的研发，并启动 C-SIGMA 和

GLADIS 等项目以通过商业卫星实现对全球海域的连续监视[149]。C-SIGMA 项目主要利用 SAR 遥感卫星、光学遥感卫星、AIS 卫星和通信卫星(M2M/SMS/LRIT)等四类卫星数据；而 GLADIS 项目则主要依赖 AIS 卫星和海上浮标等数据[149]。加拿大开始了基于多源信息融合的舰船目标监视项目 PolarEpsilon，计划开发 OceanSuite/CSIAPS 等系统，将融合卫星 SAR 图像、卫星 AIS 数据、卫星船舶远程识别和跟踪系统(LRIT)数据、岸基 AIS 数据以及岸基雷达数据，并计划未来进一步整合光学遥感卫星、无人机、海岸巡逻机、巡逻艇等提供的数据[149]。欧盟陆续启动了 IMPAST 项目和 DECLIMS 等项目，旨在通过卫星遥感图像实现对海上舰船目标的监测、分类和识别等任务[149]。此外，还开展了 60 多个基于多源信息融合的海上目标协同监视项目，如 MARISS、BlueMassMed、LIMS、DOLPHIN 和 Pilot 等[149]。其中，LIMS 项目利用卫星传感器，如太空地球观测计划卫星(GMES)、SAR、光学商业遥感卫星、星载 AIS、LRIT、通信卫星和 Galileo 导航卫星等，完成对地中海目标的监视；而 Pilot 项目主要研究利用 SAR 遥感卫星和光学遥感卫星提高对海上目标的精细探测能力，并为海上态势决策提供支持[149]。

表 1-2　国外民用领域多源卫星信息融合海洋监视系统

国家/组织	项目/系统	数据源	用途
美国	C-SIGMA	AIS 卫星、SAR 和光学遥感卫星、通信卫星等数据	实现全球海域连续监视
	GLADIS	AIS 卫星数据和海上浮标等数据	

续表

国家/组织	项目/系统	数据源	用途
加拿大	PolarEpsilon	星载 SAR、AIS、LRIT 数据和岸基 AIS、雷达等数据	海上目标融合跟踪
欧盟	MARISS	岸基雷达、船舶监测/监视系统、星载 AIS 信息以及卫星遥感图像数据	非法海上活动监控
	DOLPHIN	星载 SAR、AIS、星载光学、岸基雷达、岸基光电系统数据以及 SAR/MTI、被动双基地 ISAR 等数据	海洋边界监视、海上交通、渔业管理
	LIMS	星载 SAR、AIS、LRIT 通信卫星数据	地中海目标监视
	PMAR	星载 SAR、星载 AIS 和岸基 AIS 数据	非洲海域安全航行
德国	AiipDect	SAR 遥感卫星、光学遥感卫星和 AIS 卫星数据	海上目标监视和预警

军事领域的监视系统采用以电子侦察卫星为主、成像侦察卫星为辅的方式[149]。美国海洋目标监视卫星经历了白云系列海洋监视卫星系统、天基广域监视系统和联合天基广域监视系统三个发展阶段，充分体现了多手段融合、多目标兼顾和天地一体化的特点[149]。俄罗斯海洋目标卫星监视系统则经历了综合型侦察、被动电子侦察和主动雷达侦察、新一代电子侦察三个发展阶段，发展思路以主动侦察方式为主，被动侦察方式为辅[149]。法国海洋监视卫星系统聚焦于高轨高分辨率光学成像卫星领域，分辨率从百米级逐渐提高到米级，以应对未来海洋监测需求[149]。

　　在民用领域的监视系统中，主要利用商业合成孔径雷达(SAR)卫星和船舶自动识别系统(AIS)卫星，同时逐渐融合商业光学遥感卫星，如加拿大 RadarSat、意大利 Cosmo Skymed、欧洲空间局 Sentinel 等高分辨率 SAR 卫星星座，以及美国的 VessetSat 和 AprizeSat、加拿大的 ExactView、德国的 Rubin 等 AIS 小卫星星座，从而显著提升海洋目标监视的广域覆盖能力和快速响应能力[149]。

　　在空基海洋感知与探测方面，相应技术包括卫星遥感与航空遥感，具有高频动态、宏观大尺度、同步观测等优点，是现代海洋多源信息获取手段的重要组成部分[149]。卫星遥感方面，目前已发射的海洋卫星主要包括以可见光探测为主载荷的海洋水色卫星，如美国的 SeaWiFS、EOS/MODIS 等；以海上动力参数探测为主载荷的海洋动力卫星系列，如 Jason、HY-2 系列；以服务海洋目标监视为主载荷的 SAR 载荷卫星，如加拿大的 Radarsat、意大利的 COSMO 等，以及盐度卫星、静止轨道水色卫星等一些新型载荷卫星[149]。航空遥感方面，主要采用飞机、无人机等飞行器搭载各类传感器进行数据探测，传感器包括激光测深仪、红外辐射计、侧视雷达等，具有易于在海空协同、分辨率高、不受轨道限制等特点，适宜用于突发事件(如溢油和赤潮)的应急监测及资源探测等[149]。由于海洋环境的偏远和广泛覆盖，遥感是监测海洋的实用工具，如图 1-28 所示。例如，卫星获取大面积的多时相近实时(NRT)数据集，这使得它们适合分析海洋变量的变化[150]。此外，几种类型的微波遥感系统，如 SAR 和散射计，可以在白天和夜间以及几乎任何天气条件下工作，这对海洋的连续监测非常有帮助[151]。

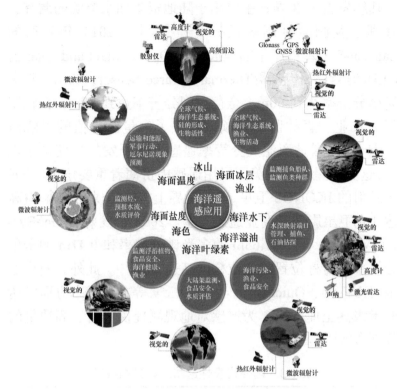

图 1-28　遥感技术在海洋中的应用

20 世纪 60 年代以来，国外卫星遥感系统迅速发展，遥感卫星的数量不断增多，应用业务规模也不断扩大[152]。代表性卫星遥感系统主要有美国陆地卫星(Landsat)系统、法国地球观测(SPOT)系统、欧洲航天局欧洲遥感卫星(ERS)、加拿大雷达卫星(Radarsat)和俄罗斯资源卫星(Resurs-DK)等[152]，国外代表性遥感卫星详细数据见表 1-3。美国拥有发展最早、在轨运行时间最长的遥感卫星系统[152]。

Landsat 系列卫星自 1972 年首次成功发射以来，直至 2013 年陆续发射了 8 颗；主要用于陆地资源和水资源的调查、管理以及测绘制图等任务[152]。其中，2013 年发射的 Landsat-8 卫星搭载了陆地成像仪(Operational Land Imager，OLI)和热红外传感器(Thermal Infrared Sensor，TIS)，其多光谱分辨率达到 60m、全色空间分辨率达到 15m；在轨期间为农业、森林监测等领域提供了大量有价值的遥感信息[152]。美国是商业高分辨率遥感卫星开发的早期国家之一，这类卫星系统在美国民用遥感中扮演着重要角色。1999 年发射的 IKONOS 卫星，成为世界上首颗提供高分辨率(高达 1m)卫星影像的商业遥感卫星。2008 年发射的 GeoEye-1 商业卫星，具备 1.65m 的多光谱分辨率和 0.41m 的全色分辨率，目标位置的定位精度高达 3m[153]。此外，商用卫星 OrbView、QuickBird、WorldView 等在分辨率方面已达亚米级甚至厘米级，为遥感对地观测提供丰富、高质量的数据资源[152]。

表 1-3　　国外代表性遥感卫星详细数据

卫星名称	应用领域	发射时间	分辨率/m	载荷	是否在役	所属国家
Landsat-1	资源	1972 年	80	光学	否	美国
Landsat-8	资源、环境	2013 年	15(全色)60(多光谱)	光学	否	美国
WorldView-4	测图、灾害、海洋	2016 年	0.31(全色)1.24(多光谱)	光学	是	美国
ALOS-2	环境	2014 年	1(全色)3(多光谱)	合成孔径雷达	是	日本

续表

卫星名称	应用领域	发射时间	分辨率/m	载荷	是否在役	所属国家
SPOT-7	资源、制图	2014 年	1.5(全色) 6(多光谱)	光学	是	法国
Radarsat 星座	环境、资源、军事	2019 年	0.7—100	合成孔径雷达	是	加拿大
Cartosat-3	规划、资源	2019 年	0.65(全色) 2(多光谱)	光学	是	印度
Resurs-P4	测绘、气象、国防	2020 年	未知	高光谱	是	俄罗斯
Capella 3	地球观测	2021 年	0.5	合成孔径雷达	是	美国
StriX-1	地球观测	2022 年	1	合成孔径雷达	是	日本

除了美国，欧盟也有较早的卫星遥感研究。法国的 SPOT 卫星系统为制图和地球资源开发建立了全面数据库[152]。意大利的 Cosmo-Skymed(地中海周边观测小卫星星座系统)由 4 颗分辨率高达 1m 的雷达(主要载荷为 SAR-2000 合成孔径雷达)卫星组成[152]。德国的陆地合成孔径雷达卫星系统由 X 频段的陆地雷达卫星(TerraSAR-X)和串联卫星(TanDEM-X)组成，是具有高精度的干涉 SAR 卫星系统，推进了雷达双星干涉测绘技术的业务应用[152]。图 1-29 展示了国外主要在轨遥感卫星类型。

近年来，无人机技术取得了不断进步，无人机在海洋探测领域的应用也愈发受到重视[154]。以美国为首的多个国

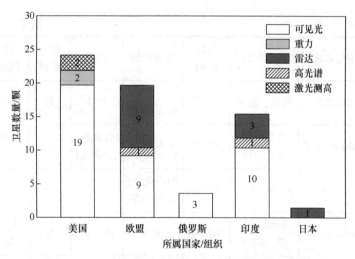

图 1-29 国外主要在轨遥感卫星类型统计[152]

家正积极研发新型海上无人机(图 1-30),俄罗斯、德国、英国等对本国无人机发展也开始加大支持力度[154]。

图 1-30 美制 MQ-9B 无人机

在水下信息感知和监测方面，欧美日等国家和地区建立了一批水下设施或装备：

(1) 欧洲首个遥控水下实验室 LSPM(Laboratoire Sous-Marin Provence Méditerranée)，位于法国土伦海岸外 40km 处海底，深度为 2450m，由三个接头盒和一个电光缆组成，可为多种仪器提供电力和数据传输。其中两个接头盒用于中微子望远镜基础设施 Kilometer Cube Neutrino Telescope KM3NeT 的 ORCA(Oscillation Research with Cosmics in the Abyss)部分，这是一个由 2070 个球体组成的三维阵列，用来探测来自全天空的中微子。第三个接头盒用于海洋科学研究，包括测量水温、海流、氧气、pH 等参数的传感器，以及用于监测地震和声波的仪器。其中一个仪器是利用主电光缆的一个光纤作为一个巨大的地震声学传感器阵列，可以实时提供关于地震和水下噪声的数据。另一个仪器是一组水听器，可以监测和记录鲸和海豚的声音。除了已经开始运行的仪器外，实验室还计划在 2023 年秋天启动其他设备，包括一种可以在海底移动和测量水域性质的机器人 BathyBot，以及一种可以监测放射性水平和深海生物发光的仪器[155]。

(2) 美国斯坦福大学研发了用于高精度探测水下环境的水下机器人。该机器人主要由船体、控制系统、电力系统和科学实验设备等组成。它的特点是拥有一定的自主性，能够独立完成某些任务，同时也可由操作员远程控制。它还配备了高清摄像机、多功能机械手和化学分析仪等设备，可进行海底环境监测、生物学研究、矿产资源勘探等多项任务。斯坦福大学的水下机器人技术主要包括机器人体系结构、传感器技术、自主控制技术、机器人导航技术和机器视觉技术等。在机器人体系结构方面，斯坦福开发了一系列基于结构设计的水下机器人，例如水母、乌贼、章鱼等模型机器人，这些机器人的形态和动作能够模拟自然生物，进而提高了机器人的效率和稳定性。在传感器技术方面，斯坦福引入了高分辨率成像、声呐、激光和惯性导航等传感器技术，从而实现了高精度、高密度对水下环境的探测。在自主控制和导航技术方面，斯坦福采用了从细胞生物学、神经科学和计算机科学中汲取经验的方法，从模拟单细胞线粒体、神经元和脑处理模型中，提出了一套自主控制和导航方案，这样机器人可以在没有人为干预的情况下完成任务。通过机器视觉技术，水下机器人可以获取更为丰富的环境信息，包括各种物体的形状、大小、颜色、材质等，以更好地适应复杂的水下环境[156]。

(3) 美国加州理工学院推出用于执行特殊任务的新型水上机器人 CARL Bot(自主强化学习机器人)。CARL Bot 是一种手掌大小的水上机器人，看起来像药丸胶囊和呆头章鱼之间的合体。它有用于游泳的马达，可以保持直立，并且有传感器可以监测压力、深度、加速度和方向。人工智能的性能是使用计算机模拟测试的，但这项工作背后的团队还开发了一种小型手掌大小的机器人，该机器人在一个微小的计算机芯片上运行该算法，该芯片可以为海上无人机提供动力，目标是创建一个自主系统来监测地球海洋的状况[157]。

(4) 美国海军研究生院与约翰斯·霍普金斯大学联合开发了用于提升全球海洋环境监测能力的仿水母结构的新

型多功能低成本传感器。该传感器采用先进低功率电子设备，可测量盐度、温度和位置等关键数据，并可通过卫星通信将其传输给研究人员，支持实时监测全球海洋环境，且体积小、成本低，可大量部署。该项目将具有以下特点：一是简化盐度传感器，新型传感器采用水母仿生结构，小巧灵活，可容纳电子设备，利用自然风力在海上运行；二是开发先进材料，项目将研究生物可降解有机硅材料，可支持传感器持续运行 6 个月后开始降解，并将开发防污涂层与能够支持微型电子设备运行的太阳能电池；三是适应性强，传感器可安装盐度、光、声等监测器，以支持多种研究和监视需求；四是利用建模与仿真技术，项目利用建模与仿真技术优化传感器设计，同时将开发传感器 3D 打印设备[158]。

(5) 日本电气公司(NEC)专门为深海探险和资源开发而研发出一款多自由度深海机器人"海底猎人"，它具有自主控制、无缆遥控等众多优势。这款深海机器人的任务包括海底地质调查、管线巡检、自然资源采集和大洋环境监测等。在其搭载的各种设备中，具有较高技术含量和稳定性的水下相机、抓取工具，以及细胞培养装备等，是其在海底调查和资源开发中不可缺少的工具。在日本的科学探索方面，海底猎人深海机器人可以用于获得地质、物理成像等数据，以协助科研人员更好地理解深海地形、环境和生态。在深海资源开发方面，海底猎人深海机器人可以用于进行海底钻探、开采海底油气，收集甚至开采深海钴、锂等新能源、储氢等众多应用。在灾后救援方面，海底猎人深海机器人可以用于寻找、探测、抢救海底遗留下来的重要设备和船只等，以及协助人类对灾害造成的破坏进行修复和恢复[159]。

2. 海洋信息传输网呈现无线化、动态组网和环境自适应性

海洋信息传输包括海上通信、水声通信、水下光通信和磁感应通信。海上通信主要包括海上无线通信、海洋卫星通信和岸基移动通信(图 1-31)[160]。海上无线通信以中/高频通信和甚高频通信为主，在我国主要用于船舶自动识别系统(Automatic Identification System，AIS)[161]和奈伏泰斯系统(Navigational Telex，NAVTEX)[162, 163]。目前，海洋通信主要是将陆地通信网络中的成熟技术，如 WiMAX (Worldwide Interoperability for Microwave Access)、LTE (Long Term Evolution) 和 WLAN(Wireless Local Area Network)等，应用于海洋场景中以进行海洋通信系统设计[164-171]。在无线通信组网方面，在微波、4G 和 5G 等视距组网的基础上，开始发展基于超视距雷达中继和大气波导的超视距通信[172]。海洋卫星通信系统是海洋通信网络的重要组成部分，是目前实现海洋全覆盖的主要手段[172]。1978 年，美国国家海洋和大气管理局(NOAA)发射了世界首颗海洋卫星"SeasatA"，搭载了微波高度计(RA)、微波辐射计(SMMR)、微波散射计(SASS)、可见红外辐射计(VIRR)和合成孔径雷达(SAR)等 5 种传感器。SeasatA 被誉为卫星海洋遥感的里程碑。目前，国际海事卫星组织(INMARSAT)的海事卫星系统是较为成熟且应用广泛的系统，已发展至第五代，包括 13 颗地球同步轨道卫星[173]。

海事卫星系统从第三代开始支持分组数据业务；第四代可实现除极地海域外的全球覆盖，峰值速率达 492Kbit/s；第五代可提供 50Mbit/s 的下行速率和 5Mbit/s 的上行速率，基本满足宽带网络服务需求[173]。目前，第三代及以后的系统主要应用于海上救援和船舶航行等海洋业务，同时也为航空和陆地通信提供服务[173]。2022 年 11 月 26 日，印度航天局在萨迪什达万航天中心使用 PSLV 火箭发射了一颗新的海洋监测卫星，将 EOS-06 航天器送入近地轨道，如图 1-32 所示。EOS-06 也被称为 Oceansat-3（海洋卫星 3 号），将取代印度航天局 2009 年 9 月发射的 Oceansat-2，且工作能力得到增强。

图 1-31　海上通信示意图

　　鉴于海水对电磁波的严重吸收，水声通信成为解决水下长距离通信的重要手段[160]。然而，水声信道固有的窄带、高噪、强多途、时空频变、时延等特性，给水声通信技术设计带来极大挑战[160]。美国伯克利国家实验室取得突破，通过轨道角动量复用技术，将深海水声通信速率提高了 8

图 1-32　EOS-06 卫星

倍[172]。2016 年，为实现水下航行器的长时间潜水并确保精准导航，美国国防部高级研究计划局(DARPA)发起了"深海导航定位系统"项目。整体来看，水声通信网络技术领域的主要发展趋势正由静态组网向动态组网转变，以增强网络适应性和自组织能力[172]。国外水声通信系统具有代表性的有：美国海军研究办公室和空间与海战系统司令部发起的可部署分布式自主系统[174]和 SeaWeb 计划[175-177]、欧洲防卫局水下网络的 RACUN 声学通信项目[178-180]。

　　海洋应用的多样化使得水下无线传感器网络将不同类型和具有不同时效性要求的数据(如海洋入侵监测和海洋成分分析等)汇集到海面节点；然而，水下网络拓扑的频繁变动、节点的能量受限，再加上高速网络的需求，对水下网络研究提出严峻挑战[181]。在恶劣的海洋环境和有限的节点能量条件下，多模网络面临的主要问题是如何根据环境条件和网络需求并结合可用的声波技术搭建高效、节能的网络连接[181]。水下声波多模通信是指在一个节点上配备并协调多种不同频段的声学调制解调器，进而针对时变的信道环境和繁杂的应用数据适时做出选择和调整，实现稳定、高效的网络服务[182]。2013 年，意大利罗马大学 Pescosolid 等[183]针对水声传感器网络覆盖范围内存在的噪声干扰，提出一种基于多频段水声的传感器网络噪声感知多路访问控制(Multiple Access Control，MAC)协议，当某个节点的噪声水平超过预定阈值时，则增大声波频率以提高通信链路信噪比。然而，由于水下声通信(Underwater Acoustic Communications，UAC)的通信过程中存在较高的能量消耗，部分水下传感器节点过早衰亡[181]。为平衡节点能耗，提高水下网络的生命周期，以色列海法大学 Diamant 等[184]提出一种公平和吞吐量最优的水下多模路由协议。根据节点的数据转发能力和中继节点剩余数据包的队列长度，调整转发到中继节点的比特数，最后选择可使用的 UAC 链路转发数据。实验结果表明，通过网络负载均衡，可以提高网络吞吐量和生命周期。面对繁杂的网络需求，以上协议缺乏对应用服务质量(Quality of Service，QoS)的考虑。天津大学 Zhao 等[185]提出一种基于声波多模的多级传输策略，以水下应用数据的信息价值(Values of Information，VoI)、网络链路负载、节点能量状态和传输效率作为优化目标，协调高、中、低三档声波频率，实现不同数据的差异化传输。

节点智能化有助于进一步提高水下网络的环境适应能力，而强化学习是一种与环境交互学习的人工智能方法，它将网络决策问题模拟成马尔可夫决策过程，通过环境奖励值调整网络决策过程[181]。2019 年，美国东北大学 Basagni

等[186]提出一种声波多模水下路由协议 MARLIN-Q，该协议使用强化学习算法，根据数据包的 QoS 类别，选择最佳的声学调制解调器和下一跳节点。MARLIN-Q 路由协议通过考虑声学信道质量、数据包传输和传播延迟的代价函数，减少数据传输延迟和分组丢失。以上分布式路由协议对水下移动自组织网具有良好的适应性，但缺乏对网络资源的实时全面掌握，无法提供全局最优性能[181]。

水下光通信采用光作为信息传输的载体，通过水下信道进行信息传输[172]。通常认为，光波由于水体的吸收和散射，在水下传输时会有较大损耗，但是研究表明，波长为 470—540nm 的蓝绿激光在水下的衰减非常小，因此水下光通信现有研究工作主要集中在蓝绿激光波段。此外，水下光通信研究还集中在调制技术、发射机和接收机的设计等方面[172]。水下光通信系统常采用的调制技术包括通断键控 (On-Off-Keying, OOK)调制[187-189]、脉冲位置调制[190-192]、脉宽调制[193]等。受海洋环境限制，海上往往需要实现超远距离通信，甚至超视距通信，因此能否有效利用海面蒸发波导实现多频段低仰角掠海超视距传输技术、提高链路可靠性成为水上通信与组网的关键技术之一[160]。

对于水下声光多模通信网络，UAC 固有的时延高、能耗大等缺陷导致其在某些水下网络场景中(如水下实时视频传输等)应用受限[181]。水下无线光通信(Underwater Wireless Optical Communication，UWOC)的低能耗和高带宽弥补了 UAC 的不足，但在通信过程中易受环境影响，导致通信链路不稳定甚至中断[181]。2019 年，青岛科技大学 Wang 等[194]提出一种基于能量有效竞争的媒体访问控制协议，该协议首先执行声学握手协议以获得收发器节点的位置信息，从而确保信道空闲，否则将执行延迟访问，并等待下一个时隙再次争夺信道；然后，执行光学握手协议以监测信道条件是否满足光传输，同时执行光束对准；最后，节点使用光通信传输数据。使用 UWOC 进行数据传输可提高网络吞吐量，但相比于声链路需要更多的中继次数，增加了端到端连接失败的概率。2021 年，大连理工大学 Shen 等[195]根据能耗和时延重新规划了声光混合通信，在数据量较小、转发能耗允许的情况下选择更高通信范围的 UAC 转发数据。实验结果表明，在网络节点较为稀疏时可以提供更高的网络连通率[195]。

受 UWOC 通信距离的限制，声光多模网络的逐跳数据传输仅在小规模密集部署的网络中表现良好。2017 年，意大利罗马大学 Gjanci 等[196]针对应用数据的不同价值，提出一种最大化 Vol 的声光混合 AUV 数据收集方案。水下节点通过 UAC 将数据的重要程度发送到 AUV，AUV 根据确定访问节点的数据类型，选择最优 Vol 节点访问，然后 AUV 定期浮出水面，将数据信息通过射频 (Radio frequency，RF)传输到海面汇集节点[181]。然而，在 AUV 移动速度和能量消耗的限制下，单 AUV 数据采集已经无法满足低时延和低功耗要求[181]。2021 年，深圳大学 Ruby 等[197]提出多 AUV 的数据收集方案，采用改进的合约算法对 AUV 进行任务分配，然后通过计算节点和 AUV 之间的接触概率来确定 AUV 的访问顺序，最后通过强化学习规划路径，实现了低时延和低能耗的信息收集。为了提供更加灵活的实时视频流数据传输，青岛科技大学 Wang 等[198]

通过部署多个 AUV 构建水下光链路，以实现端到端实时视频传输。首先，UAC 根据 UWOC 的通信距离和波束宽度选择并调整 AUV 的部署位置，然后在 AUV 能耗、时延的约束下规划 AUV 路径[181]。表 1-4 总结了水下多模通信协议研究成果。在水下网络中，声波多模通信可满足水下网络通信需求，但在时延、带宽和能耗的限制下，难以满足日益丰富的海洋应用需求[181]；声光多模通信具有高速性、短程性和健壮性等特点，在小规模网络中表现良好。在大型水下网络中，通过移动节点辅助收集数据在发挥声光多模优势和提高网络生命周期上表现出色，特别是多AUV 协作数据采集[181]。

表 1-4　水下多模通信协议研究成果

多模类型	协议名称	方法	年份
声波多模	NAMAC[199]	使用噪声 PSD 感知环境的 MAC 协议	2013
	OMR[184]	平衡网络流量，提高路由公平性	2018
	MAERLIN-Q[186, 200]	使用强化学习，提高环境适应能力	2019
	EMTS[201]	根据 VoI 和链路负载平衡网络流量	2020
	Energy-Aware[202]	基于 SDN 的集中式路由协议	2021
声光多模	MURAO[203]	基于声光混合的分簇路由协议	2012
	Optical-Acoustic Hybrid[204]	AUV 声光混合数据收集	2014
	GAAP[205]	根据 VoI 规划 AUV 路径	2017
	OA-CMAC[206]	基于能量有效竞争的 MAC 协议	2019
	CRPOA[207]	通过能耗和距离优化声光联合通信	2021

续表

多模类型	协议名称	方法	年份
声光多模	Multi-AUV Collaborative[208]	多AUV任务分配和路径规划	2021
	Real-time Video Transmission[198]	多AUV构建实时视频传输光链路	2021

磁感应(Magnetic Induction，MI)通信技术作为一种新型通信技术，特别适用于水下无线通信[209]。其基本原理是利用电磁感应在发送端和接收端之间创建耦合磁场来进行信号传输，这与电磁波通信在远场区域工作的原理有所不同，MI通信则工作于近场区域[209]。其主要优势包括相对稳定的信道响应、较短的信号传播延时、小型的天线尺寸，以及较低的成本。考虑到水体中存在一定的电导性，水下MI通信的信道特性与地下MI通信有所不同。相关研究包括：水下MI通信的路径损耗问题及海水涡流的影响[210]，水下MI通信的误比特率和信道容量的计算及仿真[211]。美国纽约州立大学布法罗分校Guo等[212]构建了浅水环境下的MI通信信道模型，其中考虑了浅水环境的介质边界特性(如侧面波和反射波)，并将水的电导性引起的介质吸收模拟为电路参数，通过有限元模拟了在不同深度和不同电导率条件下的路径损耗。国内某团队研究了发送端为线圈且接收端为霍尔效应磁传感器的MI通信，理论分析表明，在忽略涡流损耗的前提下，其水下通信距离可以达到100m以上[213]。

针对MI通信可用带宽有限的问题，国内外科研人员均给出了相应的解决思路。中国矿业大学徐胜[214]提出了一种基于三向线圈的多输入多输出系统技术，相较于单入单出系统，前者显著扩大了通信带宽，同时还推导了信道容量的计算公式并采用注水法进行了发送功率分配的优化。浙江大学孙斌[215]研究了基于正交频分复用(OFDM)的 MI 通信，在水下 2m 的测试距离下，最大通信速率达到 128.17Mbit/s，同时误比特率性能为 3.10×10^{-4}。美国休斯顿大学 Wei 等[216]研究了收发端耦合逐渐增强、从远至近出现的频率分裂现象，并指出频率分裂现象可用以提升 MI 通信的带宽。

　　哈尔滨工程大学朱睿超等[217]基于通用软件无线电外设(Universal Software Radio Peripheral，USRP)设计通信收发电路，建立了一套磁感应跨介质通信系统(图 1-33)，实现空水(湖水)跨介质 20m、通信速率 10Kbit/s 的无误码文本传输，证实了磁感应通信是空水跨介质场景中稳定、可靠且高效的通信方式。

图 1-33　外场跨介质实验[217]

　　对于 MI 通信的实际应用，相关研究揭示了金属对 MI 通信的影响并提出了解决方案，进一步通过具体的系统设计与实验证实了基于磁感应的跨介质通信的可行性。美国密苏里科技大学 Ahmed 和 Zheng 等[218]分析了金属结构对近场 MI 通信系统的影响，结果发现：如果将金属结构置于发射或接收线圈附近，则有助于增加耦合幅度；但如果将金属结构置于发射和接收线圈之间，则会显著降低耦合幅度。美国休斯顿大学 Wei 等[219]研究了适用于 AUV 的 MI 通信天线，并提出了一种使用铁氧体材料的 MI 通信天线，可以降低 AUV 金属外壳对 MI 通信的影响。

3. 海洋信息智能化处理以新型信息技术和学科交叉融合为特色

海洋信息处理应用智能化、共享化、集成化是当前海洋信息化发展的趋势。具体来说，智能化是指将人工智能、机器学习等技术应用于海洋信息处理中，提高海洋信息的自动化处理和分析能力；海洋信息智能化处理研究和应用，对于推动海洋信息化建设、促进海洋科学和技术的发展具有重要意义。通过海洋信息资源的集中共享和新一代信息技术的应用，可以实现海洋信息的更加全面、准确的获取和分析，为海洋生态保护、渔业资源管理、海洋灾害防御等提供科学依据和支持。

智慧海洋观测系统已见雏形。智慧海洋基于海洋综合立体感知、大数据、云计算和知识挖掘等高新技术，以海洋综合感知网、海洋信息通信网和海洋大数据云平台等信息基础设施为主体，构建海洋信息智能化应用服务群，建立贯穿各环节的标准质量、运维服务、技术装备和信息安全体系[220]。智慧海洋能力建设包括感知网、通信网和应用群等，具备的功能包括智能化信息采集、传输、处理和服务等。已建成的美国大洋观测计划(IOO)、美国综合海洋观测系统(IOOS)、加拿大东北太平洋时间序列水下观测网(NEPTUNE)和欧洲 EMSO 观测网等单一或综合观测系统均可视为智慧海洋的初级产品[221-223]。

海洋信息处理系统不断发展完善。随着信息技术的快速发展，世界各国纷纷围绕大数据、人工智能、超级计算、区块链与信息安全等新一代信息技术与海洋科学的交叉融合展开研究，相关应用已较为广泛[172]。全球已经建成了许多海洋信息处理系统，这些系统涵盖了海洋环境监测、海洋气象预报、海洋资源管理、海洋灾害预警等多个领域，例如，欧洲海洋信息中心(EMODnet)、美国国家海洋数据中心(NODC)、日本海洋信息中心(JAMSTEC)、中国海洋信息中心(COMIC)等。这些海洋信息处理系统在不同领域和地区都发挥了重要作用，为海洋科学和技术的发展提供了有力支持。同时，这些海洋信息处理系统也在不断发展和完善中，以适应不断增长的海洋信息需求和技术发展的趋势。

新型信息智能处理技术为科学研究和业务应用提供新思路。随着海洋观测探测和数值模拟技术的发展，海洋数据呈爆炸式增长。例如，2000 年启动的国际 ARGO 计划及其 ARGO 实时海洋观测网[224]布放的浮标数量及其活跃浮标数量逐年增加，其收集的观测剖面数量也在不断增加。截至 2021 年 12 月，该观测网已经获得了超过 250 万条全球海洋 0—2000m 水深范围内的物理环境要素(温度、盐度等)和部分生化环境要素(溶解氧、叶绿素和 pH 等)剖面。

美国在 1978 年发射的第一颗海洋卫星 Seasat[225]的空间分辨率为 1.5 度, 而新一代海洋卫星计划地表水和海洋地形(Surface Water and Ocean Topography, SWOT)[226, 227]的空间分辨率将达到 0.05 度, 随着分辨率的不断提升, 获取的海洋测高数据将指数级增长。根据美国国家航空航天局(NASA)地球观测系统数据信息系统(The Earth Observing System Data and Information System, EOSDIS)统计, 其每天产生的数据量约为 33TB, 每年约为 12PB, 随着 SWOT计划的实施, 每年获取的数据量将达到 48PB, 按照这个增长速度, EOSDIS 归档的数据总量预计将从目前的约 42PB增长到 2025 年的约 250PB[228]。海洋领域已经全面进入大数据时代, 数据量的空前增长使科学家使用常规方法分析数据并提取信息变得越来越困难。随着云计算、大数据、人工智能等技术的不断融合发展, 科学研究范式逐渐演变为"大数据+人工智能"科学研究范式, 为海洋科学研究提供了新思路和新手段。联合国"海洋十年"计划[229]中指出, 数据和信息是实现"海洋十年"成果的关键推动因素。美国海洋和大气管理局(NOAA)制定了大数据和人工智能长期战略[230], 将充分利用机器学习来改善或替代现有的核心技术, 以改善预报和数据服务。欧洲中期天气预报中心(European Centre for Medium-Range Weather Forecasts, ECMWF)发布了其未来十年机器学习路线图[230], 规划将机器学习应用到数值天气预报和气候服务领域。

　　传统的海洋科学和人工智能研究往往相对独立, 而现在越来越多的研究者开始在海洋学、计算机科学、数学等多个领域之间开展合作研究, 以实现更加综合的研究目标。

另一方面，传统的人工智能研究方法通常是基于专家系统或规则库等人工设定的知识，而现在越来越多的研究方法是基于数据驱动的机器学习技术，通过海量数据的训练来提高模型的性能，从而实现更加智能化的功能。因此，大数据驱动的机器学习和深度学习等人工智能方法在海洋科学研究中的应用范围正在迅速扩大。机器学习方法已经被证明可以有效地从海洋科学领域收集的大量数据中识别和提取其中的模式和规律。目前，机器学习可以在以下方面发挥作用[231-236]：第一，多源海洋观测资料质量控制和同化融合，建立网格化海洋观测数据产品；第二，针对海洋中小尺度过程(如中尺度涡旋、内波、锋面等)以及海洋目标(如船只、舰艇、生物、溢油等)的智能识别和分析；第三，海洋环境预测预报物理模型参数化改进和模式订正研究[237]。

1.4 行 业 应 用

现代海洋农业方面，信息化和智能化加持，使得深海养殖和渔业捕捞变得精细、科学、可靠和高效，极大地推进产业化进程；同时，"海能海用"的理念在海洋牧场中体现得尤为明显。

现代海洋工业方面，矿产开采和油气勘探趋向于深海；对于前者，技术设备方面不断做出创新，同时对开采条件和对环境的影响持谨慎态度，在科学研究和考证分析上给予更多投入；对于后者，继续以数字化和智能化转型为趋势，同时美日等发达国家对技术推动并主导油气产业越发重视。

现代海洋服务业方面，国际上呈现出快速发展态势。一方面，以技术驱动的低碳化、智能化、绿色化转型升级继续推进；另一方面，新兴技术与市场需求相结合，在交通运输、海洋旅游、信息服务、海水利用、生物医药等方面，海面设备的应用引人关注。

现代海洋治理方面，各国综合运用多种信息化和智能化手段处理海域安防、海洋维权执法、海洋生态环境等各类涉海事务。同时，天基和空基平台提供广域、高分辨率、实时的海洋目标信息感知与融合能力，为海洋资源开发、海洋环境保护、海洋安全维护等提供有效支撑。

1.4.1　海洋农业现代化

1. 深海养殖

工业化与数字化融合，通过智能辅助装备，建造养殖工船、海底农场、海洋农场，实现深远海智能养殖。在第三届"深远海养殖技术发展国际研讨会"中提出将以"深蓝资源""智慧渔场""海工装备"等为主要研究方向，对标国际一流机构，打造具有国际影响力的研究中心，为推动深蓝海洋生物产业科技发展、技术创新、模式建立和产业示范提供原始动力和核心芯片，成为引领世界海洋生物发展的地标性海洋生物产业硅谷[238]。

(1) 深海养殖辅助装备

通过将工业化和数字化技术结合，进一步提升了养殖配套装备，包括鱼苗计数装置、水下监测装置、质量监测装置等。2014 年美国加州大学的 Nam 等[239]，研发出通过与深海传感器联网的海上水产养殖远程监测装置，为远程获取养殖参数，采用了 ZigBee 或者 CDMA 联网的形式把实时信息送到了海洋监测中心。2017 年拉巴斯生物研究中心的 Luna 等[240]设计了一种自动化机器人系统，用于水质监测和饲料投喂。该系统由移动机器人携带传感器进行水质监测，工作人员可以远程查看数据并控制机器人投料[240]。然而，这种方案功能虽然较为完善但成本较高，且主要适用范围局限于近海养殖场。2021 年，哥伦比亚的 Betancourt 等[241]设计了一种基于 OpenROV 的渔场监测机器人。该机器人不仅能完成水质监测，还能通过摄像头监测网箱网衣是否破损，并且用户只须在电脑端控制机器人移动，便可快速完成水质和网衣监测工作[241]。丹麦凭借先发优势，有多家环保公司在水产养殖装备与工艺研发方面占据领先地位，包括 Inter Aqua Advance-IAAA/S (IAA)、Nordic Aqua Partners(NAP)、Aquatec-Solutions 等，在全球范围内设计并建造了 100 多套工厂化循环水养殖系统[242]。Aquatec-Solutions 公司的循环水养殖系统设计中包含厌氧反应环节[242]。在 2019 年到 2020 年期间，Nordic Aqua Partners 公司联合欧洲水产饲料巨头荷兰泰高集团并挪威 AKVA 公司，开始在中国浙江省宁波市象山县开发 RAS 大西洋鲑养殖项目[242]。

(2) 养殖工船

2020 年 4 月 2 日，中集来福士为挪威知名三文鱼养殖企业 Nordlaks 最新建造的深水养殖工船 HAVFARM 1(被命名为 JOSTEIN ALBERT)正式离开来福士码头至试航区锚地进行沉浮试验。该船总长 385m，型宽 59.5m，主甲板高 37.75m，拖航吃水 8m；拥有当时世界上最庞大、技术最前沿的深水养殖工船,包含 6 座深水网箱,容积超过 40 万 m³,同时还具备 1 万吨的三文鱼饲料供应;即使面对挪威极端的环境条件也能正常运行,其采用外转塔单点系泊的技术,配有领先的三文鱼智能化饲养管理系统,不仅具有鱼苗的快速运输、精准的饲料配给、全天候的水下照明、高效的水体净化、及早发现和处理死亡鱼类等功能,还配有高效的鱼类搜寻管理系统。

(3) 海底农场

尼莫花园(Nemo's Garden)是致力于开发可持续水下农业生态系统的项目。2022 年 4 月 8 日,意大利的尼莫花园项目发布西门子数字化工业软件的 Xcelerator 解决方案,通过西门子 NX™和 Simcenter™STARCCM+™等多种软件,尼莫花园的生态系统得到了全面的优化,从而实现了从设计到施工的全过程模拟,进而更好地了解植被、动物和其他自然因素的变化,保护尼莫花园的自然资源。尼莫花园团队利用这一技术,克服了恶劣的环境、季节变换、短暂的繁殖周期、潜水、观察的受限等困难,从而实现了从实体到虚拟的跨越式发展。这一技术的应用,使得他们能够更有效地实现设计的优化,从而提高效率[243]。如图 1-34 所示。

(4) 海洋农场

2023 年秋季,海藻农场"北海农场 1"(North Sea Farm 1)预计进行安装并播种。该农场位于荷兰一个海上风电场内,利用风电机组之间的空地进行海藻种植,旨在测试和改进海藻养殖方法,同时研究海藻吸收二氧化碳的能力。亚马逊将斥资 150 万欧元,建设面积约 10 公顷的海藻农场。第

图 1-34　尼莫花园(Nemo's Garden)[244]

一次收获预计在 2024 年春季，届时将生产至少 6000kg 新鲜海藻。如果将北海风电场全部利用起来养殖海藻，预计到 2040 年可以达到约 100 万公顷的种植面积，每年可以减少数百万吨的二氧化碳[245]。如图 1-35 所示。

图 1-35　荷兰位于海上风电场内的北海农场 1[246]

(5) 深海网箱

挪威杰尔蒙德内斯(Gjermundnes)进行了新型养殖试点项目[247]。2022 年 10 月，"蛋型"全封闭网箱(图 1-36)投放第一批三文鱼苗，总数 5 万尾，"蛋型"网箱容量约 2000m³。2023 年初夏，形似"甜甜圈"设计的封闭式渔场"海洋甜甜圈"[248](Marine Donut，图 1-37)下水运行，喂养幼鱼和可食用鱼类。"海洋甜甜圈"的封闭形状确保了集成传感器中整个电路的数字控制和监控，从而可精确地安排高效喂食并降低成本。环形的主体结构形成了一个密封的屏障，可防止鱼类逃跑，降低疾病或藻类和海虱污染的风险。

图 1-36　"蛋型"全封闭网箱[247]

另外，该设计还可抵御海浪和洋流；通过顶部的浮动油管、下面的支撑油管和垂直压载舱来升降；建筑顶部有一个带有太阳能电池板的工作平台，用于可持续发电；该建筑还配备了收集鱼类粪便的系统，粪便被循环利用，用

图 1-37　Marine Donut[248]

作有机肥料或天然气生产的基础产品[249]。

2. 渔业捕捞

探测手段、信息化手段、捕捞装备等方面多措并举，推动渔业捕捞智能化进程。2021 年由中国农业农村部与联合国粮食及农业组织(FAO)和亚太区域水产养殖中心网(NACA)联合主办的第四届全球水产养殖大会从"水产养殖系统""水产养殖创新和技术解决方案""发展水产养殖实现可持续发展目标""水产饲料和投饲技术""水生遗传资源和种苗供应""生物安全和水生动物健康管理""水产养殖政策、规划和产业治理""水产养殖与人类和社会"和"水产养殖产品价值链和市场准入"九个专题开展讨论，推动科技交流和人才培养，强调坚持绿色转型，致力发展环境友好型水产养殖[250]。

(1) 通过应用先进的声学技术、卫星遥感技术、IoT 技术等，能够更加精确地监测到渔业资源，并且能够更好地进行鱼类的分类，从而更有效地进行选择性捕捞。整合海洋渔业的气候、运输、设施、操作、记录、收货等数据，构建出完善的渔业信息化管理系统，从而更好地满足渔民的需求[251]。2021年，中国台湾成功大学的Hsu等[252]利用2012—2015年的全球捕捞和遥感数据，通过分析海面温度、高度和盐度以及叶绿素等环境指标，成功模拟了鲣鱼(Katsuwonus pelamis)的渔场，实现了每日的远洋预报和精确的远洋捕捞位置定位，在监测远洋捕捞活动方面发挥重要作用。孟加拉国达卡科技大学的Islam等[253]在2021年创建了云服务器，提供水生环境中各种鱼类的信息；采用K近邻算法作为模型建立了用于鱼类选取的网站；此外，还借助遥感卫星搭载多个传感器实现多设备结合的方式，搭建了可简捷有效获取鱼类数据的物联网系统。

(2) 工业化与数字化、信息化的集成应用，降低兼捕、误捕概率及掌握海洋生物行为规律。利用研究与试验发展先进的数字化探鱼仪、网位仪、GPS集成化示位标，结合卫星遥感技术对海洋进行全面的监测，并将其与气象预报、物流保障、渔船设施、操作者资料、捕获日志、物品溯源相结合，形成基于物联网的完善的物资物流保障信息化管理体系。2020年，澳大利亚伍伦贡大学Adams等[254]使用浮空器和飞艇等作为探测器，长时间连续覆盖地对海洋生物和渔业进行监控，对加强生态研究和渔业保护起到了积极作用。

(3) 捕捞装备自动化实现选择性捕捞渔获物。运用综合网形控制拖网系统，对大型变水层进行拖网、围网、延绳钓和鱿鱼钓等活动的控制，并且通过整合鱼群探测系统和拖网渔具定位系统的数据，成功实现了选择性精准捕捞的作业要求，并在拖网过程中实现了曳纲平衡控制[255]。同时，利用渔仪器探测信号实现了作业水层的自动调整，将捕捞效率同比提高 30%；鱿鱼钓的捕捞过程采用了电力传动和微电子控制技术，实现了起放钓的循环控制和仿生饵料的自动运行[256]；南极磷虾的捕捞网采用连续式吸捕方式，无须进行起网操作，从而实现高效拖网[257]。

(4) 大型远洋渔船与先进的技术相结合，提高捕捞效率。2022 年挪威 Bluewild 渔业公司计划利用 Ulstein 公司新设计的尾拖网加工渔船来充实渔船船队。渔船设计船型采用 ULSTEIN FX101(图 1-38)，主要目标是最大限度提升鱼类产品的品质并降低蛋白质的浪费，从捕获、储藏、搬运到船上的鱼肉处理这一系列流程中，尽可能模拟鱼在海洋中的生活环境，以维持其最新鲜的状态。船长 73.2m，货舱净容量约 2000m³，配备中上层拖网等网具；其 X-BOW® 船体设计可以减少渔船的突兀移动，最大限度地降低甲板处海水的浓度。其推进系统与传统的系统相比，

图 1-38　挪威 Bluewild 渔业公司的大型远洋渔船

每千克鱼品产出至少可节省燃油 25%；在某些作业情况下，与船上的其他节能措施相结合，节油可超过 40%[258]。

3. 能源供应

在将海洋能应用于海洋牧场方面，挪威波浪能公司 Havkraft 签署了一个项目协议，将利用其波浪能技术为挪威近海的一个海洋牧场提供清洁能源。该合同已与鱼类生产商 Svanøy Havbruk 签署，于 2023 年在挪威西部 Svanøy 岛附近的 Sandkvia 安装一个全面的 Havkraft N 级波浪能发电厂。这标志着 Havkraft 振荡水柱技术(OWC)波浪能发电商业化的开始，该技术有望在近岸市场上与其他能源相竞争，这也是挪威波浪能发电与海洋牧场融合发展的重要一步。目前，Havkraft 已经开发了两种类型的 OWC 发电技术，第一种是适用于近岸位置的 Havkraft N-Class，第二种是更适合远海作业的 Havkraft O-Class。早在 2021 年，Havkraft 就在挪威奥勒松近海安装了一个多功能 Powerpier 解决方案，旨在提供防浪保护，同时利用它们产生清洁电力[259]。

2022 年 4 月，国际能源署海洋能源系统(IEA-OES)发布《海上水产养殖：海洋可再生能源市场》报告[260](简称"报告")。这份报告旨在评估近海水产养殖作为海洋可再生能源市场的潜力。报告中重点介绍了 8 个国家和地区(澳大利亚、中国、法国、新加坡、美国、佛得角、苏格兰和威尔士)的 12 个利用海洋能源技术和方案满足水产养殖能源需求的项目案例，包括海洋能(波浪能、海洋温差能)、海上光伏、海上风能以及多能融合的海洋水产养殖技术，并举例说明了世界各地不同水产养殖作业的能源需求[261]。

新加坡 Eco-Ark 海上养殖平台于 2019 年 11 月正式运营。该平台是一个浮动、封闭的水产养殖系统，占地约 1400m², 共有 4 个总容量为 475—500m³ 的养殖箱，另有 30 个育苗池，每个池的容量为 6.5m³。目前，该平台每天平均耗能 9416kWh，光伏发电约 352—440kWh，其他由柴油发电作为补充；配备的光伏发电装置每天可节省电费约 80 新币[261]。

1.4.2　海洋工业现代化

1. 海洋矿产开采

海洋是富含各种资源的地方，包括稀土元素等。挪威一直在积极开展深海矿产资源的开采能力建设，希望减少对稀土进口的依赖，并参与了许多深海资源探测和海底环境科研项目[262]。"蓝色采矿"项目由荷兰牵头，挪威科技大学参与[262]。该项目专注于深海硫化物矿床和锰结核资源的研究，在矿物提取技术方面做出创新，并开发出垂直水力运输设备、立管和水下泵运输模拟、传感器以及深海采矿垂直运输测试钻机等多种设备，在海底硫化物的勘探评估等方面发挥关键作用[262]。

JPI 海洋部设立了"深海采矿的生态研究"项目。该项目是欧盟深海科研项目中参与单位最多、投入力量最大、持续时间最长的项目之一；由德国牵头，分为两个阶段，分别为 2013—2017 年和 2017—2022 年[262]。挪威的斯塔万格国际研究所(International Research Institute Stavanger)、科技大学和卑尔根大学(University of Bergen)地球生物学中心参与了第一阶段，而第二阶段有挪威贸易、工业与渔业部和挪威研究委员会等 5 个单位参与[262]。该项目对深海矿物开采对生态系统、沉积物、底栖生物和噪声等方面的影响进行了大量研究[262]。项目成果包括建议在特定区域建立生态系统保护区、进行深海采矿的空间规划、开发新设备以减少环境影响、确定生态系统健康指标和环境影响的阈值，并推动相关成果在国际海底管理局的采矿规章制定和环境影响评价等政策中的应用[262]。

英国牵头了"深海资源开发的影响管理(MIDAS)"项目，参与项目的有挪威的斯塔万格国际研究所、岩土工程研究所(Norwegian Geotechnical Institute)、特罗姆瑟大学(University of Tromsø)和卑尔根大学等 4 个单位。该项目在科学研究基础上与工业、商业部门和其他科研项目展开合作，提供海底采矿可能性分析[262]。项目考察范围涵盖了欧洲海域、大西洋洋中脊和太平洋中部的克拉里昂-克利珀顿区(Clarion-Clipperton Zone，C-C 区)，而秘鲁盆地和 C-C 区的科考是与上文所述的"深海采矿的生态研究"项目合作进行的[262]。此外，项目还在 Palinuro 海山、加那利群岛、挪威兰峡湾及西班牙 Portmán 湾等地进行了采矿影响试验[262]。

2. 海洋石油勘探

作为催生新质生产力的现实路径和油气产业数字化与智能化转型的典型代表，以人工智能技术为驱动的海洋油气勘探解决方案和改变传统油气藏动态监测作业模式的随需型海底节点(On-Demand Ocean Bottom Nodes，OD OBN)

系统的开发，具有提升数字化和智能化水平、增强设备可靠性、减少作业成本、提升数据质量和减少决策时间等优势，这些技术变革正引领着海洋油气产业的高质量发展。

　　各国大型油气公司和能源企业纷纷以人工智能作为新质生产力，推动油气产业的数字化转型。2017 年 8 月，哈里伯顿公司与微软公司正式建立了战略合作伙伴关系，旨在推动石油和天然气产业的数字化转型[263]。2018 年 4 月，道达尔公司与谷歌云计算公司签署了合作协议，以共同开发人工智能技术和新的智能解决方案[263]。2019 年 9 月，雪佛龙公司与斯伦贝谢公司以及微软公司就加速发展新型石油技术和数字技术达成了合作协议[263]。2019 年 11 月，能源科技公司贝克休斯(Baker Hughes)、微软公司和企业人工智能软件供应商 C3.ai 公司宣布将在油气领域开展人工智能技术的合作，以使客户更容易采用在 Microsoft Azure 上运行的可扩展人工智能解决方案，从而有助于促进能源领域的安全性、可靠性和可持续性[263]。因此，能源企业将拥有经过优化可在云上运行的安全可靠的企业级人工智能应用程序套件。这些解决方案旨在应对整个价值链中的挑战，从库存优化和能源管理到预测性维护以及流程和设备可靠性。2021 年 2 月，壳牌公司、C3.ai 公司、贝克休斯公司与微软公司联合推出"开放式人工智能能源计划"(Open AI Energy Initiative™，OAI)。这是首个基于人工智能的开放生态系统解决方案，适用于能源和能源加工行业。OAI 为能源运营商、服务提供商、设备提供商及独立能源服务软件供应商提供框架，以构建具备互操作性的解决方案，包括由 BHC3™AI Suite 和 Microsoft Azure 支持的基于人工智能和物理学的模型、监测、诊断、规定操作和相关服务。壳牌公司将与美国 SparkCognition 公司共同开发人工智能技术，优化深海油气勘探流程，降低勘探成本，实现数字化转型。在传统的深海油气勘探工作中，地下结构成像依赖于 TB 级数据、高性能计算机和复杂的物理算法，耗时长且成本高昂。而新研发的人工智能算法通过深度学习来生成地下结构图像，速度更快、地层识别率更高，可极大地提高效率，有望将原来 9 个月的工作时间缩短至 9 天[264]。

　　用于 4D 地震采集的创新型系统 OD OBN，正颠覆目前使用 OBN(Ocean Bottom Nodes)进行油气藏动态监测的作业模式。石油和天然气行业面临的最重要的挑战之一是优化现有油田的生产力，包括减少成本、提高回收和降低排放。这对于巴西高产的盐下油田尤其重要，因为巴西盐下油田面临着如下挑战：一是将碳酸盐储层的采收率从 20%提高到 30%或更高；二是降低注入的水和天然气为不超过浮式生产储卸油装置(Floating Production Storage and Offloading，FPSO)的处理能力而提前进入生产线的风险；三是优化注水井的位置以回收未被初始井扫掠的石油。这些挑战虽可通过应用 4D 地震技术(通过对目标油田的地震数据重复采集，来研究地层中流体的变化特点，指导油气藏开发的时移地震技术)得到部分解决，但仍很困难：一是封存于坚硬的盐下碳酸盐岩内部而因生产过程所致的 4D 信号很弱，需要有非常低的 4D 噪声来保证高精度的地震观测，从而实现成功的 4D 地震成像；二是地震监测需要频繁进行以观察由水、天然气和水气交替注入引起的快速变化(有时是相反的)的 4D 效应；三是使用 OBN 勘测所需的成本和物流对于频繁测量不太现实。针对这些挑战，在巴西国家石油、天然气和生物燃料署(Agencia Nacional de Petroleo，ANP)推动的研究发展项目下，英国壳牌石油巴西有限公司(Shell Brasil Petróleo Ltda.)、巴西国家石油公司(Petrobras)、英国声呐达因公司(Sonardyne)与巴西国家制造系统集成与技术中心(SENAI CIMATEC)联合开发了一种先进的地震数据采集系统[265]。该系统的核心是用于获取高分辨率的地震和海底地形数据的半永久海底系统 OD OBN。与传统节点(OBN)不同，OD OBN 可在水下 3000m 的海底放置达 5 年之久，从而显著降低了 4D 地震须重复采集的开支，因在操作中免去了节点装卸船，同时也减少了对海洋环境和生态系统的影响。节点的激活、沉降事件报警验证、内部时钟校准和地震数据采集等任务将由名为"Flatfish"的 AUV 完成。通过搭载声呐达因公司的第 6 代声学定位系统，Flatfish 在 OD OBN 数据回收期间来对节点进行定位并与之交互，完成系统健康检查、随需式的主动和被动地震调查、海底地形数据上传、海底大地测量报警状态检查、大地测量系统校准和发送数据给用户等任务。声学和光学通信模块的配备使得节点和 AUV 之间的数据传输具有以下两个特点[266](图 1-39)：一是低带宽的声学通信，最大通信距离为几公里，速度最高为几个 Kbit/s，具体取决于环境条件和背景噪声水平；二是高带宽的光学通信，当 AUV 位于节点正上方 5m，在直径为 1m 的光束范围内，传输速率可达几百 Mbit/s。据悉，Flatfish 通过使用 Sonardyne 公司 BlueComm 光通信设备的超高带宽和高能效激光变体，可在几分钟之内无线回收好几 GB 的地震数据；该变体设备使用两个快速调制的激光器在 5m 以上的范围内同时产生双向通信，并针对峰值数据传输性能进行了优化，以超过 600Mbit/s 的传输速率使其非常适合从海底节点获取大量数据[265]。一个典型的 60 天的地震勘测，数据传输时间仅 8min 左右[266]。

图 1-39　Flatfish AUV(4m 长)与一系列节点进行长程声学通信(左图)，并与每一个节点进行近程光学通信以提取数据(节点上方 5m，光束直径 1m)(右图)[266]

　　截至 2023 年 12 月，该项目已进入到试点阶段，所设计的试验工厂能够每年生产 600 个节点，目前在 CIMATEC

公园正处于施工中,从 2025 年开始在巴西油田进行节点部署。总之,这种新的 4D 地震技术最大限度地减少了 4D 噪声,除去了节点装卸船,从而减少了采集脚印和相应成本。该项目正研究使用水面无人艇(Unmanned Surface Vehicles,USV)来启动和回收 AUV、与节点进行声学通信、拖曳震源等自主式勘测操作。而且,OD OBN 的一个极具雄心勃勃的目标是,相比于当前 OBN 地震勘探的常规处理流程需要节点从海底回收、提取数据并转送至岸基中心,使用高性能计算机进行数据处理,完成油藏勘测并给出 4D 地震成像需要一年的时间,OD OBN 将在节点本身完成对采集数据的处理,每个节点完成所需的数据采集并生成完整的小尺寸的地下成像,随后将图像以声学方式传输到 USV,从而免去了 AUV 的需要[266]。这样的"iOD OBN"一旦实现,将在地震勘测一完成便自动发送油气藏的成像图,从而实现实时现场管理决策,带来油气产业质的飞跃。

1.4.3　海洋服务业现代化

1. 海洋交通运输业

随着全球经济复苏和贸易活动增加、海上运输需求增长,船舶制造、港口建设、航运管理等相关领域的发展得以推动。同时,为了应对气候变化和环境保护的挑战,海洋交通运输业也加快了低碳化、智能化、绿色化的转型升级。欧盟启动了"绿色航运"计划,支持使用液化天然气、电力、氢气等替代燃料的船舶和港口建设;美国发布了"智慧港口"战略,推动港口数字化、自动化和网络化的改造。

在技术层面,欧洲多国长期致力于保持智能船舶技术的先进性、稳定性与可靠性，同时注重推动新兴技术与市场需求相结合。2012 年，德国 MarineSoft 公司主导开展了"智能化及网络支持的海上无人导航系统(MUNIN)"项目，旨在构建与无人船舶相关的技术框架，并对其技术、经济和法律法规进行了可行性评估[267]。2017 年，英国罗尔斯·罗伊斯公司成立首个智能船舶体验空间，用于向客户、供应商和合作伙伴展示变革船舶行业的最新数字解决方案。2019 年，欧盟开启自主船舶项目"AUTO SHIP"，旨在改善欧洲贸易和货物运输环境，进一步完善欧洲船运市场机制。此外，由欧洲各大船企联手打造的全球首艘零排放"无人"集装箱船 Yara Birkeland 号(图 1-40)已于 2022 年 5 月正式投入运营，标志着欧洲多国在智能船舶技术发展方面取得了重要的阶段性进展，也进一步验证了欧洲在智能船舶领域的高技术水准[267]。

图 1-40　　"无人"集装箱船 Yara Birkeland 号

2022 年，无人船舶自主航行取得突破性进展。由韩国造船巨头现代重工创立的自主航行解决方案公司同时也是自主航行船舶技术联盟 One Sea 最新成员之一的 Avikus，于 2022 年 6 月使用自主导航技术成功完成了首次商船(液化天然气运输船"Prism Courage"号)自主跨洋航行[268]。另一项"世界首次"是 2021 年年初，三菱造船和新日本海渡轮(Shin Nihonkai Ferry)于日本九州完成了 222m 长客滚船 Soleil 全自主航行导航系统的演示。该试验是日本财团推动的无人船项目"MEGURI2040"的一部分，作为 One Sea 的成员之一，日本邮船(NYK)集团下属研发机构 Monohakobi 技术研究所(MTI)也是该项目的积极参与者。其他相关项目包括"五月花"号自主航行船(MAS)，于 2022 年 6 月 30 日完成了从英国普利茅斯港到美国马萨诸塞州的普利茅斯港的大西洋无人跨越之旅。

2. 海洋旅游业

为了吸引游客和提升竞争力，各国纷纷推出了创新的产品和服务，利用海面设备打造了独特的体验。例如，马尔代夫开设了世界上第一个水下酒店[269]；法国巴黎在一艘船上建造了第一座街头艺术中心[270]；斯里兰卡以其几千年的海洋文明和独具特色的生态资源优势，多年来创新打造冲浪旅游目的地、海鲜美食旅游目的地，当地 12%至 15%的国民收入来自旅游业，超过 100 万人直接或者间接依赖旅游业谋生[271]；中国与岘港、新加坡、巴生港等邮轮港口合作，推出了"一程多站式"精品旅游线路，注重开发生态观光、生态度假、水上运动和生态科普探险等多种形式主题游，促进海洋旅游产业及新业态发展，取得丰硕成果[271]。

3. 海洋信息服务业

随着信息技术的不断进步和应用范围的不断扩大，海洋信息服务业在 2022 年取得了突飞猛进的发展。海洋信息服务业主要包括海洋遥感、海洋大数据、海洋云计算、海洋人工智能等领域，为各类海洋活动提供了数据支撑、智能分析和决策辅助。海面设备在这一过程中发挥了重要的作用，例如，海洋卫星、无人船、水下机器人等，为海洋信息的采集、传输和处理提供了平台和工具。美国建立了全球最大的海洋无人船网络，实现了海洋实时监测；欧盟启动了"欧洲云"计划，建设了专门的海洋数据中心。

4. 海水利用业

海水利用业主要包括海水淡化、海水养殖、海水农业、海水能源等领域。浮式海水淡化装置、海上养殖笼、海上风力发电机等海面设备，为海水利用提供了设施和条件。2021 年我国在海水利用关键技术方面取得重大突破，部分技术如低温多效海水淡化技术、海水循环冷却技术已跻身国际先进水平，并建成了世界上最大的浮式海水淡化装置，为缺水地区提供了淡水供应；澳大利亚开展了世界上最大的海水养殖项目，培育了高价值的鱼类和贝类；以色列开发了一种利用海水灌溉的新型农作物，实现了沙漠绿化。

5. 海洋生物医药业

海洋生物资源是地球上最多样化和最具潜力的生物资源，其中蕴含着许多未知的活性物质和药物候选分子，各国纷纷竞逐海洋药物与生物制品开发赛道，发展生物医药产业的新质生产力。海洋生物医药业自 2022 年以来取得了显著的进展和突破，主要包括海洋生物制药、海洋生物制品、海洋生物医疗器械、海洋生物诊断等领域。美国研制了一种基于鲨鱼抗体的新型抗癌药物；英国开发了一种基于珊瑚骨架的新型骨科植入材料；中国研制出国际公认的上市海洋创新药物 PSS 和 GV-971，利用从螃蟹壳提取出的壳聚糖研发出用改性壳聚糖研制成功的体内可吸收手术止血材料"术益纱"，实现了超纯度海藻酸钠的制备并将该材料应用于人体植介入材料等领域[272]。深潜器、生物采样器、基因测序仪等海面设备在这一过程中发挥了重要的作用，为海洋生物资源的探索、采集和分析提供了手段和方法。

1.4.4　海洋治理现代化

1. 海域安防

国外建立了多个水下目标监视系统，同时针对重点任务水域建立水域安防系统。水下大目标监视系统主要包括美国综合水下监视系统(IUSS)、海网监视系统(Seaweb)、可部署自主分布式系统(DADS)和近海水下持续监视网(PLUSNet)；水下小目标监视系统主要包括英国 X-Type 水下监视系统、美国 CSDS-85 小型目标探测声呐和以色列 SeaShield 远程水下沿海监视系统；反蛙人目标监视系统主要包括英国"哨兵"反蛙人声呐系统(Sentinel)和蛙人侦察系统(DRS)。为了增强重要海上军事战略力量的安全防护，美军在重要战略港口水域，建立涵盖对空中、水面、水下等目标威胁的安防系统，积极构建综合游泳者防御系统(Integrated Swimmer Defense System)等重要目标的水域安防系统。法国 SECMAR 港口水域安防系统(图 1-41)[273]，集成了雷达、VTS、声呐、视频监测设备、AIS 和港口气象设备等探测传感设备，重点保护马赛港口输油航道以及岸边工业区。该系统能够有效预警水面快艇等"轻快小"目标、水下蛙人等入侵目标，进而通过轨迹分析和目标行为分析模块研判入侵目标是否对该港口构成威胁，能够及时监测任务区域内的异常行为。

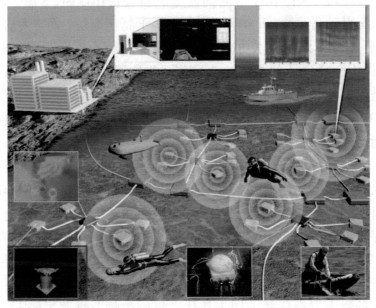

图 1-41　法国 SECMAR 港口水域安防系统[273]

2. 海上维权执法

海上执法平台增强了海域的警备能力。

(1) 日本的海上执法平台根据不同用途可分为巡逻船、巡逻艇、测量船、灯塔巡逻船、特殊警备救难船和教育业务船 6 大类 15 种型别。现役的 PLH 型大型载机巡逻船主要用于警戒体系，有"宗谷"、"津轻"、"敷岛"、"春光"、"瑞穗级" 1 代、"瑞穗级" 2 代等。现役的 PL 型大型巡逻船中，"国头""宫古""岩见"和"波照间"等以巡逻、救援任务为主，"伊豆""三浦"和"襟裳"等用于救灾救援任务，"儿岛"用于训练，"阿苏""飞弹"等用于高速警戒巡逻[274]。现役的 PM 型中型巡逻船，20 艘"吐噶喇"用于应对高速重武器装备作业船，8 艘"香取"用于巡逻警戒，4 艘"奄美"用于高速巡逻，而"天盐""夏井"等具备破冰功能[274]。现役 PS 型小型巡逻船，有"神山""高月""剑""下地""雷山"等；其显著特点是航速快，最高可达 35kn(1kn = 1.852km/h)[274]。"下地"(10 艘)在 2016 年至 2020 年间陆续服役，以增强海上警备能力[274]。

(2) 美国海上执法平台现役巡逻船共 23 个型别，现役以海上执法为主要任务的有 8 型 167 艘，其中排水量 1000t 以上的有"汉密尔顿""传奇""信任""出色""艾顿屯"等 5 型 39 艘，皆可搭载直升机[274]。排水量 1000t 以下的有"海上保卫者""森特尼""岛屿"等 3 型 128 艘[274]。"传奇"级现役 8 艘，是高耐航大型海洋安全巡逻船，可执行各种海上安全任务，用于替代"汉密尔顿"级巡逻船[274]。"信任"级现役 14 艘，主要用于搜索和救援。"出色"级现役 13 艘，是中等续航力的巡逻船[274]。"岛屿"级船舶现役 20 艘，将被"森特尼"级替换；后者现役 35 艘，用于港口、护渔和海岸安全防护执法等[274]。"海上保卫者"级数量庞大，现役 73 艘，虽然其满载排水量仅 92t，但在恶劣海况(5 级)下仍能保持作业能力[274]。

3. 海洋生态环境

国外进行了以人工监测为主、在线监测为辅的多种专题监测，如美国河口生态系统监测、澳大利亚海洋科学研究所(AIMS)大堡礁监测以及全球海洋酸化监测等[275]。隶属于美国海洋和大气管理局(NOAA)的美国国家河口研究系统(NERRS)，对全国 29 个河口生态系统进行了长期监测[276]，采用定点水质监测站和生态浮标在线监测了溶解氧、浊度、pH、压力、水温、叶绿素 a 和电导率等要素，其他参数如营养盐等则采用人工监测[276]。澳大利亚海洋科学研究所对大堡礁海域的珊瑚礁生态系统进行了长达 30 余年的连续监测，以掌握其变化趋势[277]；在珊瑚礁变化监测中，人工潜水调查、视频图像分析和遥感监测方法用于对珊瑚礁及其周边生物体进行监测，而人工监测用于评估珊瑚礁底质和水质状况；同时，利用浮标搭载哈希 WQM 多参数水质仪实现大堡礁附近海域海水温度、盐度、溶解氧、pH、浊度、叶绿素等生态环境要素的实时监测[275]。

岸基监测系统相对比较成熟，安全性好、运维方便、监测要素多，但是用地问题、配套设施等协调难度大[275]。如美国水质监测系统、德国海洋环境自动监测系统、挪威 SEAWATCH 海洋自动监测系统等，用于气象水文参数、水质参数及船载测量[275]。

船载在线监测系统具有机动性强、监测范围广及监测参数多等特点,可作为岸基站监测和浮标监测手段的补充,以提高整体预警监测能力,特别适用于灾害或突发事故的应急监测,但搭载集成系统的船舶使用及运行协调问题难度较大[275]。欧盟的 FerryBox 系统是典型的船载在线监测系统[278]。自 2002 年发起截至 2019 年 11 月,已有近 40 个组织或船舶(包括客船、货船和调查船)参与了该计划,航线遍布北大西洋、英国东岸北海、挪威海、波罗的海和地中海等海域,可走航监测温度、盐度、浊度、溶解氧、二氧化碳分压、pH、叶绿素 a、营养盐及浮游植物等参数[278]。

海底监测系统在国外有多个应用案例,如欧洲海底观测网(ESONET)、加拿大海王星(NEPTUNE)、澳大利亚综合海洋观测系统(IMOS)等[275]。这些系统集成水文、视频、生态等传感器,采用海底光缆模式,广泛应用于海底地震学、动力学、深海生态学等科学研究[275]。

作为上述几种平台的补充测量手段,移动式监测平台可集成水质传感器、视频设备等,在岸边或搭载调查船上不定期开展大范围的监视,亦可应用于灾害或突发事故的应急监测[275]。英国普利茅斯大学研发的"SPRINGER"号双体无人船,可对温度、深度、浊度、溶解氧、pH、电导率、氯化物、叶绿素等要素进行水质监测[279]。比利时佛兰德斯海洋研究所(VLIZ)的"AutoNaut"系列无人水面船可携带多种传感器和模块,广泛应用于海洋环境噪声测量、海洋环境观测、海洋生物监控监测和通信中继等不同场景[275]。

近期关于日本福岛核污染水处置问题,国际原子能机构发布了综合评估报告[280]。国际原子能机构总干事格罗西强调，核污水排海是日本政府的"国家决定"，报告并非是对这一决定的"推荐"或"背书"[280]。自 2011 年日本福岛核事故发生以来，各国专家针对后续次生灾害提出了许多处置方案；科学界认为，在这些方案中核污水排海绝非最优解，而是史无前例的冒险之举[280]。运营福岛第一核电站的东京电力公司声称，通过"多核素处理系统"(ALPS)去除了氚以外的 62 种放射性核素[281]。氚是氢的放射性同位素，又被称为"超重氢"或 3H，很难将其从核污染水中去除。据日本经济产业省的统计数据，福岛第一核电站一号核反应堆的核污染水中氚的总量约 860 万亿贝克勒尔[281](贝克勒尔为放射性活度单位，记为 Bq)。日本虽曾考虑将核污染水混合水泥埋进地里或电解分离氢气等方案，但最终日本政府选择了最省事、最经济也是对全球海洋环境危害最大的排海方式。对于经过 ALPS 方式处理的核污水是否安全，首先要看到，核污染水中的放射性元素的半衰期从十几年到上千万年不等，大部分放射性元素会被海洋微生物吸收，经过食物链循环，最终回到人类餐桌上；剩余的核污水会逐渐在海洋中沉积，甚至可能通过自然循环、在特定区域形成高浓度聚集，以致酿成长期隐患[282, 283]。过滤后废水中的主要放射性物质氚，其半衰期为 12.5 年，在自然条件下对人体的影响有限，但进入体内则具有危险性；氚的同位素氢是生命细胞中普遍存在的一类元素，并且很容易被生物吸收并参与新陈代谢过程，对生物影响极大[283]。另外，还有铯 137、锶 90、碘 129 等放射性元素也可能在入海核污水中同时超标；其中，碘 129 的半衰期长达 1570 万年，可能导致甲状腺癌[282, 283]。另外，东京电力公司发布报告称，2023 年 5 月在福岛第一核电站港湾内捕获的海鱼许氏平鲉体内放射性元素超标，放射性元素铯的含量达到 18000 贝克勒尔/千克，超过日本食品卫生法所规定标准 180 倍[281, 282]。同时，据绿色和平组织的一份报告，污水中含有的碳 14 半衰期达到 5370 年，会融入所有生物物质，可能改变人类 DNA。但东京电力公司表示，处理水中碳 14 的浓度约为每升 2 至 220 贝克勒尔，在每天喝 2 升这种水的情况下每年的摄入量也只有 0.001 至 0.11 毫西弗，不会带来健康风险。核自由未来基金会的专家哈姆(Harold Hamm)认为，放射性物质浓度低并不代表没有风险，1 贝克勒尔放射性物质就足以破坏一个人体细胞，最终使其转化成癌细胞[284]。研究显示，福岛核污水一旦排海，57 天内放射性物质将扩散至太平洋大半区域，10 年后蔓延至全球海域[280]。因此，核污水入海不仅会影响到东北亚地区和北太平洋地区的渔场，更对人类健康、全球鱼类迁徙和生态安全等造成深远影响[284]；日本政府应以科学、安全、透明的方式对核污水进行处置，并配合国际原子能机构尽快建立一套包括日本邻国等利益相关方参与的长期的国际监测机制[280]。

第 2 章　我国发展现状

2.1　背　　景

2.1.1　海洋规划与政策

我国目前正处于两大历史性战略转折交汇点的特殊时期：一方面，国家做出全球战略调整，强调要加快建设海洋强国，主动开拓"一带一路"发展模式；另一方面，国家产业发展战略正在转型，积极推动创新驱动发展，侧重于互联网+、大数据、人工智能等新一代信息技术[3]。海洋网络信息体系建设服务于这两大历史性战略转折。以数字海洋新基建为基础，规划指导海洋基础设施建设，推动海洋信息化发展，有助于保障我国海洋安全和海上战略的贯彻实施，为我国海洋强国发展战略奠定重要的技术和装备基础，对于推动我国从区域海洋大国走向世界海洋强国，参与建立全球海洋政治经济新秩序具有重要意义[285]。

1. 海洋发展规划

在参与国际海洋治理上，积极响应全球性倡议"海洋十年"，深入推动并落实相关工作。自然资源部牵头协调相关部门成立"海洋十年"中国委员会(简称委员会)，组织实施和协调推动"海洋十年"相关重点工作[286]。2022 年 8 月 19 日，委员会成立会议在京举行；会议审议并原则性通过了《"海洋十年"中国行动框架(草案)》[286]作为参与"海洋十年"的指导性文件；同意成立专家咨询工作组，指导协调向联合国申报"海洋十年"行动的相关工作。会议指出，要深入学习贯彻习近平总书记关于构建海洋命运共同体和建设海洋强国的重要指示精神，深刻认识我国参与"海洋十年"的重大意义。一要突出重点领域，在海洋综合管理、海洋资源评估、海洋生态保护修复、海洋碳汇核查核算、海洋新能源、海洋预报预警和减灾等方面不断增强海洋科技自主创新能力；二要加强海洋科技创新和人才培养，集中攻克重点理论、技术、装备、示范运用等领域难题，创建高水平、复合型海洋领军人才队伍；三要积极参与国际海洋治理，向联合国申报"海洋十年"行动，提升我国的参与度和影响力，团结带动更多合作伙伴，为全球海洋治理贡献科技力量；四要密切沟通协作，特别需要加强部门间的协作和交流，形成工作合力以应对覆盖面广、持续周期长的"海洋十年"各项业务[286]。

在生态环境保护方面，关于海洋、河流、湿地等出台了一系列规划性文件，治理力度大大提升。生态环境部等6部门联合印发了《"十四五"海洋生态环境保护规划》(简称《规划》)[287]，对"十四五"期间海洋生态环境保护工作做出了统筹谋划和具体部署。根据党中央有关统筹污染治理、生态保护和气候变化应对的总体要求，《规划》重点部署了以下5个方面的工作：第一，强调精准治污，重点关注近岸海湾和河口地区，分区分类实施陆海污染源头治理，全力推进重点海域综合治理，以持续改善近岸海域环境质量为目标；第二，强调保护与修复并重，倡导山水林田湖草沙一体化保护和修复理念，着重整体保护和系统修复，大力构建海洋生物多样性保护网络，恢复和修复典型海洋生态系统，强化海洋生态监测和监管，提高海洋生态系统质量和稳定性；第三，有效应对海洋突发环境事件和生态灾害，全面排查重大海洋环境风险源，建立分区分类的海洋环境风险防控体系，加强应急响应能力；第四，系统谋划和分步推进海湾生态环境综合治理，强化美丽海湾建设和长效监管，切实解决海洋生态环境问题，以确保"水清滩净、鱼鸥翔集、人海和谐"的美丽海湾；第五，协同推进应对气候变化和海洋生态环境保护，开展海洋碳源汇监测评估，推进海洋应对气候变化的监测与评估，充分发挥海洋固碳作用，增强海洋对气候变化的适应能力[287]。此外，还印发了《黄河流域生态环境保护规划》，明确了黄河流域生态环境保护的指导思想、基本原则、主要任务、重点工程和保障措施；印发了《全国湿地保护规划(2022—2030 年)》，提出到 2025 年，全国湿地保有量总体稳定，湿地保护率达到 55%。

在海洋农业方面，对海洋渔业做出总体部署并对未来发展提出具体要求。农业农村部印发了《"十四五"全国渔业发展规划》(简称《规划》)[288]，系统总结"十三五"渔业发展成就，研判面临的挑战和机遇，对"十四五"全国渔业发展做出总体安排[289]。《规划》提出，"十四五"期间，将坚持"稳产保供、创新增效、绿色低碳、规范安全、富裕渔民"的工作思路，坚持数量质量并重、创新驱动、绿色发展、扩大内需、开放共赢、统筹发展和安全的基本原则，推进渔业高质量发展，统筹推动渔业现代化建设。具体提出了 4 个方面 12 项指标，这 4 个方面分别是渔业产业发展、绿色生态、科技创新和治理能力，力争到 2035年基本实现渔业现代化[288]。同时，还印发了《关于促进"十四五"远洋渔业高质量发展的意见》，确定"十四五"远洋渔业发展的指导思想、主要原则、发展目标、区域布局和重点任务，对推进远洋渔业高质量发展做出总体安排；提出在"十四五"期间，远洋渔业发展要把握稳中求进总基调，稳定支持政策，强化规范管理，控制产业规模，促进转型升级，提高发展质量和效益，加强多双边渔业合作交流[288]。

2. 海洋政策法规

2022 年，我国依据"十四五"规划，不断完善我国海洋法治建设，在海洋大数据、海洋观测和灾害预警、海洋生态保护等方面逐步建立了政策体系。

海洋大数据方面，制定了海洋领域的大数据标准。由国家海洋信息中心牵头编制通过全国海洋标准化技术委员会审查的《海洋大数据标准体系》正式实施[290]；这是我国涉及海洋领域的大数据标准，明确了海洋大数据体系结构和标准明细表，并制定了海洋大数据标准的规划和计划，为海洋领域大数据标准的组成以及制修订框定了范围，为我国海洋大数据标准体系建设发展奠定了基石。

海洋灾害预警方面，出台了与海洋气象观测和灾害应对方面的政策。国务院印发了《气象高质量发展纲要(2022—2035 年)》[291]，提出实施海洋强国气象保障行动，要加强海洋气象观测能力建设，实施远洋船舶、大型风电场等平台气象观测设备搭载计划，推进海洋和气象资料共享共用；加强海洋气象灾害监测预报预警，全力保障海洋生态保护、海上交通安全、海洋经济发展和海洋权益维护；强化全球远洋导航气象服务能力，为海上运输重要航路和重要支点提供气象信息服务。自然资源部办公厅发布了新修订的《海洋灾害应急预案》(简称《预案》)，旨在切实履行海洋灾害防御职责，加强海洋灾害应对管理，最大限度减轻海洋灾害造成的人员伤亡和财产损失。《预案》包括总则、组织机构及职责、应急响应启动标准、响应程序、保障措施、应急预案管理和附件等 7 部分内容，适用于自然资源部组织开展的我国管辖海域内风暴潮、海浪、海冰和海啸等灾害的观测、预警和灾害调查评估等工作[292]。

海洋生态环境保护方面，发布了促进碳中和的财政支持和海洋环境基准的相关文件。财政部公布了《财政支持做好碳达峰碳中和工作的意见》[293]，提出综合运用税收调节、财政资金引导、政府绿色采购等政策措施，支持实现碳达峰、碳中和；在 2030 年前，基本形成有利于绿色低碳发展的财税政策体系，逐步建立促进绿色低碳发展的长效机制，推动碳达峰目标顺利实现；在 2060 年前，财政支持绿色低碳发展政策体系趋于成熟，促进碳中和目标顺利实现。生态环境部发布国家生态环境标准《海洋生物水质基准推导技术指南(试行)》(HJ1260—2022)[294]，以保护海洋生态系统安全，规范生态环境基准工作。海洋环境基准是现代生态环境治理体系的重要组成部分，是制定我国海洋生态环境质量标准的基础和科学依据，可为我国海洋生态环境风险评估和突发事件应急提供重要支撑。该指南的出台，对于加强我国海洋环境基准研究，加快推动研究成果转化与应用，提升海洋生态环境保护水平具有重要意义。

2.1.2 海洋领域的重大事件

我国在"关心海洋、认识海洋和经略海洋"上不断做出努力，在卫星观测、无人探测、深水探测、科考调查等方面成绩斐然；同时，在海洋风险预警、环境保护和能源开发上跻身国际先进行列。

海洋立体观测体系不断完善。在卫星观测方面，2022年4月发射了1米C-SAR02星(高分三号03星)，该卫星与高分三号卫星、1米C-SAR01星(高分三号02星)一同组成海洋监视监测雷达卫星星座[295]。同年7月，海洋二号D卫星开始业务化运营，与海洋二号B/C卫星组网，由此建成海洋动力环境卫星星座[295]。在海基观测方面，得益于联合国"海洋十年"和"海洋与气候无缝预测(OSF)"大科学计划的支持，低成本、高精度、智能型的新一代全球导航卫星系统(GNSS)海洋表层漂流浮标成功研制，为显著提升海洋观测和监测能力注入新活力[296]。

海洋无人探测技术进展显著。2022年5月，智能型无人系统母船"珠海云"号在广州下水(图2-1)[297]。该船具有远程遥控和开阔水域自主航行功能，为我国开展海洋科考、拓展海洋科学、促进海洋经济提供助力。该船拥有宽敞的甲板，可搭载数十台配置不同观测仪器的空、海、潜无人系统装备，能在目标海区批量化布放，并进行面向任务的自适应组网，实现对特定目标的立体动态观测，是"智能敏捷海洋立体观测系统(ISOOS)"的水面支持平台[297]。

2023 年 2 月，"智能敏捷海洋立体观测仪"项目启动，该项目的实施是我国海洋观测走向"无人时代"的标志性事件。该项目面向三个难题：第一，作为物理海洋学的世界级难题，海洋次中尺度过程的三维结构始终无法一窥全貌；第二，台风这一最为严峻的自然灾害，其准确预报至今仍然难以突破；第三，地球最后未被开发的区域——海底，直接测量的海底精细地形占比不足 1%。"智能敏捷海洋立体观测仪"，以智慧母船"珠海云"为载体，通过空、海、潜的各型无人平台跨域协同组网[297]，提供一种全新的海洋观测模式，兼顾智能化、敏捷性、环境适应性和任务适应性，实现对复杂海洋任务的智能、快速、同步、立体观测。

图 2-1　智能型无人系统母船"珠海云"号

深水探测再添新装备。2023 年 4 月，"创新"号水下缆控潜器(ROV)[298]下潜至超深水 6023.1m，顺利完成了预定的海试任务，并成功回收至"向阳红 03"母船尾甲板。此次海试为海洋三所"向阳红 03"船增添了先进的超深水探测/作业装备，这将为深海极端环境与生命过程、地球深部过程及动力学、海洋新资源和深远海管缆施工工程等前沿领域的研究与探测提供必要的技术手段和平台[298]。

资源调查和极地考察积极开展。2022 年，"大洋一号""大洋号""深海一号""向阳红 01""向阳红 03""海洋地质六号"在东太平洋、西太平洋和中北印度洋累计开展资源环境综合调查 436 天[295]。"蛟龙"载人潜水器开展载人潜次 21 站次[295]。这是"蛟龙"升级改造后在海底热液区复杂地形条件下所实施的调查作业[295]。2022 年 10 月，中国第 39 次南极科考队队员搭乘"雪龙 2"号从上海出发，前往南极执行科考任务[295]，5 天后，中国极地科考破冰船"雪龙"号出发[295]；以"双龙"探极模式开展南极科考行动，"雪鹰 601"固定翼飞机随队执行冰下地形探测任务[295]。

海洋风险监测预警系统投入运行。经过历时两年的试运行，全球风暴潮、海啸监测预警系统[299]于 2023 年 5 月正式投入业务化运行。该系统具备以下特点：一是自主化，主要技术均是自主研发；二是低碳化，相对传统超级计算机计算方式，对 GPU 并行加速技术的支持使得完成同等规模计算的耗能节省 90%，真正实现高效低碳；三是智能化和高集成度，可实现自动运行、一键发布等功能[299]。全球风暴潮监测系统可实时获取全球 65 个沿海国家 300 多个站点的潮位观测信息，实现了对全球风暴潮的实时监测；自开发完成以来，针对 2022"南玛都"等多次风暴潮过程发布了预报产品[299]。全球海啸监测预警系统具备定量响应全球海啸的预警能力；针对海底强震过程，可以利用海啸情景数据库和自主海啸数值模型，快速预报海啸到时和波幅，并在一分钟之内完成定量海啸预警分析，且对全球重点城市岸段的海啸危险性做出评估[299]。

海洋能源和环境领域成绩斐然。2022 年 3 月，"兆瓦级潮流能并网示范工程项目"潮流能发电机组"奋进号"并网[295]。自然资源部门支持兆瓦级潮流能、波浪能关键核心技术攻关及应用示范，潮流能新装机规模和运行时间均居世界前列[295]。2022 年 11 月，习近平主席在《湿地公约》第十四届缔约方大会开幕式致辞中提出"支持举办全球滨海论坛会议"，充分体现了中国对生态文明建设的高度重视，对合作应对挑战和共谋发展的真诚意愿。《湿地公约》研讨会旨在深入贯彻落实习近平主席有关重要讲话精神，回顾前期全球滨海论坛筹备工作进展，研讨如何办好全球滨海论坛会议[295]。此外，我国成立了"海洋十年"海洋与气候协作中心(DCC-OCC)[300]，将致力于为海洋-气候关系创造新的知识和解决方案，以提升应对气候变化的能力，并与广泛的利益相关方交流信息；开展了恩平 15-1 油田二氧化碳回注封存关键技术研究及示范应用(简称"恩平 15-1 油田 CCS")，集中攻关了海上二氧化碳捕集和封存地质油藏、钻完井和工程一体化联合关键技术，实现了海上二氧化碳封存关键设备的国产化，使得恩平 15-1 油田 CCS 成为我国海上二氧化碳封存量超百万吨级 CCS 示范工程[301]。

2.2　现　　状

2.2.1　海洋物联网

1. 海洋平台装备日益成熟

我国在观测装备方面的技术日益成熟，在天基、空基和海基方面都有成熟的新型设备问世，新技术研究处于国际前沿，探测平台装备接近国际先进水平。

在天基平台方面，2022 年 10 月 9 日，"夸父一号"在酒泉卫星发射中心顺利发射升空[302]。"夸父一号"作为我国首颗综合性太阳探测专用卫星，肩负着开启我国综合性太阳空间探测新时代的重要使命。在轨测试期间，取得了一系列重要的科学观测成果；其中，"夸父一号"卫星上的太阳硬 X 射线成像仪(HXI)载荷在轨表现最为优秀，迄今已经观测到 200 多个太阳耀斑，不仅实现了太阳硬 X 射线成像(图 2-2)，而且其成像质量所反映的太阳耀斑非热辐射分布的细节前所罕见。HXI 所提供的地球视角的太阳硬 X 射线成像，为"一磁两暴"的太阳耀斑观测提供了珍贵的观测资料。

在空基平台方面，2022 年 1 月 18 日，中航无人机自主研制的"翼龙"-1E 无人机顺利完成首飞。作为一型全复材多用途大型无人机，"翼龙"-1E 以成熟的"翼龙"系列无人机系统为基础，将平台性能进行了优化，完成了升级迭代[303]。5 月 31 日，自主研制的大型灭火/水上救援水陆两栖飞机"鲲龙"AG600M 全状态新构型灭火机在广东珠

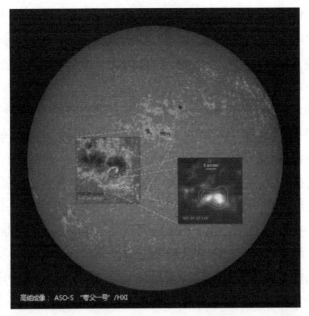

图 2-2 "夸父一号" HXI 在 2022 年 11 月观测的 C 级耀斑硬 X 射线成像与背景图像 AIA/SDO 紫外 1700 图像的比较

海东珠海首飞成功, 最大起飞重量 60 吨, 最大载水量 12 吨。9 月 3 日, "启明星 50" 大型太阳能无人机在陕西榆林首飞成功, 该机具有超大展弦比, 采用双机身布局, 以太阳能作为唯一动力能源。12 月, 自主研制的新型高空、高速无人验证机 "流星-260" 首飞成功, 该无人机研制历时 3 年, 采用了模块化多用途设计理念, 突破了国产新研小型涡喷发动机验证、一站多机编队飞行等多项关键技术, 不仅可作为新型涂料、小型发动机、导引头等空中试验平台, 还可作为配试试验机参与人工智能、有人/无人协同、无人集群等前沿技术探索。

在海基平台方面, 新研制的 "哪吒 III" 跨域航行器

(图 2-3)具备 25 米级水下航行、24 小时水下静音潜航及良好的空中运动与跨介质能力。"哪吒"系列海空跨域航行器突破当前自主水下观测系统和无人机在海洋观测采样应用中的局限,广泛适用于须对特定海区同时进行空中、水面和水下的探测应用需求,将显著提升我国海空立体监测能力和水平[304]。2022 年 6 月,百吨级无人舰艇在浙江舟山海域成功完成无人导航实验(图 2-4)[305],标志着无人舰艇技术已趋成熟。首先,在船体设计方面,该款百吨级无人舰艇采用了当前船只模型设计中的三体型船只设计技术,可让舰艇更快地切换反舰、反潜和反水雷武器模块,更进一步增强舰艇的灵活应对能力;其次,该舰艇突破了高适航性艇型设计技术、主机变转速低压混合综合电力技术、综合感知系统集成桅杆技术、自主航行控制技术等关键技术,使舰艇的航速最大可以达到 20 节;更为可贵的是,

图 2-3　　"哪吒 III"跨域航行器

图 2-4 百吨级无人舰艇无人导航实验

该舰艇在保持高速航行的同时，可穿梭 5 级海况的恶劣海域环境，顺利完成相关任务。2022 年 12 月，极地破冰多用途船"中山大学极地"号安全停靠于某船舶公司码头，圆满完成试航任务。该船排水量 5852 吨，长 78.95 米，宽 17.22 米，吃水深度 8.16 米，配备先进的探测装备，破冰能力排在世界前列；该船投入使用将显著提升我国覆盖深海-极地全域的大洋科考能力[306]。

2. 海洋观测网建设发展迅速

在建设海洋观测网方面，我国积极拓展全球海洋观测能力，发展了温盐深剖面仪(Conductivity Temperature Depth，CTD)和声学多普勒流速剖面仪(Acoustic Doppler Current Profiler，ADCP)等数十种传感器、观测装备和各种固定、移动、空投、拖曳等观测平台，发射了 HY 系列自主业务化海洋卫星，并在我国近海、南海、西太平洋、东印度洋、南北极等关键海区和通道，建设了岸站、常规断面、水体及海底的区域观测网[307]。目前，"透明海洋"立体观测网(图 2-5)建设初见成效，特别是深海实时观测能力实现跨越式发展。围绕全球及核心海区海洋环境信息感知能力提升，聚焦"两洋一海"，突破了潜标数据实时可靠传输、万米深渊综合观测、多尺度动力环境同步观测、极地海区气-冰-海边界层长期实时监测等系列技术难题[307]，自主研发了深海潜/浮标、冰基拖曳式海洋剖面浮标及系列深海移动观测装备。迄今，在"两洋一海"关键海域已布放回收超过 500 套深海潜/浮标观测系统，目前有 108 套深海潜/浮标在位稳定运行，其中深海潜标 100 套(含 25 套深海实时潜标)、大型观测浮标 8 套[307]。2023 年，成功研制出低成本、高精度、智能型的新一代全球导航卫星系统(GNSS)海洋表层漂流浮标[308](图 2-6)；利用 GNSS 卫星信号，可以精准获取浮标的空间位置、时间、波高、周期、波向、表层流速、表层流向、表层海洋温度、表层海洋盐度、大气水汽含量等 10 个参数，为大幅提升海洋观测和监测能力提供了新的重大契机[309]。与目前通用的精密测浪设备(如"波浪骑士")相比，新一代 GNSS 浮标的观测精度仅有厘米级的差别，但观测成本却大幅降低，仅为国际通用观测设备的 10%[309]。在海洋观测探测前沿技术与装备方面，自主研发的"海燕-X"水下滑翔机工作深度达到10619m，万米深海研究迈入无人持续断面观测新时代；"海燕-L"长航程水下滑翔机无故障运行超过 300 天，航程超过了 4000km，创下了国产水下滑翔机连续工作时长和续航里程的新纪录；深海 4000m 自持式浮标成功研制；新一代深海气候观测浮标系统已经实现准业务化应用；新一代"观澜号"海洋科学卫星也在稳步推进[307]。以上海洋探测技术的迅速发展为下一步全面构建"透明海洋"立体观测网提供了重要基础。

图 2-5　　"透明海洋"立体观测网结构图

图 2-6　新一代海洋表层漂流浮标[308]

3. 光纤传感技术助推新质生产力

光纤传感是实现通感算一体化光网络的基础与关键。作为通信传感的重要载体，光纤光缆被视为数字经济信息底座的基础之一。根据工信部统计，截至 2023 年 6 月底我国光缆线路总长度已达 6196 万 km[310]。光纤除构建通信网络外，同时具备温度、应力、折射率、振动、磁场和电场等多参量的状态感知能力，将光纤传感与光通信相结合，可实现大规模、高密度的通感一体化光网络。光纤传感作为感知层核心技术，是实现通感算一体化光网络的基础与关键，逐步成为业界关注的焦点[310]。面向通感算一体化的光纤传感技术的重要载体之一是海缆，其典型应用场景包括海洋地质活动和环境灾害监测、海洋目标监测、浅层地质结构探测和成像等，还包括对海底电缆、光缆及相关基础设施的有效监测，如海底拖网活动、轮船锚定、疏浚活动、涡激振动、电气故障、局部放电等的监测和预警[310]。

海底光缆前景广阔，尤以油气和海洋观测等行业的飞速发展体现新质生产力。中国信息通信研究院发布的《全球海底光缆产业发展研究报告(2023 年)》认为：海底光缆发展前景广阔，多国出台政策或战略，规范海底光缆建设流程，优化发展环境，促进海底光缆建设布局；2023—2028年，海底光缆将继续保持高速增长；其中，油气和海洋观测等典型行业数字化智能化发展更是会催生海底光缆建设新需求[311]。因此，海底光缆正孕育新质生产力，其中的光纤传感技术更是成为油气行业的重要增长极。光纤传感技术可在油气田开展全生命周期监测，为开发方案优化、提高采收率提供有力依据，在油气田数字化入地入湖、决策分析智慧化及向深地深海领域进军中也将有用武之地。某公司围绕光纤油藏地球物理技术开展了大量光纤现场试验，形成了多套核心装备、核心软件及配套技术系列，实现以超高灵敏度、超大动态范围、超高空间分辨率、超低频响"四超"为特征的新一代分布式光纤传感地震仪，并已在石油石化相关企业进行了推广应用，成为中国石油井中地震核心装备的换代产品[312]。另有某企业基于独创或领先的专用激光光源系统、微弱信号高灵敏探测系统、高保真解调技术及海量数据采集和高速处理技术，研制成具有完全自主知识产权的分布式光纤声波/振动传感设备并具有标距 1—10m 灵活调节，支持海量数据实时存储和传输等特点，实现了频率监测范围 10mHz—50kHz 内高保真还原外界振动信号，特别在低频段(0.01Hz—100Hz)具备业界优异的灵敏度[313]；所研制的传感设备已应用于北京冬奥会赛事保障、地震监测、海洋探测、地热管道漏水监测以及城市地下空间探测等，其中成功观测到台风 Muifa(2022)过境期间的海底低频振动信号，揭示了台风过境期间近场低频背景噪声的时空演变特征及其与台风风速、波浪、潮位变化之间的关系[314]。

　　光纤传感技术正延伸到更为宽泛的应用领域，并扮演更加重要的角色。例如，在长期气候监测方面，光纤传感在时空维度上的优势可与传统的测量方法形成互补，并可与卫星测高和 GPS 联合测量，以对微小变化给出更精确的测量结果，如用于冰川运移过程的监测；在对二氧化碳减排的长期监测上，已有相关研究用于碳消减和能量转换；在油气资源勘探开发领域，光纤传感技术规模化推广应用已从井中延伸到陆地和海洋，从井下单分量测量拓展到井下和陆地三分量测量(螺旋形绕制的铠装光缆)，从单井单参数测量发展到多井多参数同步测量，调制解调仪器也从单通道单参数发展到多通道多参数复合调制解调系统；在大数据方面，DAS 技术拥有极大的空间和时间覆盖率，特别适合通过数据挖掘和人工智能来揭示全球性特征，建立真正的大数据集；另外，由于光纤传感可同时感知发生于大气、海洋和固体地球下层的物理过程，因而有望由气象学家、海洋学家和地球物理学家联合发现跨学科的相互作用和全球性特征[111]。

2.2.2　海洋能源网

　　海洋能源网的架构可以概括为四个层级：产能、储能、输能和用能。在产能方面，相比于陆地，海上风能、光伏、潮汐能等资源丰富，可循环再生，潜力巨大；在储能方面，伴随我国储能领域的快速发展，各种不同类型的储能技术在海洋能源网中也已进入示范阶段；在输能方面，不断提升输出海缆的规格，并在输电设计上做出创新；在用能方面，除了海洋环境下的电能直接应用外，伴随着全球能源转型，采用海洋发电进行海水直接电解制氢技术也取得显著进步。

1. 能源开发势头蓬勃发展

　　随着全球减碳共识的达成和中国"双碳"目标的提出，海上风电已成为新的热点与技术前沿，已经成为可再生能源领域的重要发展方向之一[315]。我国海上风电装机容量呈

快速上升趋势。2022 年，全国(除港、澳、台地区外)新增
装机 11098 台，容量 4983 万 kW；其中陆上风电新增装机
容量 4467.2 万 kW，海上风电新增装机容量 515.7 万 kW[316]。
截至 2022 年年底，累计装机超过 18 万台，容量超 3.9 亿
kW，其中，陆上累计装机容量 3.6 亿 kW，海上累计装机
容量 3051 万 kW[316]。截至 2022 年年底，海上风电开发企
业共 37 个，比 2021 年增加 6 个；其中累计装机容量达到
100 万 kW 以上的有 6 家企业，其海上风电累计装机容量
占全部海上风电累计装机容量的 70.1%[317]。

　　海上光伏发电技术不断发展。与陆上光伏不同，海上
光伏避免占用土地耕地，只利用现有海面建立发电站[318]。
海洋具有水域开阔无遮挡、长时间日照、可最大程度地利
用水面反射光等天然环境优势，因此海上光伏发电量较陆
上光伏提高 5%—10%[318]。此外，海上光伏还可与海洋渔
业、滩涂养殖等相结合，以充分利用能源与资源[318]。海上
光伏分为桩基固定式和漂浮式两大类，目前主要以桩基式
为主(滩涂、潮间带)，而漂浮式电站的建设则正处于初级
阶段[318]。我国有 1.8 万 km 的大陆海岸线，据测算可安装
海上光伏的海域面积约 71 万 km^2，海上光伏装机规模超过
70GW[318,319]。2022 年的海上光伏项目，规划装机容量 270
万 kW。截至 2022 年 5 月，我国确权海上光伏用海项目共
28 个，累计确权面积共 1658.33hm^2[320]。

　　我国潮汐能蕴藏丰富，在技术和效益上取得显著进展。
我国海岸线漫长曲折，蕴藏着丰富的潮汐能资源。经过多
年来对潮汐电站建设的研究和试点，不仅在技术上日趋成
熟，而且成本逐步降低[321]。潮汐发电前景广阔，据不完全

统计，全国潮汐能蕴藏量为 1.9 亿 kW，其中可供开发的约 3850 万 kW，年发电量可达 870 亿 kWh，大约相当于 40 多个新安江水电站，目前我国潮汐电站总装机容量已达 1 万多 kW[321]。2022 年 2 月，单机潮汐能发电机组在浙江舟山下水，采用的"奋进号"机组为第 4 代 MW 级潮汐能发电机组，重 325 吨，单机容量 1.6MW(较前一代机组提高 5 倍)，减排近 2000 吨，发电量 200 万 kWh[321]。

波浪能研发快速推进。2022 年 1 月，半潜式波浪能深远海智能养殖旅游平台"闽投 1 号"开工建设；平台采用太阳能、波浪能等清洁能源供电实现了零碳源供给；居住空间可容纳 36 人，并配备了网衣清洗和鱼群与环境监测等设备[322]。目前，波浪能发电技术尚未达到收敛：在深远海、近岸、漂浮式或海底安装方面，各种转换装置形式未形成一致标准，各种装置的优化设计具有针对性，波浪能发电场的开发速度各异[322]。2023 年 1 月，属广东电网的 MW 级漂浮式波浪能发电装置成功在珠江东江口水域完成下水节点，目前正式展开水下调试阶段工作。

盐差能发电技术总体还处于初期阶段。盐差能作为一种特殊的能源，它就蕴藏在海水之中，十分隐蔽，是海洋能中能量密度最大的一种可再生能源。理论上，河-海交汇处的盐差能密度约为 0.8kWh/m^3，全球各河口区盐差能总储量高达 30TW，可利用的有 2.6TW，我国的可开发盐差能约为 1.1×10^8kW。目前，世界上很多国家已经开始对海洋盐差能的利用进行研究，现在比较成熟的盐差能发电的能源转换方式有三种：渗析电池法、渗透压能法、蒸气压能法[323]。盐差能发电装置中,离子交换膜是其中关键技术,目前已有团队开发了一种磺化的超微孔聚氧杂蒽基(SPX)离子膜，利用膜内亚纳米的亲水微孔实现了极高的离子选择性，大大提高了盐差能发电效率[324]。同时，该膜材料的设计理念还将盐差能发电的概念从海水-河水体系拓展到无浓差盐溶液甚至工业废水体系[324]；在模拟海水和河水混合的情形下，能量转换效率稳定在 38.5%以上。通过利用热梯度和浓度梯度的协同作用，该盐差能提取装置的提取效率进一步提高到 48.7%，接近理论提取上限 50%，是迄今为止报道的在 50 倍氯化钠梯度下的最高效率[324]。

海洋温差能开发当前处于实验室理论研究及试验阶段。海洋温差能是一种来源稳定且储量巨大的可再生能源，具有稳定、全时段、可再生等优点，经济高效地进行开发是世界清洁能源发展的潜力方向之一[325]。我国近岸海洋能资源潜在量约为 $6.97 \times 10^8 kW$，60%以上分布在南海；其中温差能技术可开发量占比高达34%[325]。我国海洋温差能理论装机容量为 $3.67 \times 10^8 kW$，约占我国海洋能总量的50%；技术可开发装机容量为 $2.57 \times 10^7 kW$，按 2%的利用率计算，年发电量将超过 $5.7 \times 10^9 kWh$[325]。仅在广东省东南海域，年温差能密度达 $5 \times 10^9 J/m^3$，可全年进行有效开发，装机容量相当于 3 个"华龙一号"核电站，发展前景可观[325]。但目前对海洋温差能开发利用技术的关注较少、工作起步较晚，相应的基础与应用研究明显滞后于海洋强国建设进展，因此亟须加大相关领域布局[325]。

2. 能源存储规模大幅提升

在能源存储方面，我国能源存储容量不断增加。2022

年，全国累计新型储能装机容量达 870 万 kWh，呈现出良好的增长态势。储能产业市场整体呈现出新型储能项目增速迅猛、单体项目规模大幅提升以及技术路线应用多样等特点。2022 年新增规划在建的新型储能项目规模达到 101.8GW/259.2GWh，提前超额实现了国家发改委设置的"2025 年实现 30GW 装机"的目标。从储能技术类型来看，截至 2022 年年底，全国新型储能装机中，锂离子电池储能占比 94.5%、压缩空气储能占比 2.0%、液流电池储能占比 1.6%、铅酸(炭)电池储能占比 1.7%、其他技术路线占比 0.2%[326]。锂离子电池储能独占鳌头，但值得注意的是，据中关村储能产业技术联盟(CNESA)发布的《储能产业研究白皮书》统计，2022 年间，国内新增压缩空气储能项目(含规划、在建和投运)接近 10GW，压缩空气储能技术规模正在由 100MW 向 300MW 功率等级方向加速发展；液流电池储能方面，大连恒流储能电站 I 期工程(建设规模为 100MW/400MWh)已正式并网运行。此外，飞轮、重力、钠离子等多种新型储能技术已进入工程化示范阶段。从单体规模来看，国内新增投运的单体项目规模有显著提升，特别是新型储能项目，百 MW 级项目已逐渐成为常态。2022 年间，20 余个百 MW 级储能项目实现了并网运行，是 2021 年同期的 5 倍，而规划在建中的百 MW 级项目数更是达到 400 余个，其中包括 7 个 GW 级项目，规模最大的为青海格尔木东出口共享储能项目，规模达 2.7GW/5.4GWh[326]。从应用模式来看，可再生能源储能项目和独立式储能项目贡献了绝大多数增量，占比分别达 45% 和 44%[327]。

3. 能源传输规格迭代升级

随着单台风机容量增大和风场的大型化，国内阵列海缆由主流的 35kV 向 66kV 迭代，送出海缆由 220kV 提升至 330kV 甚至 500kV。以阳江沙扒和青洲项目为例，沙扒各个子项目中主要采用 35kV 的阵列海缆和 220kV 的送出海缆规格，青洲五和青洲七则是采用 66kV 的阵列海缆和 500kV 的直流送出海缆，在规格上有明显提升[328]。

我国广东省部分大规模海风项目已采用 330kV、550kV 高压交流海缆。2022 年 3 月，东方电缆中标粤电阳江青洲一、二海上风电场项目 500kV 海缆及敷设工程，该项目为双回路设计，单回长度为 60km，是继东方电缆 2018 年至 2019 年间为国家电网舟山 500kV 联网输变电工程提供两回路大长度 500kV 单芯海底电缆(含软接头)项目后，在超高压海洋输电领域的再次创新[316]。

4. 能源利用规模逐步扩大

海洋能源发电有直接为离岛供电与电-化学转换储能等不同方式，其中直接海水制氢是其中重要的应用之一。以海洋发电为能源、海水为原料制氢存在海水直接制氢和间接制氢两种不同的技术路线。其中，海水间接制氢本质上是淡水制氢，该类技术严重依赖大规模淡化设备，工艺流程复杂且占用大量土地资源，进一步推高了制氢成本与工程建设难度[329]。另一条路线是海水直接电解制氢，国内外知名研究团队对该路线进行了大量探索研究，但是迄今为止的半个世纪以来，仍然未有突破性的理论与原理来彻底避免海水复杂组分对电解制氢体系的影响[329]。

2023 年，某研究团队建立了海水直接电解制氢的理论方法，实现了无淡化过程、无副反应、无额外能耗的规模化高效海水原位直接电解制氢，解决了多年困扰科技界和产业界的难题[329]。2023 年在福建兴化湾海上风电场成功开展了海上风电无淡化海水原位直接电解制氢技术海上中试。经专家组现场考察后确认，团队联合开展的海上风电无淡化海水原位直接电解制氢技术海上中试获得成功[329]。无淡化海水原位直接电解制氢海试样机融合了原位制氢、智慧能源转换管理、安全监测控制、装卸升降等系统，成功通过了 8 级大风、1 米高海浪、暴雨等海洋环境的测试，持续稳定运行超过 240 小时，验证了该无淡化海水原位直接电解制氢技术在真实海洋环境中的可行性和实用性[329]。

2.2.3　海洋信息网

1. 海洋信息智能感知

(1) 天基

中国作为海洋大国从 20 世纪 90 年代开始跟踪国外的技术发展，建立了具有中国特点的卫星海洋遥感体系和发展路线(图 2-7)。目前，我国海洋遥感卫星三大体系已初步形成，包括海洋水色卫星、海洋动力环境卫星和海洋监视监测卫星。

1) 海洋水色卫星。目前，在轨的 HY-1C/1D 两颗卫星采用上下午星组网运行的方式，能够实现对全球大洋水色水温星下点 1km 分辨率、2 次/d 的覆盖能力，叶绿素 a 浓度的反演精度达到 40%，海面温度探测精度达到 0.7K；针对中国海岸带区域以及部分重点海域，能够形成 50m 分

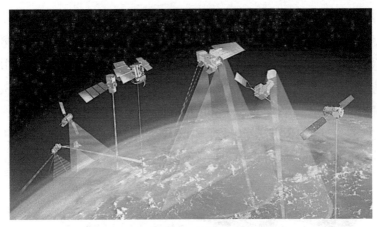

图 2-7　卫星遥感

辨率、不少于 1 次/d 的快速重访能力。目前，中国正在研发与当前国际先进水色观测卫星水平相当的新一代海洋水色卫星。

2) 海洋动力环境卫星。目前，中国在轨运行的 HY-2B/2C/2D 已完成三星组网，卫星所有载荷性能和卫星产品精度达到国际先进水平。海洋动力环境系列卫星获取的数据产品不仅是支撑中国海洋环境遥感观测及数字海洋的骨干数据源，也是欧洲中期天气预报中心(ECMWF)、法国国家空间研究中心卫星海洋学存档数据中心(AVISO)等数据集不可或缺的输入源。

3) 海洋监视监测卫星。GF-3 卫星(图 2-8)是中国多极化、高分辨合成孔径雷达(SAR)成像卫星，是集高分辨与宽覆盖于一体、陆海目标与环境探测兼顾的新一代综合型SAR 卫星，具有亚米级对地观测成像、全极化探测、毫米级地表形变测量及运动目标监测能力，GF-3B、GF-3C 是GF-3 卫星的业务星，三星组网运行将构成中国海洋监视监测网，具备对中国陆地及海域全境 5h 重访能力，与同类 SAR 成像星座相比，分辨率更高，成像模式更多，应用效能更强。卫星组网大大缩短对同一区域重复观测的时间间隔(重访周期)，双星实时观测区最大重访周期由单星 3.5d 缩短至 0.6d，平均重访周期由单星 0.5—0.7d 缩短至 0.2—0.35d；三星组网后，实时观测区最大重访周期缩短至 0.5d，平均重访周期缩短至 0.15—0.25d。

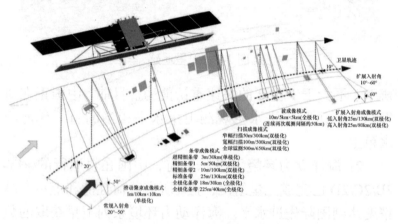

图 2-8　GF-3 卫星观测示意图

(2) 空基

近年来，随着我国综合国力和科学技术水平的快速提高，无人机技术也得到了快速的发展。目前国内陆基无人机已跻身世界先进行列，国产无人机上舰已取得突破性进展，国内多个单位均已研制出舰载无人直升机。

在舰载固定翼无人机方面，型号发展较快，舰载固定翼无人机已初步形成微型、小型、中型、大型、重型全谱系研制能力。公斤级微型舰载固定翼无人机主要采用手抛出动撞网回收的方式运用，可满足小时级情报、监视和侦察(Intelligence, Surveillance, and Reconnaissance，ISR)任务需求，国内若干单位具备产品供货能力。数十公斤级小型舰载固定翼无人机可采用天钩回收，主要用于长航时 ISR 任务，多家优势单位均已研制出科研样机。"鸿雁"-30 小型长航时侦察无人机系统具有操作简便、智能化程度高的特点[330]。系统采用集成化配置，将无人机飞行平台、发射系统、回收系统以及地面测控指挥系统整合在一辆车上，可完成无人机系统的储运、定点起降、指挥测控等任务，具有强大的快速反应和工作能力，可在更小、更轻、航时更长的空中平台执行相应任务[330]。此外，"鸿雁"-30 具备全地形复杂环境适应能力，特别适用于船上、岛礁、山区等狭小空间以执行海上侦察、目标监视、通信中继、测量等任务。

开发多源多尺度时空海洋数据获取、同化、处理、集成应用和挖掘技术，以实现海洋立体观测、获取海洋全方位信息，为建设"数字海洋"奠定基础，而卫星遥感、船载设备、浮标和潜标为海洋监测及海洋信息获取提供了有效手段[331]。国内无人机技术的飞速发展使得无人机平台在民用领域中得到广泛应用。在海洋监测方面，无人机作为一种新的遥感监测平台，具有飞行操作相对简单、智能化程度高等特点，可按预定航线自主飞行和摄像，实时提供遥感监测数据和低空视频，是空间数据获取的重要手段；同时还可与卫星遥感、有人机遥感、海面调查形成互补，对海洋进行多方位监测[331]。近年来，海洋自然灾害(如浒苔、赤潮、海冰、风暴潮等)频繁发生，不断影响我国沿海地区的生产和生活，造成巨大的经济损失[331]。然而，对这些灾害缺乏全面、及时的信息获取，造成预报不及时、监测不准确和处置不当等问题[331]。利用无人机搭载遥感传感器摄取灾害区影像，搭载摄像设备拍摄现场实时视频，可比其他常规手段更快速、客观和全面地获取灾情信息，实现灾前预报、灾中监控、灾后评估"三效合一"的监测效果[331]。

(3) 海基

过去数 10 年，全球海洋科考装备研发取得了快速发展，中国也取得了显著进步。随着中国自主研制的海洋科考船、海洋运载器、海洋潜浮标、海洋卫星和飞行器等重大科考装备逐步进入世界先进行列，各种新概念、跨领域甚至技术颠覆的新型海洋科考装备层出不穷，展现了中国现代海洋科考事业的蓬勃生机。中国已初步形成了以载人潜水器、遥控潜水器、自主潜水器、自主遥控潜水器、水下滑翔机、波浪滑翔机、无人水面艇等 7 种海洋运载器构成的发展谱系，如图 2-9 所示。

经过数 10 年的技术积累，已初步形成以"三龙五海"为代表的海洋运载器系列，即"蛟龙""潜龙""海龙"三龙系列和"海马""海星""海斗""海翼""海燕"五海系列，推动了中国深海技术和材料的自主发展。

在传统物理海洋传感器方面，部分测量要素技术(如船用高精度 CTD 剖面仪、XCTD、XBT 等)的研发水平已接近国际先进水平[332]。对基于光纤、雷达等新方法和新原理的物理海洋传感器，已有部分技术基础[332]。在海洋装备领域，水下滑翔机的长续航、可组网、大潜深等关键技术实

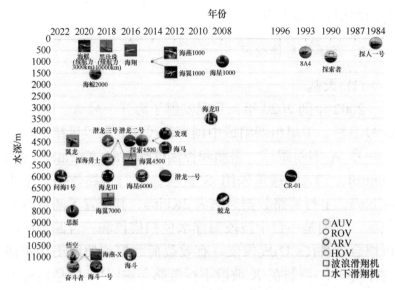

图 2-9 海洋运载器发展谱系

现重要突破;目前,水下滑翔机的最大航程已超过 3000km,并实现了多达 12 台海上集群组网的观测应用,"海翼 7000"可在 7000m 深度长期稳定观测作业[332]。

在海基探测方面,国内海洋浮标团队自主研制的 4km 深海自持式剖面浮标"浮星"海试成功,海水碳酸盐体系原位监测和新参数的监测等海洋环境监测传感技术取得显著进步[332]。此外,我国在合成孔径雷达、高频地波雷达、水下机器人、拖曳探测、锚/漂流浮标、潜标、海床基、激光雷达等关键技术和设备方面取得重要突破[332]。新型装备如无人机、无人艇、波浪滑翔机等逐步应用于组网观测[332]。目前,我国正在规划实施全球海洋立体观测网、海底观测等项目,整合先进的海洋观/监/探测技术手段,实现对海洋环境、资源、目标、活动等高密度、多要素、全天候、全自动的信息获取[332]。

2. 海洋信息传输网

(1) 天基

2002 年到 2020 年，我国发射了海洋一号 A、B、C、D 号卫星，卫星组网组成中国海洋民用业务卫星星座。海洋一号 A 卫星跟踪、遥测和控制(Tracking, Telemetry and Control，TT&C)通信采用 S 波段，下行链路数据速率为 4Kbit/s，上行链路数据速率为 2Kbit/s，其配置了两种有效载荷，分别是一台十波段海洋水色扫描仪和一台四波段电荷耦合器件(CCD)成像仪，有效载荷数据均使用正交相移键控(QPSK)调制在 X 波段下行链路传输[333]，信息传输速率为 5.32Mbit/s，等效全向辐射功率(EIRP)为 39.4dBm。海洋一号 B 卫星在 TT&C 通信和配置的有效载荷上与 A 卫星相同,但将有效载荷信息传输速率提升到了 6.654Mbit/s。海洋一号 C 卫星和 D 卫星采用上、下午卫星组网，配置了海洋水色水温扫描仪(COCTS)、海岸带成像仪(CZI)、紫外成像仪(UVI)、星上定标光谱仪(SCS)、船舶自动识别(AIS)系统等 5 大载荷，在观测精度、观测范围上均有大幅提升。该卫星组网丰富了自然资源调查监测技术手段，为海洋强国建设提供数据支撑。卫星还可应用于全球气候变化研究、生态文明建设等领域，服务生态环境、应急管理、农业农村、气象、水利等行业[334]。

海洋二号卫星工程是我国民用航天"十一五"重点投资项目，通过自主创新，实现了我国卫星遥感能力水平的大幅提升，推动了我国卫星研制技术和管理水平的跨越式发展[335]。卫星在轨运行后，广泛获取了全球海面风场、浪场、海洋动力场、大洋环流和海表温度场等多种重要海洋动力参数，直接服务于海洋环境监测与预报、海洋调查与资源开发、海洋污染监测与环境保护等多个领域，在海洋防灾减灾、海洋环境预报、海洋资源开发等领域发挥了重要作用[335]。此外，它还具备全球船舶识别(AIS)和海洋浮标测量数据收集(DCS)等功能，进一步推动和促进了海洋领域的应用研究[335]。海洋二号卫星组网标志着海洋动力环境监测网正式建成[335]。三星组网运行后，就像在天空中布置了一个"情报网"，能对全球船只的位置、航向和航行速度进行精确勘测，有利于航行过程中的信息指令传输和紧急情况下的船只搜救，使我国对全球海洋监测的覆盖能力达到 80%以上，监测效率和精度达到国际领先水平，将高效服务于我国海洋防灾减灾、海上交通、发展海洋经济等领域[335]。海洋二号系列卫星的主要载荷是微波辐射计成像仪(MWRI)，这是一种多通道最低点观测辐射计，以最低视角运行并观察海洋表面和沿海地区，获取的信息可用于污染监测以及河口和航道的评估。此外还包含一个雷达高度计(RA)，通过发射双频(Ku 波段和 C 波段)信号进行主动分析以估计高度；一个 Ku 波段旋转扇束散射计(KU-RFSCAT)，使用线性频率调制以提升测量信息精度[336]。

　　除海洋一号、海洋二号系列卫星外，我国还发射了高分三号系列卫星，有效载荷由合成孔径雷达负载、信息传输系统、信息传输天线系统组成，信号带宽为 0—240MHz。该卫星是我国第一颗高分辨率 C 波段合成孔径雷达卫星，使得海洋卫星进入组网观测时代，形成对全球海域连续高频次观测覆盖能力[335]。另外，还成功发射了"海丝一号"和"海丝二号"两颗小卫星，初步构建起陆海空天一体化海洋观测系统，引领海洋观测技术的快速发展。"海丝二号"已为厦门湾、福建近海以及境内外多个热点区域拍摄了 2.6 万多张图片，获取了超过 8 亿 km^2 的海洋数据[335]。这些珍贵卫星照片中，水环境里浮游植物、赤潮等清晰地"尽收眼底"，为评估水域的生态环境状态提供了重要基础数据[335]。2022 年 11 月，我国在太原卫星发射中心使用长征六号改运载火箭，成功将云海三号卫星发射升空，卫星顺利进入预定轨道，发射任务获得圆满成功[337]。该卫星主要用于开展大气海洋环境要素探测、空间环境探测、防灾减灾和科学试验等[337]。

(2) 空基

国内海洋无人机航磁测量方面，某研究所成功研制了一套"基于无人机的海洋航空磁力探测系统"，无人机平台选用 V750 无人直升机，加以简单改造后加装改进的 GB-4A 地面型氦光泵磁探仪，并开展了 500km 的应用试验，获得了测试数据。

近年来，以"彩虹""翼龙"为代表的中空长航时大型无人机开始在民用领域崭露头角，山东省烟台市沿海地区成功实施了"蓝色海鸥""彩虹-4"无人机海洋示范应用[44]。无人机海洋示范应用丰富和完善了海洋环境监测技术体系，是落实海洋资源环境承载力监测预警技术支撑体系建设的重要尝试，为海洋综合管理、海洋生态红线监管、海洋生态文明建设增添了利器[44]。2020 年，大型双发长航时"双尾蝎"无人机携带气象雷达、激光测风雷达、光电侦察吊舱和温湿压探测器等多种气象探测设备，实施了台风海上观测作业，达到预先设定目标[44]。2021 年，针对"智慧海洋"建设过程中缺乏及时高效、高分辨率的海洋实时观测手段问题，研究了无人机自主空投布放、大规模分布式随机接入、大并发物联信号全概率监测接收等关键技术[338]，构建基于无人布设的海洋环境数据远程自主监测系统，以期大幅提升海洋环境实时信息获取能力，加速推进"智慧战场"环境保障能力建设。

在规模化的移动组网观测探测方面，到"十二五"规划收官，总体上处于初步探索阶段，在组网关键技术及海上验证、关键设备自主研制以及应用能力等方面，与国际先进水平相比仍有较大差距。"十三五"期间，国家重点研发计划"深海关键技术与装备"专项设立了"无人无缆潜水器组网作业技术与应用示范"项目。该项目实现了"探索 100"自主潜水器，"海翼 1000"和"海燕 1000"水下滑翔机，"海鳐""蓝鲸"和"黑珍珠"波浪滑翔机的定型和小批量生产，有力推动了无人潜水器平台核心技术的成熟和产业化。在此基础上，通过组网关键技术攻关，构建了包含 3 类潜水器、54 台套的异构潜水器网络系统，围绕中尺度涡动力现象观测、水下声学环境测量与目标探测、海洋油气工程环境保障、大亚湾海域环境特征研究等科学和应用目标，2019—2021 年开展了累计 6 个多月的海上试验与示范。依据公开发表的文献，综合考虑参与组网观测与探测应用的潜水器种类和数量、组网通信方式，移动组网规模已进入国际领先行列。该项目的成功实施，使中国海洋移动组网技术从理论仿真研究进入成规模试验乃至应用示范阶段。

(3) 海基

目前，海上主要以岸基移动通信、海上无线通信、卫星通信和水声通信等分立的通信网络实现对全球海洋的基本覆盖[339]，如图 2-10 所示。

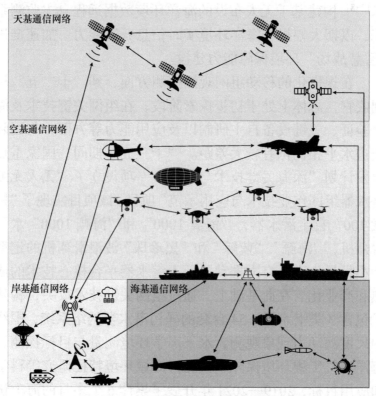

图 2-10　海上通信网络示意图

岸基移动通信主要依托陆上 2G/3G/4G 等移动通信网络实现对近海 30km 内的有效覆盖，支持话音和宽带数据传输[339]。

海上无线通信主要采用中/高频和甚高频通信实现近海、中远海域的覆盖，我国主要采用奈伏泰斯系统(NAVTEX)和船舶自动识别系统(AIS)，支持话音和窄带数据传输，但传输质量易受外界环境因素影响，可靠性较低[339]。

卫星通信是目前保障全球各类海洋活动最主要的通信方式[339]。国际海事卫星系统(INMARSAT)和铱星系统(Iridium)是应用最为广泛的全球海洋卫星通信系统，最新的第五代海事卫星系统，最高支持 100Mbit/s 的下行速率和 5Mbit/s 的上行速率，正在部署的第二代铱星系统(IridiumNext)最高支持 1.5Mbit/s 的移动通信和 30Mbit/s 的宽带通信[339]。近几年，国内卫星通信有了长足发展[339]。2016 年发射了首颗移动通信卫星"天通一号"，实现对我国领海及周边海域的全面覆盖，最高支持 384Kbit/s 的移动通信；2017 年发射了首颗高通量卫星"中星 16"，覆盖我国近海 300km 海域，最高支持 150Mbit/s 的宽带通信；2020 年北斗卫星导航系统的全面建成，为全球用户提供短报文通信服务[339]。目前，国内外卫星通信系统正在从分立向天基组网、天地一体化方向发展，主要代表系统包括国外 OneWeb 公司的太空互联网低轨星座、SpaceX 公司的星链(StarLink)，我国的"天地一体化信息网络"、"鸿雁"星座和"虹云"工程[339]。

水下无线通信主要有水声通信、水下电磁波通信和水下光通信三种方式[339]。水声通信是当前水下节点之间远距离窄带通信的唯一手段；水下电磁波通信主要使用甚低频、超低频和极低频进行通信，用于岸海间远距离小深度的水下通信场景；水下光通信主要利用蓝绿波长的光进行水下通信，支持近距离的高速通信，但技术尚未成熟[339]。随着通信技术的发展和海上平台设计、装备制造、供电等能力的不断提升，各类新的通信手段也具备了在海上应用的基础，目前正在探索激光通信、散射通信、流星余迹、自组网等技术在海上的应用[339]。

3. 海洋信息智能化处理

(1) 天基

包括资源系列、环境系列和高分系列在内的多个对地观测系统已成功建立，广泛应用于灾害监测、气象环境监测、国土资源规划等领域[152]。2013 年，第一颗高分系列卫星"高分一号"成功发射，在单星上实现了大幅宽与高空间分辨率的结合；其全色空间分辨率达到 2m，是我国高分辨率卫星的里程碑[152]。次年，"高分二号"在此基础上进一步提高空间分辨率，星下点分辨率达到 0.8m[152]。在随后的几年，高分系列工程稳步推进：2016 年发射首颗搭载合成孔径雷达的"高分三号"，2019 年发射首颗载有激光测高仪的全色多光谱立体相机，2020 年发射全波段分辨率均可达到 0.5m 的高分多模卫星[152]。国内代表性遥感卫星如表 2-1 所示。

表 2-1　国内代表性遥感卫星

卫星名称	应用领域	发射时间	载荷	分辨率/m	是否在役
风云一号 A 星	气象	1988 年	红外与可见光扫描辐射计	1100	否
中巴地球资源卫星01 星	资源	1999 年	红外扫描仪 CCD 相机	20	否

续表

卫星名称	应用领域	发射时间	载荷	分辨率/m	是否在役
高分一号	资源	2013 年	全色多光谱相机	2(全色) 8(多光谱)	是
高分三号	资源	2016 年	合成孔径雷达	1	是
高分多模卫星	资源	2020 年	高分辨率相机、大气同步校正仪	0.5(全色) 2(多光谱)	是
吉林一号高分03 星	资源	2020 年	光学	亚米级(全色) ＜4(多光谱)	是
海洋 2C 卫星	海洋	2020 年	微波/激光测高仪	测高精度小于 0.04	是
高分十一号04 星	规划、防灾	2022 年	光学	0.6	是

多种海洋卫星组合连续观测,具备全天时、全球性观测特点,可高频次、周期性、长期、近实时、快速获得全球海洋、海岸带、海岛等区域的多种时空尺度的多要素信息,不受地理位置和人为条件限制;与现场海洋监测手段相结合,取得了过去单纯用现场监测手段无法替代的重大成果,是认识、研究、开发以及利用海洋、海岛、海岸带、南北两极的现代海洋观测的主导手段[340]。目前国内海洋卫星已经初步形成了多样的海洋卫星数据产品,并由国家卫星海洋应用中心统一分发,初步形成了稳定、可靠的海洋卫星数据服务体系,但海洋卫星数据的数据质量、数据分发能力尚需改进和提高[341]。

传统合成孔径雷达图像目标监测存在着图像噪声干扰

大、处理时间长等问题，对于海上目标的自适应监测并不理想。因此应用深度学习技术提高船舶目标在合成孔径雷达图像中的准确性是目前的发展趋势。某高校通过采用基于YOLO-v5 模型的深度学习方法，结合图像预处理和数据增强，优化锚点框尺寸，有效提高船舶目标的监测准确性和效率，从而提升海上目标监测技术在资源勘探、灾害监测、海洋管理等方面的应用能力[342]。

近年来，深度学习在处理海量图像数据信息挖掘方面表现出色。采用"端对端"的特征学习方法，通过多层处理机制揭示隐藏在数据中的非线性特征；通过大规模数据集的训练自动学习全局特征，是深度学习在图像信息挖掘领域取得成功的关键原因，也标志着特征模型从人工设计特征向机器学习特征的转变[343]。可以预见的是，深度学习与海洋遥感大数据碰撞将诞生一系列高精度、高效率、高智能的海洋遥感影像信息挖掘模型与应用技术，如图 2-11 所示。

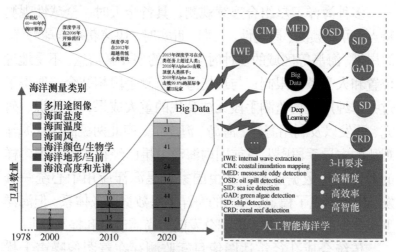

图 2-11　海洋遥感影像信息挖掘模型与应用技术[204]

　　随着对地观测平台与遥感传感器种类和数量快速增长[344]，多波段、多极化、多尺度的遥感数据源源不断地产生。如何实现多基多源遥感数据之间的有效融合，以提高数据的利用价值并从多源融合数据中挖掘出新的海洋关注信息，成为遥感领域的一个热点课题[344]。解决天基信息多源异构、难以互联互通问题是天基信息融合的关键[345]。现有体系结构融合天基信息能力差，不同卫星系统存在差异，信息种类性质各异，但未来社会信息化通常需要各类专业信息中某些相关信息共享[345]。解决天基信息多源异构问题，可采取如图 2-12 所示的新型天基信息融合体系结构[345]。

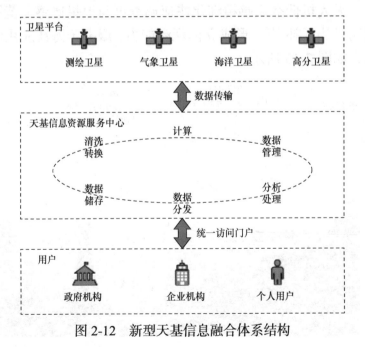

图 2-12　新型天基信息融合体系结构

天基信息资源服务中心是一种典型资源服务中心型体

系结构，其嵌入于空间资源平台、原有地面信息数据中心和用户之间，通过接入空间资源平台数据与地面信息数据，利用云计算对多源异构的天基信息进行储存、计算、分析处理、数据分发[345]。用户可通过统一访问门户接收天基信息，获得体系化天基资源信息服务[345]。

(2) 空基

航空遥感方面，主要采用飞机、气球、无人机等飞行器搭载多种传感器进行数据探测。这些传感器包括激光测深仪、红外辐射计、侧视雷达等，具有易于海空配合、分辨率高、不受轨道限制等特点，可用于溢油、赤潮等突发事件的应急监测和资源监测[346]。

无人机低空遥感精细化快速调查可与卫星遥感大范围观测优势互补[347]，形成立体观测能力，服务于海洋应用领域，如图 2-13 所示。

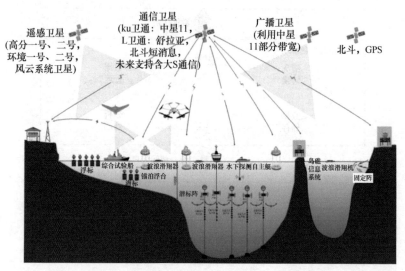

图 2-13　多基多源遥感监测示意图

1) 在分辨率方面，卫星遥感覆盖范围大，无人机低空遥感以甚高分辨率(优于 0.1m)为主，可形成卫星大范围普查+无人机精细化详查的作业模式，可广泛应用于海上应急救援、海洋灾后评估、海岸带监测等业务[347]。

2) 在时效性方面，民用卫星一般按照既定轨道和倾角参数运行，而无人机具备快速灵活的作业能力；因此，可采用无人机低空遥感监测重点关注区域，填补卫星遥感过境空隙，在时效性上与卫星互为补充[347]。

3) 在空间性方面，由于海洋上空云量较多、雾气较大，采用可见光传感器进行海洋环境监测时，成像质量易受天气情况影响；而无人机便于低空作业，有效规避海上云雾，避免不良天气对卫星遥感的影响[347]。

4) 在数据源方面，虽然卫星资源可搭载光谱、雷达等传感器，但在突发事件区域的过境卫星，不一定搭载业务所需传感器，导致无法及时获取所需光谱数据；但无人机采用机械结构，可灵活更换激光雷达(Light Detection and Ranging，LIDAR)、合成孔径雷达等各类载荷，有效补充数据类型，特别是高精度立体测绘数据[344]。

综上所述，整合卫星遥感和无人机低空遥感各自在分辨率、时效性、空间性和数据类型等方面的优势，互为补充，可形成有效的天地一体化立体观测能力，服务于海上突发事件应急处置、海洋防灾减灾等领域[347]。

(3) 海基

针对海基测控领域存在的信息化烟囱[348]、数据孤岛、信息安全等问题，开展了大数据在海基测控领域的应用研究，提出了基于大数据构建海基测控联合信息环境的系统架构和运行模式，对构建联合信息环境的相关技术进行了探索分析，应用大数据技术实现广域分布式环境下数据、信息和信息技术服务共享，将数据优势转换为信息优势，进而发挥决策优势。

为了提升我国海域信息化能力，基于某示范船等海上基础平台，通过研究船基多传感器协同任务规划和自主卫星移动通信系统海上应用等关键技术，集成船基多元数据融合目标监视系统软件，可以构建船基监视平台感知体系、通信体系和处理体系以获取目标信息[349]。通过在特定海域搭建示范应用系统，结合业务化海洋观测发展能力，运用多类感知手段获取海上船只等目标监视信息，可以实现对海上目标的较大范围预警识别和快速抵近侦察能力[349]，船基数据融合目标监视系统技术设计如图 2-14 所示。

首艘数字孪生智能科研试验船"海豚 1"于 2023 年 6 月 30 日交付并首航[350]。该科研试验船创造了多源信息融合协同探测、智能感知及环境重构、船舶及海洋环境数字孪生 3 方面国内领先[350]。"海豚 1"历时 3 年建造完成，实现了船舶总体、动力、电力、推进、导航、操控、船岸等一体化系统的可靠性设计[350]。船上安装了全景式 128 线/2 海里激光雷达、360 度全景红外视觉系统、360 度高视距全景可见光视觉系统、声号自主识别等多套智能感知设备，可在较近距离内精确探测水面以上的微小目标，并集成船载固态雷达、海浪监测设备等通导设备，打造了船舶航行态势智能感知系统[350]。

我国已建立一系列的海洋观测站点和浮标网络，收集包括海洋温度、盐度、流速、海浪等各种海洋环境数据。

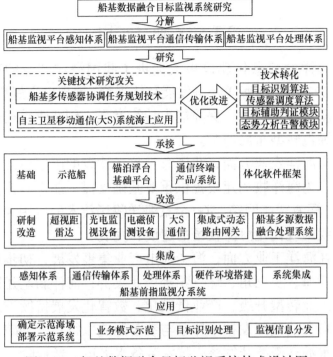

图 2-14　船基数据融合目标监视系统技术设计图

通过智能化处理和分析这些数据，可以提供更准确的海洋环境信息，支持海洋预报和决策制定[351]。相关发明包括：一是恒天翼智慧渔港监管系统，利用物联网、大数据、人工智能、边缘计算和多模通信等技术，实现对渔港、渔船、船员和渔获物的精细化监管，提高渔港管理效率和服务水平；二是恒天翼智慧海洋综合管理系统，应用物联网、人工智能、大数据和边缘计算等技术，实现海洋产业的数字化和智能化水平提升，全流程感知、传输、存储、分析和应用海洋数据，为海洋产业发展提供可靠稳定的数据支撑。

2.3　行业应用

海洋的信息化建设极大促进了我国海洋产业的现代化。2022 年我国海洋经济发展总体平稳，展现出良好韧性，发展质量稳步提升、保障能力持续增强、创新驱动成效凸显、绿色转型布局加快。

在海洋农业方面，我国海洋牧场建设的国家标准正式施行，为海洋牧场建设提供重要基础支撑；船岸一体化云平台、深海智能网箱、5G+全景海洋牧场技术的应用大幅推动了我国现代化海洋牧场的建设和发展。

在海洋工业方面，海上风电产业集聚发展，初步形成了环渤海、长三角、珠三角等产业集群；海洋新基建助力海洋产业转型升级，产业低碳化、数智化发展持续推进；水下自主油气开发技术体系与装备制造取得重大突破，我国深水油气资源开发核心技术装备水平迈上新台阶。

2.3.1　海洋农业现代化

自"十四五"以来，我国养殖工船、深远海养殖平台、活鱼运输船、养殖旅游平台、海洋牧场信息化管理、深海捕捞技术等在新兴技术的加持下进入了快速发展期，海洋养殖、运输、捕捞呈现出自动化、智能化、无人化的显著特征。

1. 深海养殖全面推进

(1) 养殖工船

2022 年 5 月 20 日，某造船公司推出了 10 万吨级的

"国信 1 号"(图 2-15)，船身总长 249.9m，排水量接近 13 万吨，载重能力达 10 万吨，而且拥有 8 万 m^3 的养殖水域，可以满足 3700 吨的高品质大黄鱼的养殖需求[352]。2023 年 5 月 27 日，"国信 2-1 号""国信 2-2 号"15 万吨级的大型养殖工船正式签订了一项重要协议，整体造价超 160 万元，并且在 160 项技术创新、功能分类、新能源应用方面都取得了显著的成果，使得"船载舱养"的技术得以实现，全长 244.9m，排水量 14.2 万吨，拥 21 个养殖舱，以及 10 万 m^3 的养殖水体，为深远海的智慧渔业发展带来重要突破，年设计优质鱼 3700 吨[353]。

(2) 深远海养殖平台

"深蓝 1 号"全潜式深远海渔场成功建造，是我国全潜式深远海养殖网箱的代表。该渔场箱体主体结构为正八边形，周长 180m、高 38m，养殖体积达 $5 \times 10^4 m^3$，年产量

图 2-15　国信 1 号[352]

可高达 1500 吨[354,355]，渔场养殖深度可根据鱼群生长的最适温度在 4—50m 范围内调整。与普通网箱和深水网箱相比，该渔场引入了水下锚泊导缆装置、大型特种网具装配以及高效的鱼类捕获等新技术[355,356]。

2023 年 4 月 9 日，深海养殖平台"乾动 2 号"(图 2-16)成功完成了中国船级社(CCS)的建造、测试并顺利下水。该平台的核心技术是通过控制 6 台绞车联动来升降养殖网箱，采用无线遥控式操纵网箱，最大距离可达 100m。平台总长67.6m、宽 31.5m，养殖水体达 2 万 m^3，可年产优质类野生大黄鱼 200 吨[357]。

图 2-16　乾动 2 号[357]

2023 年 6 月 6 日，"海威 2 号"(图 2-17)正式启动运营，总长 86m、宽 31.5m、高 10.5m 的作业吃水和 3.6 万 m^3的养殖水体，每年可提供 120 万斤以上的深远海各种优质鱼类，采用 100%的清洁能源，至少达 20 年的使用寿命[358]。

图 2-17　海威 2 号[358]

(3) 活鱼运输船

2023 年 5 月 22 号，"经海 1 号"(图 2-18)带鱼舱遥控收鱼和赶鱼操作，卸鱼速率最高可达每小时 250m³ 左右。拥有全面的现代化技术，包括自动投饵、作业吊机、海水淡化器、污水处理器、渔场监测系统，其负荷 60 吨，拥有极高的自动化水平，比传统的渔船能更快地完成任务，而

图 2-18　经海 1 号[359]

且其先进的技术水平也远远高于亚洲其他船只。鱼类由深海网箱运至陆地成活率为 100%，每年可生产许氏平鲉商品鱼 720 吨，所创产值约为 6000 余万元[359]。

(4) 养殖旅游平台

2023 年 2 月 9 日，"普盛海洋牧场 3 号"(图 2-19)智能海上养殖旅游平台正式投入使用，其长为 86m，宽为 30m，高为 21m，作业吃水 10m；配有先进的海水淡化、污水处理、仓库、休闲餐厅等设施；采用了清洁的太阳能发电技术，3 万 m^3 的钢结构半潜结构及软体网构；配有先进的智能渔业养殖系统，预计每年至少捕捞 60 万 kg 的高品质海鱼[360]。

图 2-19　普盛海洋牧场 3 号[360]

2023 年 4 月 28 日，"耕海 1 号"(图 2-20)海洋牧场综合体二期项目投入运营，由生态养殖围栏和海洋牧场综合体平台组成，通过生态养殖围栏，形成容积高达 40 万 m^3 单体养殖水体，适宜各种海洋生物生长繁殖。拥有成人泳池、儿童水乐园、户外休闲演艺等多种功能。这座 7 层的建筑物，包含一个完善的综合性服务中心，以及一个专为海洋渔民设计的科普展馆、一个精致的宴会场所以及一个舒适的住宅区[361]。

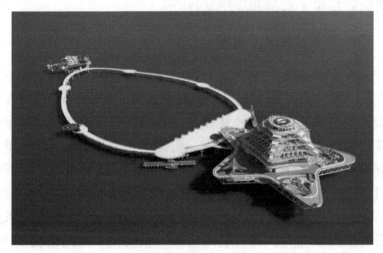

图 2-20　耕海 1 号[361]

(5) 海洋牧场信息化管理

信息化赋能牧场，耕耘"海上田园"，筑牢"蓝色粮仓"。2022 年 7 月，某单位承建的省级海洋牧场综合管理平台建设项目圆满完成，该项目结合海洋牧场建设管理特点和要求，使用 GIS、电子地图、物联网、云计算、三维可视化及数据库搭建技术，开发综合管理应用平台，布设高精度、多参数立体观测站，涵盖海洋牧场综合管理中心、数据存储与交换中心、数据分析中心等多个功能区，具有海洋牧场一张图、休闲渔业管理、增殖放流管理、渔业资源调查、海洋环境分析、生态预测、可视化指挥调度等功能，实现了全省海洋牧场生态健康状况和建设运行情况的实时掌握，提升了海洋牧场的生态预警能力和渔业资源评估能力，科学指导了海洋牧场建设生产，全面提升了海洋牧场信息化管理水平，为政府决策、企业生产、渔业技术研究等提供了数据和应用支持[362]。

2. 海洋捕捞显著提效

在海洋捕捞技术方面，我国深远海捕捞技术取得持续进步。2021 年，研发出"多旋翼无人机+复合翼无人机"叠加式平台、无人机载侦察设备，并且通过大数据图像识别算法和海图海况数据的支持，研制出一套先进的无人机鱼群侦察装备系统，有效提高了我国的渔船技术水平[363]。同时，提出构建轻量化的 MobileNetV3 网络并对其进行初步高效的特征提取，设计出 CSP 瓶颈层为逆瓶颈的结构以增强特征提取能力，最后利用 CIoU 损失模型对网络模型中损失函数进行构建，参数量减少了 65.3%，参数运算量减少了 66.99%，能够有效减少监测时间，增加监测精确率，提高鱿鱼实时监测效率[364]。2022 年，为提升我国南极磷虾捕捞的自动化水平，克服人工规划网口捕捞路线的主观性和滞后性，研制出基于层次分析法的南极磷虾捕捞网口前进路线规划体系，实现了 94.33% 的磷虾捕捞，比人工规划路线的捕捞率提升 9.80%，规划路线平均总耗时为 2.5s，大大提高捕捞效率并降低人工成本[365]。

2.3.2　海洋工业现代化

1. 海洋装备助力海洋工业

海面设备是海洋现代工业的重要载体和平台。我国自主研制的各类海面设备在深水油气开发、海上风电建设等方面取得了突出成绩。例如，"深海一号"作为我国超深水大气田项目，采用先进的"单点系泊式半潜式生产储油平台"，实现了超过 1500m 水深海域的天然气开采。我国海上风电累计装机容量已跃居世界第一，其中"向海争风"项目(图 2-21)是我国海上风电示范项目，采用了 8MW 海上风力发电机组，为我国海上风电技术的发展和推广起到了示范作用。

图 2-21　　"向海争风"项目

我国水下自主油气开发技术体系与装备制造取得突破性进展[366]。自主设计和研制的国产化水下生产系统成功应用于我国南海东方 1-1 气田东南区乐东块，标志着水下油气生产系统关键国产化核心装备实现了"从 0 到 1"的突破[366]。攻克了南海深水水下油气田的自主开发设计技术难题，自主研制了水下采油树、水下控制系统、水下多功能管汇和水下井口 4 大关键核心装备及 13 类水下设备，整套水下生产系统设计水深 500m(部分设备可达到 1500m 水深),示范产品均取得业界权威第三方认证,总体性能达到国际同等水平[366]。深水水下油气生产系统关键设备自主设计的成功实现,对南海深水油气自主开发具有里程碑意义[366]。

2. 海洋能源实现创新产出

海上 1500MW 综合示范项目成功实施,该项目综合了海上风电、海洋牧场和海水制氢,展示了海洋能源的创新开发。海上风电利用海洋风能发电,海洋牧场利用海洋生物资源进行养殖,而海水制氢则是利用海水进行氢能生产。

国内海上风电产业呈现集聚发展特点,初步形成了环渤海、长三角、珠三角等产业集群[367]。过去一年,我国海上风电建设快速推进:深远海浮式风电平台"海油观澜号"启航前往海南文昌海域[367];"导管架风机+网箱"风渔融合一体化装备在浙江舟山开工建造;超大单机容量海上风电项目在福建漳州开启首桩施工作业⋯⋯未来,海上风电领域将积极推动技术开发与商业模式创新,向风电机组大型化、个性化和智能化方向迈进,在大功率齿轮箱和百米级叶片等核心部件技术上不断取得突破,同时,加强海上工程装备的专业化研发,促进海上风电与海洋牧场、海水制氢、能源岛、观光旅游等的融合发展[367]。

在海上清洁能源方面,海洋产业清洁能源应用加快,产业低碳化发展持续推进[368]。河北张家口 1.86 亿 kWh 光伏电和风电通过渤海油田岸电工程送至渤海,使得中国海上油气田首次用上绿电[368]。天津港安装完成一套 8MV 的岸电设备能够满足 6 个泊位用电需求[368]。大连打造"光伏+海参养殖"产业融合示范点，"海上风电+海洋牧场"融合创新示范基地项目、渔光互补光伏发电项目相继开工建设[368]。

3. 科技创新赋能油气开发

油气行业着力提升自主创新能力，有效利用科技成果赋能油气资源开发，深入推进数智化转型[369]。恩平 15-1 油田群投用我国智能化程度最高的海上无人平台，深水导管架平台"海基一号"建成投用，陆上深煤层气井压裂、水下油气生产系统自主研发应用、海上超稠油热采开发、海上页岩油钻探等均取得突出成绩，科研服务生产精准有力[369]。同时，坚定践行绿色低碳发展，大力推动油气田绿色生产[369]。渤中-垦利油田群岸电应用工程全面投用，渤海油田实现"绿电入海"，中国海上碳封存示范项目(图 2-22)建成[369]。

图 2-22　碳封存示范项目

深水油气成为我国油气产量重要的增长极[366]。宝岛 21-1 新增天然气探明地质储量 518 亿 m³，最大作业水深超过 1500m，完钻井深超过 5000m[366]。开平-顺德新凹陷新增探明储量超 3000 万吨，实现深海原油战略性勘探突破[366]。深水自营油田群流花 16-2 油田群全面投产，深水导管架平台"海基一号"和国产深水油井水下采油树顺利投用，深水钻井新型防台风应急技术成功研发，"深海一号"二期工程加快开发[366]。

2.3.3　海洋服务业现代化

1. 技术平台重要支撑

天基、空基和海面设备在我国海洋现代服务业应用中发挥着重要作用，为海洋气象预报、海洋环境监测、海洋灾害预警、海上交通导航、海洋资源开发利用等提供了有力支撑。

第一，天基信息系统建设加快推进，覆盖能力和服务能力显著提升。我国已建成由 7 颗在轨运行风云气象卫星、亚米级高分辨率遥感卫星、北斗卫星导航系统等组成的天基信息系统，实现了对全球及重点区域的高时空分辨率数据采集、高精度实时导航定位和宽带移动通信。

第二，空基信息系统技术创新突出，应用领域不断拓展。我国在空基无人机、空基雷达等方面已建成大量基础设施，并在海南、江苏等沿海省份开展了多项试验示范项目，如利用无人机进行海洋污染监测、利用空基雷达进行台风探测等。这些项目不仅提高了我国对海洋环境和灾害的监测能力，也为相关产业发展提供了技术支撑。

第三，海面设备技术水平不断提高，应用范围不断扩大。我国已建成综合气象观测系统，其中包括 236 部新一代天气雷达、超 7 万个地面自动气象观测站、120 个高空气象观测站等海面设备。这些设备为我国气象预报服务和科学研究提供了有力支撑。此外，我国还建立了由近 3000 个浮标组成的海洋观测网，为我国海洋资源开发和管理提供了重要数据。

2. 港口航运蓬勃发展

伴随区块链、边缘计算、通信技术的发展，我国沿海省份的智慧港口建设迎来了新的机遇。一批智慧港口建设项目稳步实施，江海铁多式联运全自动化的广州港南沙港区四期码头、粤港澳大湾区全新建造的自动化码头正式投入运行，海铁联运集装箱码头——北部湾港钦州自动化集装箱码头正式启用[370]。传统码头智慧化改造加快推进，同时，自主研发的自动化集装箱码头生产管理系统和设备控制系统在港口行业中不断推广，自动化码头技术在内河港口的应用逐步扩大，沿海港口进一步向自动化、数字化和智能化方向发展[370]。2022 年，我国全国港口集装箱吞吐量达到了 2.95 亿 TEU(Twenty-Feet Equivalent Unit，以 20 英尺的集装箱为计量单位)，同比增长 4.2%，基本达到了之前的预期[370]。上海港集装箱吞吐量也实现了突破，超过了 4730 万 TEU 大关，连续 13 年稳居全球前列[370]，全球 TOP10 集装箱港口如表 2-1 所示。

表 2-1　全球 TOP10 集装箱港口[371]

排名	港口	国家	2022 年	2021 年	增长率
1(1)	上海港	中国	4730	4703	0.6%
2(2)	新加坡港	新加坡	3729	3757	−0.7%
3(3)	宁波舟山港	中国	3335	3108	7.3%
4(4)	深圳港	中国	3004	2877	4.4%
5(6)	青岛港	中国	2567	2371	8.3%
6(5)	广州港	中国	2486	2447	1.6%
7(7)	釜山港	韩国	2207	2271	−2.8%
8(8)	天津港	中国	2102	2027	3.7%
9(9)	香港港	中国	1664	1780	−6.5%
10(10)	鹿特丹港	荷兰	1445	1530	−5.6%

注：排名一栏为 2022 年排名，括号中为 2021 年排名。

2022 年 1 月 1 日，区域全面经济伙伴关系协定(RCEP)正式生效实施，全球最大自由贸易区正式启航[370]。RCEP生效后，已核准成员之间 90%以上的货物贸易将最终实现零关税，促进区域内贸易投资往来[370]。我国作为 RCEP 区域港口规模最大的国家，沿海港口吞吐量持续增长[370]。港口航运业作为与货物贸易深度绑定的行业，正乘势抢抓历史性发展机遇，以期分享 RCEP 所带来的红利[370]。

我国港口整合虽然起步较晚，但发展较为迅速，目前已有多个省级层面的成功整合经验，如"央地合作"实现港口企业并购重组的辽宁港口群整合，由政府主导"五港合一"完成的浙江港口群整合，以单个港口为支点"逐一并购"省内其他港口的山东港口群整合，由省市国资委等出资把沿海沿江港口由"一群港口"变成"一个港口群"的江苏港口群整合等[370]。2022 年 10 月，新的河北港口集团揭牌成立，标志着河北省内港口走完整合第一步[370]。新组建的河北港口集团，承担全省港口投资运营主体职能，旗下有秦港股份(A+H 上市)、唐山港两家上市公司，货物吞吐量超 7 亿吨，位居全国港口集团第 3 位[370]。

随着我国对外开放步伐的加快，在区域布局上实现了从沿海沿边开放到设立自贸试验区、自由贸易港，自贸区已经形成"1+3+7+1+6+3"的新格局。海南自贸港建设在水运领域取得多点突破[372]，暂时调整实施《中华人民共和国船舶登记条例》，对于仅从事海南自由贸易港内航行、作业的船舶，取消船舶登记主体外资股比限制，创新船舶登记制度，颁发新版船舶"多证合一"证书。

"沿海捎带"是指外国国籍船舶在我国沿海港口之间从事外贸集装箱重箱的国内段运输[370]。2021 年年底，国务院发布批复文件，同意暂时调整相关规定，允许在上海自由贸易试验区临港新片区开展"沿海捎带"业务试点[370]。2022 年初，交通运输部发布《关于试点实施有关中资非五星旗船舶沿海捎带政策的公告》；同年 5 月，首单外资非五星旗船舶"沿海捎带"业务在上海港洋山港区正式落地，标志着我国在港口及航运业进一步扩大开放方面作出积极的尝试[370]。

2.3.4　海洋治理现代化

我国各沿海省市积极推动海洋治理现代化，在海域安防、海上维权执法和海洋生态环境等方面，取得一定的应用成效。

1. 海域安防关键技术装备取得突破

在海域安防方面，海洋装备取得进展，"哪吒"系列海空两栖无人航行器可对特定海区同时进行空中、水面和水下探测，进一步提升我国海洋立体监测水平和能力。

2022 年 8 月，水下安防系统工程化研制项目[373]通过验收。项目涉及水声、光电、热感和工控及多维信息融合等领域或行业的多种尖端技术，是一种典型的海上油气田安防级产业化应用，突破垂直波束电子俯仰声呐降噪、多目标轨迹在线跟踪提取及多源信息输入的数字孪生等关键技术，并在"南海挑战者号"、陵水 17-2 气田"深海一号"半潜式生产平台得到工程化应用，取得良好成效。

2022 年 11 月，海上钻井平台水下安防预警系统[374]经鉴定达到国际先进水平。该系统攻破了水下安防预警技术兼容应用及水下小目标远距离探测、识别、跟踪等技术难题，实现在复杂声环境中对水下入侵小目标的探测和预警，形成海上钻井平台水下安防体系的核心技术能力。该系统已在中国海油某平台完成测试应用，现场测试团队进行了设备恢复及自检、系统运行状态监测、综合噪声测试、水下小目标探测试验、喊话功能测试等多项试验。测试结果表明，该系统整体运行良好，与平台作业互不干扰，各项性能均已达标。

2. 海上维权执法趋于智能化、一体化

在海上维权执法方面，某市针对海上违法违规案件难

发现、难举证、执法成本高、执法效率低等难点，构建海上"大综合一体化"行政执法平台[375]，主要围绕"案件发现、行刑衔接、执法力量、统计查询、案件分析、行政监督、综合态势、海上画像"等模块建立可视化指挥平台，在此基础上建设海上"大综合一体化"行政执法指挥系统，构建由市政府领导，市相关职能部门和海事、海警参与的指挥体系。相关部门积极开展"智慧海洋"平台建设[376]，摸索传统执法工作向数字化、信息化和智能化发展，打造巡海执法新模式。2022 年 4 月 9 日凌晨，执法部门根据线报出动中国渔政，8 名执法人员根据线报与"智慧海洋"值班人员实时进行沟通配合，通过红外光电指引逐步确定目标位置，最后在澳头闸口靠近潮州岛方向浮筒处一举抓获 2 名涉嫌非法捕捞作业人员，当场查获涉事船只 1 艘、电鱼工具 1 套、渔获 14.66kg。"海域执法通"应用平台[377]于 2021 年 2 月启动立项工作，为有效管控辖区用海项目，提升海域执法的效率和精准度，某海警局已正式启用自主研发的全新海域执法辅助决策系统。

3. 海洋生态环境监测呈现多平台、多手段

在海洋生态环境方面，沿海部分省市已开始推进海洋生态环境的在线监测工作[275]。以厦门、深圳、浙江、广西等省市自治区为代表的地区，陆续建设了近岸海洋生态环境在线监测系统，主要采用浮标的形式，在地方海洋环境状况、海洋环境灾害预警预报以及应对海洋突发事故中发挥了重要作用[275]。另外，各海洋机构也开展了浮标、岸基站、船载、坐底式等综合性观监测系统的试点工作，主要

针对赤潮等灾害监测或珊瑚礁等典型生态系统进行监测[275]。其中，国家海洋技术中心建设天津北塘综合观测站，北海局建设小麦岛、三沙岸基监测站等岸基监测系统，用于监测水质、波浪、生物等，承担生态环境保护和海洋生态环境监测任务，使生态环境得到更加强有力的保护，并协助有关部门开展海上综合管理执法工作[275]。

　　国内目前已研发了多个坐底式监测平台，用于珊瑚礁、海上牧场和近岸海域的在线监测[275]。开发的有缆坐底式在线监测系统[378]已成功应用于生态环境和水下生物状况在线监测，在山东海洋牧场和南海珊瑚礁监测中得到应用。研发的基于海底环状网络平台的长期在线生态环境监测示范系统[379]在山东蓬莱海域进行了长期示范应用。该系统集成的传感器均为国产自主研发，测量参数涵盖水温、盐度、pH、溶解氧、叶绿素、浊度、硝酸盐等[275]。坐底式监测系统站位部署灵活性强、隐蔽性好，对于深入研究海底生态系统具有重要意义[275]。

　　国内移动监测平台主要包括"鲹鱼"系列无人船(图 2-23)，具备环境监控、水体自主采样等功能，已在水灾救援和水质采样等方面进行了应用[275]。所研制的"领航者"号海洋高速无人船、"极行者"号海洋探测无人船、"听风者"号滩浅海探测无人船等多款产品，已在海洋生态保护、海洋调查、安防救援等方面进行了应用[275]。某技术中心研制的复合能源无人艇，具有复合动力、高速航行、长时巡航、目标巡视等功能，可搭载相关传感器应用于海上目标快速巡视和水质监测等[380]。

图 2-23 "鲑鱼"系列无人船

2.4 挑战与问题

虽然我国在海洋"三网"和"四化"方面取得较大进展，能源设备、观测装置等不断创新，部分装备研制技术已达到国际领先水平，但由于发展起步晚，我国在海洋领域的技术研发缺乏自主创新能力，许多关键技术仍处于"跟跑"状态。目前，人工智能和大数据等新兴技术在海洋领域的应用还处在探索阶段，迅速投入新兴技术研究将是我国实现弯道超车的机会和挑战。

2.4.1 "三网"方面

1. 海洋物联网

海洋物联网利用互联网技术将海上平台搭载的多种传感设备互联互通，从而整合海上信息以实现对复杂海洋数据的监测和系统化管理[381]。典型情况下，海洋物联网通过水上或水下传感设备采集与海洋相关的各项参数，随后通过多种通信手段将这些数据传送至海洋观测系统、数据中心或云平台[382]。云平台利用大数据、机器学习等技术，借助定制化软件，对海洋数据进行统一管理、分析和利用[382]。

当前，海洋物联网的发展面临以下挑战：首先，海洋观测平台通常是按照特定需求定制的，这使得海洋传感器难以自由接入；其次，观测平台和手段多样，彼此独立，无法实现数据共享和交互；再次，各观测平台间缺乏标准化接口，对后续大规模集成造成不便；最后，即便部分观测平台存在标准接口，仍需要大量人工干预才能进行数据转换[382]。

具体来说，首先海洋观测平台主要分为空、天、岸、海、潜五大类。每一个大类的平台搭建都是系统工程。以海基平台为例，水面无人艇需要根据任务需求的不同而搭载功能不同的传感器。若是需要实时监控，则需要红外与可见光设备；若需要追踪抵近侦察等，还需要搭配海事雷达、毫米波雷达等；若需要满足实时避障、路径重规划等需求，则需要精度更高但探测距离有限的激光雷达。所以整体来讲，仍然较难以自由接入的方式实现前端海洋传感器数据的实时共享。其次，五大类观测平台的系统搭建存在较大区别。如海基、地基平台不需要考虑自身重力，仅须通过浮力即可达到平衡，而其余几大类观测平台则需要考虑如何平衡自身重力的问题；即便是海基平台与地基平台，其平衡状态也完全不同，海基平台由于海面摇晃问题需要十分精确的惯性导航数据。所以，平台之间的独立性导致很难实现传感器观测数据的共享与实时交互；对于不同类型的海洋监测平台，当前迫切需要解决的问题是如何实现跨域平台间的自动互联。最后，随着大数据技术的高速发展, 将海洋物联网云平台与大数据相结合, 以进一步提高数据的交互速率和利用效率, 成为目前面临的挑战性任务[382]。

2. 海洋能源网

我国海洋能源开发利用的创新技术和装备等领域虽取得了跨越性发展, 但对于海洋的认知水平、开发技术和经略能力等距世界先进水平还有较大差距, 尚无法满足能源转型的现实需求[383]。

近年来, 我国风电技术不断创新, 然而, 随着风电机组尺寸的不断增大, 海上风电行业不仅受到现有供应链和基础设施的限制, 还受限于国产化核心材料与核心部件的供应不足[383]。所需关键元器件如核心轴承、控制系统等, 仍然依赖进口, 且受制于材料的碳足迹及可循环利用性、地缘政治因素等的制约[383]。核心设备如深水油气开发的水下生产设施、动力定位系统、电子装备及新材料等仍需要进口, 自主知识产权的核心产品开发不足; 海洋能源绿色开采工艺技术储备不足, 缺乏原创性、颠覆性成果[383]。海洋能源资源开发和现代通信与信息技术、网络技术、大数据、物联网和人工智能等技术联系有待加强, 数字化、智能化技术自主研发与应用不足, 与国际先进水平仍有较大差距, 核心工业设计软件、高端装备制造产业链有待提升[383]。

潮汐能、波浪能、潮流能、温差能、盐差能等新兴技术虽然具有理论上的优越性, 但距离实际落地仍有大量关键问题亟待攻克:

第一，潮汐能技术缺少资源评估与获能技术相结合的描述方法和大数据支持；潮汐能的双向高效俘获技术，潮流能的低流速获能、自动对向、高效发电技术，以及波浪能的多自由度俘获、复合能量摄取(PTO)技术有待完善；试验测试的水动力输入-电力输出全程模拟方案与电能质量测试方法有待开发[384]。

第二，波浪能多自由度获能技术、波浪能多浮体技术需要针对近海波浪特性进行研究。

第三，潮流能发电技术已相对成熟，发电装置也初步实现商业化，但面向大规模应用的技术验证、长期服役环境中发电体系的稳定性等仍需加强。

第四，温差能、盐差能等海洋能技术与国际先进水平差距较大，发电装置转换效率、可靠性和稳定性普遍不高，示范应用效果不佳、装机规模偏低。发电装置均存在可靠性和稳定性较差等问题，距离产品化应用水平尚有差距。兆瓦级温差能发电、冷海水直接应用及海水淡化等综合利用技术需要进一步研发[385]。

第五，海上光伏发电方面，运输、提升、操纵和定位方面存在挑战，与风力发电等当前替代方案相比成本较高，尚未达到商业化应用标准，此外海水腐蚀和海洋生物附着带来的问题也未能解决[386]。

海洋能产业发展迅速，但是相对于海洋能开发利用技术的进步，海洋能标准还处于起步阶段，海洋能标准体系仍不完善，部分子体系的海洋能标准还处于空白，无法有效地为海洋能技术的创新和产业的发展提供支撑[387]。

海洋能资源评估技术尚未发展，资源评估体系还未建立；科学认识与评估海洋能资源，是高效利用海洋能的关键[384]。我国在长期发展过程中积累了沿海各区域的潮位、潮流和波浪等工程水文资料数据，但由于这些资料数据比较原始，未与海洋能技术要求相结合，缺少海洋能开发方式与其内在属性的描述，无法区分开发储量、划分重点海域，因而仍然无法评估海洋能的技术开发量，在宏观上难以科学定制开发规划，在微观上无法指导装置设计[384]。为此，需采用新的认知方法，筛选更为合理的技术参数，科学评估我国资源特征，将海洋环境数据与海洋能技术相结合，提出准确的海洋能资源评估体系[384]。

3. 海洋信息网

海洋信息网是指利用各种通信手段和信息技术，实现海洋信息的采集、传输、处理和应用的网络系统。海洋信息网的建设和发展对于保障海上安全、促进海洋经济、提升海洋科技水平等具有重要意义。然而，由于海洋环境的复杂性和多变性，以及海上通信资源的分散性和有限性，海洋信息网面临着诸多挑战和问题。

天基设备方面，卫星数量不足，覆盖能力不强。目前，全球大多数通信卫星主要以地球同步轨道卫星为主，但由于轨道空间日渐拥挤、卫星传输时延大等问题，低轨卫星逐渐加入到天基通信系统的应用行列。然而，低轨卫星需要更多的数量才能实现全球无缝覆盖，目前各国正在建设或规划的低轨卫星系统尚未完全部署，因此在一些地区或时段，仍然存在卫星信号不稳定或中断的情况。卫星数据处理能力不足，传输效率不高。由于海洋遥感观测数据量大、复杂度高、实时性要求高等特点，卫星数据处理能力受到限制，难以满足海洋信息网的需求。同时，由于卫星通信频率资源紧张、干扰噪声多、路径损耗大等因素，卫星数据传输效率也不高，难以支持高速宽带业务。卫星网络互联互通能力不强，组网灵活性不高。目前，各国或地区发射的卫星往往各自为政，缺乏统一的标准和规范，难以实现跨平台、跨域、跨系统的互联互通[388]。同时，由于卫星网络结构相对固定，难以根据海洋信息网的动态需求进行灵活调整和优化。此外，我国的海洋卫星通信系统应用基本以本国国土或邻近海域为主，而远航船队只能依赖国外的海洋卫星通信系统，费用高昂且受制于人[388]。

  针对上述问题，可能的解决方案有：加快低轨卫星系统的建设和部署，为海上用户提供应急移动通信、宽带接入以及导航增强等服务[389]。提高卫星数据处理能力，运用在轨处理、边缘计算、云计算等技术，完成数据的压缩、分析、融合和优化以提升传输效率和质量。推进卫星网络互联互通，制定开放、安全的网关接口，实现网络互联，逐步优化非地面网络的时延和传输成本[389]。卫星通信在海洋通信中扮演重要的角色，鉴于我国东部海域和南海地区的海洋活动和海洋运输日益活跃，首先要对这些区域实现全覆盖，并在此基础上不断扩大覆盖范围，逐步减少对国外海洋卫星系统的依赖。同时，加强我国海洋卫星通信技术研发，提高卫星星上处理能力，扩大卫星的通信容量，增加可用的移动点波束，以满足热点地区和重点海域应急或突发通信需求[388]。另外，采用与地面网络相似的架构模式和关键技术，通过共享产业链，提高"空天地海"一体化组网效率[389]。天基信息网络是海洋目标监视的重要手段，开展天基海洋目标信息感知与融合技术研究，通过结合中国空间对地观测卫星获得的多源化数据，可形成超大覆盖范围、高时空分辨率和多种维度特征的海洋目标监视能力，最终实现天基信息网络的广域覆盖、精细化识别、持续跟踪和快速响应，有效推动我国空间信息网络海洋方向研究和应用[390]。天基海洋目标监视系统建设既要研究先进的海洋目标监视技术、发展新型的海洋目标监视卫星，更要从当前卫星装备的现状和发展规划出发，建立多源卫星观测信息处理的基础理论和关键技术，重点解决时空融合、信息融合和平台网络等方面的难点问题，如图 2-24 所示[149]，其中在轨融合处理是未来重点发展方向。随着海洋综合感知网络信息体系的快速发展，现有的海洋通信网络已难以满足业务全面拓展的需求；为解决全方位的随遇接

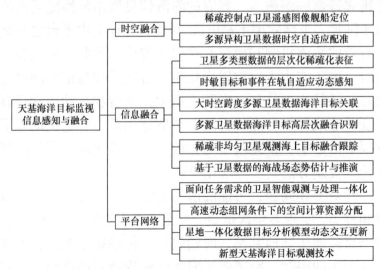

图 2-24　天基海洋目标信息感知与融合关键技术[149]

入、统一组网和按需服务等问题，亟须按照"空、天、岸、海、潜"五位一体的多元异构接入、多网系融合和多元业务承载的思路，发展新型海洋通信网络架构[388]。

　　空基设备具有机动性强、部署快速、成本相对低廉等优点，是海洋信息网的重要补充。然而，空中平台数量有限，覆盖能力不持久。由于空中平台受到燃料、载荷、气候等因素的限制，在复杂、高动态、强对抗的任务环境下，难以长时间滞留在空中，因此在一些地区或时段，仍然存在空中平台不足或缺失的情况。空中平台安全性不高，干扰噪声多。由于空中平台易受到敌方或自然的攻击或干扰，难以保证其安全性和稳定性。同时，由于空中平台与地面或海面距离较近，容易受到各种干扰噪声的影响，海面的反射路径与水汽所致的折射路径等都会影响到无人机通信信道，降低通信质量[391]。空中平台协同能力不强，海上缺乏密集蜂窝网络覆盖，现有的临海信息网络的性能远远落后于陆地，组网效率不高[391]。目前，各种空中平台之间缺乏有效的协同机制和协议，难以实现信息的共享和交换。同时，由于空中平台位置变化快，难以维持稳定的网络连接和拓扑结构。并且在实际应用中，平台和扰动通常具有时变、非线性等特点，再加上传感器误差、环境扰动等不利因素的影响，误差模型的先验信息很难获取，严重限制了传统控制方法的实际应用[392]。

　　针对上述问题，可能的解决方案有：增加空中平台数量和种类，实现多层次覆盖，当无人机在近海海域飞行时，数据直接回传陆地基站，时延较短、传输速率较高，但其受到距离的限制，距离较远时无线回程链路的有限容量将影响数据的实时传输,无人机可在超视距范围(例如距离地面控制站 50km)内借助定向天线技术实现稳定的视频图传,为海上用户提供遥感观测、通信中继等服务[391]。提高空中平台安全性和抗干扰能力,采用隐身、抗电磁干扰、抗电子战等技术,保证其安全性和稳定性。同时,采用频率跳变、扩频、加密等技术,降低干扰噪声的影响。推进空中平台协同能力和组网效率,制定有效的协同机制和协议,实现信息的共享和交换。同时,采用自适应路由、动态拓扑、认知无线电等技术,实现网络的自组织和自优化,当无人机与岸边基站或船舶无法直接建立通信连接时,可以利用多无人机组网实现多跳通信,降低单跳的路径损耗[391]。通过多源信息融合技术对来自于多个传感器的数据进行多层次、多级别和全方位的综合处理,得到对环境的最佳描述,保证空基设备的稳定性。通过智能化路径设计、协同定位等新的智能控制技术实现空中平台的稳定网络连接。

　　海基设备方面,海洋综合感知主要通过各类传感器实现对海洋目标(空中、水面和水下目标等)、海洋环境(气象、水文、电磁等)、海洋地理和海洋平台装备的控制、状态等信息的采集,感知的信息类型和要素多种多样[339]。不同类型的感知信息,在信息的时效性方面具有明显的差异,如空中目标的飞行速度较快,目标的方位、航向等信息的价值会随着时间的推移而快速降低,对于时间的要求明显高于航行速度较慢的水面或水下目标[339]。在面向不同用户或应用场景时,相同类型信息的价值也存在显著差别。如海上维权执法时,海面异常或不明目标的信息价值明显高于合法目标的价值，系统运维时，设备的故障或告警信息对于系统安全性的影响，显然大于正常的设备状态信息[339]。不同类型的信息对于可靠性的要求也有明显的区别，如对无人系统管控时，平台的姿态、供电等基础保障资源的控制信息失真或丢失，可能导致姿态失控、全台掉电和通信中断、失联等严重后果，其信息可靠性要求明显高于其他感知设备的控制信息[339]。尽管海上已经构建了不同类型的通信网络，初步实现了对海的立体通信覆盖，但仍存在以下几个方面问题：一是缺乏全局顶层规划设计，通信资源孤立分散，难以发挥整体优势；二是网络架构标准不统一、互联互通不畅；三是业务通信保障模式单一[339]。

海面设备也面临着一些挑战与问题：

第一，海面设备的数量和质量不足。由于长期以跟踪仿制国外产品为主，忽视原理创新、技术创新、材料创新和工艺创新，我国海洋监测系统的仪器装备相比国外存在较大差距，国产海洋监测仪器装备的研制水平、产品性能与可靠性等长期落后于国外产品，导致典型应用领域中高端产品依赖进口的局面未能彻底改变[393]。目前，我国海面设备的总量和密度还不能满足海洋信息网的需求，尤其是在远洋和深海等区域。

第二，海面设备的布放和维护困难。由于海上环境复杂多变，海面设备的布放和维护需要投入大量的人力、物力和财力，而且存在一定的风险和不确定性。例如，海面设备可能受到风浪、冰雪、生物、人为等因素的影响而损坏或失效。

第三，海面设备的协同和管理不够高效。由于海面设备种类繁多，分布广泛，运行状态不同，需要实现多源异构数据的融合和共享。同时，由于海上通信条件受限，需要实现跨介质、跨域、跨层次的通信组网。不同于 UAV 组网通信技术，跨介质组网通信面临不同的传递介质，其信道容量和延迟存在差异，从而造成传递信息的距离、速率、带宽、容量和延迟也会有较大不同[392]。海上通信受气候条件和海洋环境影响较大，通信可靠性不高，通信带宽较窄[392]。水下通信网络的传输带宽和传输速率均远远低于空中通信网络[392]。

第四，由于海上态势复杂多变，需要实现动态适应、智能优化的控制管理。不同介质的节点移动速度不同，导致通信网络拓扑结构高动态变化、链路质量频繁波动，进而对信息网技术提出更高要求和挑战[392]。需要解决的是介质访问控制协议和路由协议的设计问题，以支持不同任务下的传输需求[392]。

面对海洋综合感知网络信息体系的快速发展，当前的海洋通信网络无法适应业务全面拓展的需求，亟须按照"空、天、岸、海、潜"五位一体的多元异构接入、多网系融合和多元业务承载的思路，发展新型海洋通信网络架构，解决全方位的随遇接入、统一组网和按需服务等问题[339]。对于海洋通信网络，需要进一步研究和发展，才能提高网络覆盖范围、增加带宽容量，并降低时延和成本[173]。同时，还需要制定统一的技术标准和建立联合管理机制，以实现各个通信系统之间的互联互通和协调工作能力，从而满足未来海洋业务多样化的需求，为海事活动和其他相关领域提供更可靠、高效的通信服务。

2.4.2　"四化"方面

1. 海洋农业现代化

海洋农业是海洋经济的重要组成部分，也是保障国家粮食安全、促进农民增收、实现绿色发展的重要途径。实现海洋农业现代化当前所面临的问题主要有以下几方面：

(1) 发展深远海养殖技术、建设海洋牧场须大力推进

传统养殖空间须拓宽，亟须建设海洋牧场，发展深水网箱、养殖工船等深远海养殖技术。2021年海水养殖产量以3.55%的速度增长，比20世纪90年代初(1990—1994年)平均增长17.38%。在我国近海渔业资源日趋枯竭的背景下，深海捕捞已成为渔业经济转型升级和提高水产品市场竞争力的主要方向之一。在当前养殖空间有限、产量需求不断增长的情况下，建设海洋牧场、发展深水网箱、养殖工船等深远海养殖，是缓解近海环境压力、开发海洋空间、促进水产养殖可持续发展的重要策略[380]。

(2) 科技支撑力有待提升，配套设施和管理机制有待完善[394]

在建设智慧型海洋牧场的过程中，面临着科研专业技术团队人才水平、技术能力和核心科技水平支撑要求高等一系列挑战，因此需要进行多学科融合运用，对云计算技术、物联网技术、大数据、3S技术等方面提出更高的要求，并需要拥有丰富经验、高科技水平的专业技术人才。目前国内外智慧海洋牧场的研究主要集中在对平台架构、系统组成以及关键技术等方面进行探索与实践，取得了一定成效。我国的智能海洋牧场在实时监测、风险防控、智能控

制等配套设施服务、功能方面和管理运营团队还有待完善。

(3) 海洋牧场系统建设体系亟待加强

为了更有效地实施生境恢复和资源保护,须加强对技术体系的改进,比如深入探索基本的环境组成原因,对牧场和渔港的微观生态系统进行功能性分析,并对其负荷进行准确的评价,从而实现可持续的发展。为了更好地推进海洋牧场的可持续发展,应当加强陆海联动的力度,构建一个覆盖海洋牧场整个生命周期的专家决策机制,并制定完善的海洋牧场标准,使其能够更好地适应当前的海洋生态环境,同时也能够更好地指导和推进海洋牧场的可持续性和可操作性,从而实现海洋牧场的可持续性发展。随着海洋牧场的多样性、大小和经营方式的变化,对其进行的评估和监督也变得越来越重要,以确保其建设的有序性和优秀的品质,但目前尚缺乏一套成熟的海洋牧场建设效果综合评价体系,因此亟须建立一套科学、切实可行的绩效评价体系来确保海洋牧场建设质量及行业健康发展。

(4) 智慧型海洋牧场建设的技术创新亟须提升

"强化农业科技和装备支撑"是国务院办公厅"全力推进乡村振兴重点工作"的重要组成部分,旨在加强对关键核心技术的突破、促进种植产业的复苏、加快农机的普及应用、实施可持续的绿色发展[380]。我国在渔业科技创新和装备研发领域取得了显著成就,涵盖了从四大家鱼和海水藻、虾、贝、鱼等重点养殖品种的人工繁育技术,到"三网"(围网、拦网、网箱)、增氧设施,再到稻渔综合种养、数字渔业、循环水、立体养殖、盐碱水、陆海接力、南北接力、深远海大网箱等技术和装备的快速示范推广,使我国在国际上由"跟跑"逐渐转变为"并跑"甚至"领跑"
[380]。2022年渔业科技进步贡献率约达65%,为推进"以
养为主"政策、解决"吃鱼难"问题和保障产业持续增长
提供了有力支撑[380]。然而,在新的发展阶段,海洋渔业的
生态优先和高质量发展面临着多重挑战,迫切需要通过科
技创新来解决这些问题,包括但不限于部分重点养殖水产
品的"芯片"不够坚固、渔业智能化核心技术存在"瓶颈"
风险、关键环节的科技支撑不足、健康养殖技术的推广范
围需要扩大以及减污降碳扩绿增长协同效应未得到充分发
挥等[380, 395]。此外,还需建立一套完整的考核指标体系对
各地开展海洋牧场标准化工作进行科学有效的考评,以推
动海洋牧场健康持续发展。

2. 海洋工业现代化

海洋工业现代化对于提升我国海洋综合国力,保障国
家海洋权益,促进海洋可持续发展具有重要意义。然而,
我国海洋工业现代化仍面临着诸多挑战与问题,主要有以
下几个方面:

(1) 海洋科技创新能力不足

海洋科技创新是推动海洋工业现代化的核心动力,但
我国在海洋科技领域仍存在一些薄弱环节,如基础研究不
够深入,关键技术和装备依赖进口,高端人才和创新团队
缺乏,科技成果转化效率低等。在海洋油气方面,我国还
缺乏对深远海油气的关键技术研发和应用;在海洋电力方
面,我国还缺乏对海洋可再生能源的规划设计、生态监测、
智能管理等技术支撑;在海洋化工方面,我国还缺乏对海

水资源和盐类资源的深度挖掘和利用技术。这些问题制约
了我国海洋工业的创新能力和竞争力，也影响了我国在全
球海洋治理中的话语权和影响力。

(2) 海洋工业环境污染严重

目前，我国海洋工业环境污染问题十分突出，主要表
现为油气开采、船舶运输、港口建设等对近岸水域造成严
重污染；废弃物、废液、废气等对养殖水域造成严重污染；
外来入侵物种、病原微生物等对生态系统造成严重破坏。
这些污染问题不仅影响了海洋工业的生产安全和质量，也
威胁了海洋生态安全和人类健康。

(3) 海洋产业结构不合理

我国海洋工业以传统产业为主，如渔业、船舶、油气
等，这些产业虽然规模较大，但增长速度放缓，资源环境
约束加剧，附加值较低。与此同时，新兴产业如海水淡化、
海洋生物医药、海上风电等虽然增长迅速，但规模较小，
技术水平不高，市场开发不充分。这些问题导致了我国海
洋工业的结构不优化，难以适应新形势下的发展需求。

(4) 海洋环境保护滞后

海洋环境是海洋工业发展的基础和前提，但我国在海
洋开发利用中忽视了对海洋生态系统的保护和修复，造成
了一些严重的环境问题，如围填海过度、近岸水域污染、
生物多样性下降、入侵物种扩散、渔业资源衰退等。这些
问题不仅威胁了我国的海洋安全和人民健康，也制约了我
国海洋工业的可持续发展。

因此，我国要实现海洋工业现代化，就必须从多个方
面着手，如加强海洋科技创新体系建设，提升自主研发能

力和核心竞争力；优化海洋产业结构调整，培育壮大新兴产业和战略性新兴产业；加强海洋环境保护和治理，建立健全生态文明制度，实现海洋开发与保护的协调发展。

3. 海洋服务业现代化

海洋服务业是包括直接在海域上提供的各项生产、生活服务以及服务于各海洋领域经济部门、各类涉海企事业的所有服务集合[396]。总体看，我国海洋服务业发展比较落后，具体表现如下：

(1) 海洋服务业数字化程度不高

目前，我国海洋服务业数字化程度还不高，存在着数字基础设施建设滞后、数字技术应用不广泛、数字安全风险不可控等问题。例如，在数字基础设施方面，我国海洋信息网络覆盖不全面，海洋观测数据采集不充分，海洋大数据平台建设不完善；在数字技术应用方面，我国海洋服务业还缺乏对人工智能、物联网、云计算等前沿技术的有效利用，海洋服务业的智能化水平不高；在数字安全方面，我国海洋服务业还面临着网络攻击、数据泄露、隐私侵犯等多种威胁，海洋服务业的安全保障能力不强。

(2) 海洋服务业总体规模相对偏小

我国是人口大国，陆地资源优势并不明显，因此需要海洋经济提供发展空间和动力，我国海洋服务业占 GDP 的比重已达到 4%以上，但是发展规模与发达国家相比较小[396]。

(3) 海洋服务业发展不平衡不充分

目前，我国海洋服务业发展水平还不高，存在着区域发展不均衡、结构发展不合理、质量发展不高效等问题。例如，在区域发展方面，我国沿海地区的海洋服务业发展明显快于内陆地区，东部地区明显快于中西部地区；在结构发展方面，我国传统的海洋交通运输业和滨海旅游业占比较高，而新兴的海洋金融保险业和海洋科教文化体育业占比较低；在质量发展方面，我国海洋服务业还缺乏核心竞争力和创新能力，对外依存度较高，对内带动作用不强。

4. 海洋治理现代化

海洋治理涉及海洋生态保护、海洋资源开发、海洋权益维护、海上安全保障等多个方面，是实现海洋可持续发展和建设海洋强国的重要手段。海洋治理现代化是指运用现代科技手段和管理理念，提高海洋治理的效率、效果和水平，以适应海洋事业发展和国际形势变化的需要。当前面临的问题体现在以下几个方面：

(1) 海域安防

一是海洋全方位综合感知能力有待加强。基于天基、空基、岸基、海基和潜基等平台，通过各类传感器，感知海洋目标、环境、地理及海洋装备等信息，实现对海洋的全海域、全天候、全天时的综合感知尤为重要[339]。与现有的海洋感知网络相比，海洋全方位综合感知对海洋通信网络在多元异构接入、多网系融合和多元业务承载等方面提出了诸多挑战[339]。通过提升海洋信息的感知能力，实现危险信息的智能预警，全方面提升对重点海域情况的掌控能力和对突发事件的预警能力。

二是海洋数据安全存在威胁。在海洋特殊场景中，以海底观测网为代表的海洋物联网与观测平台之间、海洋物联网或观测平台与岸基之间的数据传输都存在易失真、被非法访问、关键数据被篡改、敏感信息泄露等风险，亟须适应海洋环境的安全技术。海洋数据在"上岸"之后，通过有线网络传输进入大数据中心并进行存储、挖掘和共享利用，与传统数据一样面临不同环节的各种安全问题，如数据泄露、恶意访问、高级持续性威胁攻击等[397]。

(2) 海上维权执法

一是常态化联合执法机制有待完善[398]。目前，多部门执法不仅没有达到提高海上执法效能的目的，反而在海上执法职能上出现交叉、重叠[398]。分散执法的体制容易造成执法主体的责任不清和相互推诿；海上行政管理部门较多，对船舶出海人员、渔业生产作业、海上交通等方面的管理存在各自为政的现象，从而对海上治安管控造成不利影响[398]。亟须建立组织化程度更高、约束力更强、作为目标任务导向的部际联席会议，进行常态化的沟通、协调与合作，提高海洋综合治理与执法效能[398]。

二是海上刑事执法难度较大：①由渔业纠纷引发海上案件的犯罪对象一般为渔网等渔业工具，且多数情况是事后调查，因而面临着取证难、现场保护难的问题；②海上各类案件特别是刑事案件的案发现场是航行于海上的各类船舶，事发后需要一定时间方能抵达现场，这段时间内犯罪现场遭到破坏的可能性难以避免；③海面的活动空间大，搜捕犯罪嫌疑人难，且经由之地不会留下任何痕迹，在海上对犯罪嫌疑人实施抓捕和认定的工作难度较大[399]。

(3) 海洋环境监测

海洋环境监测对于预测海洋灾害及保护海洋环境发挥着重要作用，海洋数据是环境监测的基础，目前主要面临以下挑战：

1) 随着多元化高科技海洋监测技术的广泛应用，海洋环境监测的数据呈爆炸式增长，从而对数据存储、管理和分析等提出挑战，特别在数据挖掘方面，如何从海量数据中准确提取有用信息，成为制约海洋环境监测工作的一大因素[400]。

2) 目前大数据集成技术发展迅速，但由于受到政策或技术限制，各部门大多对监测数据进行独立分析，无法及时实现统一的数据处理和信息共享[400]。

3) 随着我国海事活动日益频繁、海洋经济快速发展，近海的岸基移动通信系统、远海的海洋卫星及海底光缆、短波/超短波海上无线通信等呈现融合发展趋势，未来还将朝着水声通信、激光通信等新技术方向发展[397]。然而，海上/水下的无线信号不稳定，因此需要可靠的数据传输技术来确保在高误码率和高丢包率的网络环境中保持数据的完整性，需要适应海洋环境的安全路由技术来保障融合通信中数据不被窃取、篡改和非法访问，需要数据安全风险智能识别技术以在海洋重要通信节点或终端及时发现异常行为、防范数据监听[397]。总之，采用适应海洋环境的数据安全技术，有效保障涉海数据的传输安全，是海洋数据健康发展所必须攻克的难题[397]。

第3章 我国未来展望

3.1 引　　言

海洋不再是传统意义上海岛、海岸线和海洋的简单空间组合，而是随着人类对海洋开发利用的不断深入和综合管控的逐步加强，已经演变为由海洋环境、海上装备和人类活动等多种元素综合作用构成的复杂巨系统[401]。为有助于发展海洋网络信息体系，通过依靠海洋信息技术和海洋信息装备的发展，构建的海洋网络信息基础设施核心由海上信息节点和网络连接组成，前者具备平台、能源、管控及保障等功能，后者具备感知、连接、计算、存储、交换等功能[401]。构建以固定海洋信息装备与机动海洋信息装备相结合的海洋网络信息基础设施新模式，创建海洋网络信息基础设施智能应用，可全面提升海洋工程基础设施水平，进而将其打造成未来海洋经济发展的新引擎[401]。如图 3-1 所示，海洋网络信息基础设施中，固定海洋网络信息基础设施以岸基信息节点、岛礁信息节点、浮动信息节点、水下探测信息节点为核心节点，而机动海洋信息基础设施以水下集群节点、水面集群节点、海空集群节点、通信卫星节点为核心节点[401]。

应用"感知、传送、应用、管控、能源、平台"等海洋信息技术和"固定、机动"海洋信息装备联合构成海洋

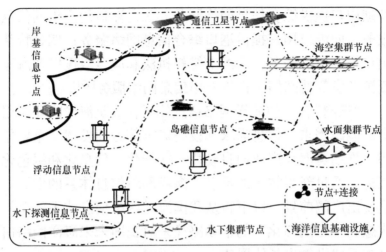

图 3-1　海洋网络信息基础设施示意图[401]

网络信息基础设施，形成"天、空、岸、海、潜"网络化的数字海洋网络信息体系[401]。依托多种类海洋数据通信卫星，建立海洋卫星通信信息网络；以有人机、无人机、飞艇等各类海上移动平台为通信节点，采用移动自组网方式，形成局域性空中宽带自组网络；依托现有长波、短波、超短波及岸海电台站等技术，建设海洋数据水面通信网络；以岸站为核心节点、水下固定式传感器为分支节点，建立水下通信网络[401]。

　　海洋网络信息基础设施提供的海洋综合信息网络服务包括海洋信息服务、海洋通信服务、海洋信息装备租用服务、海上能源保障服务和海洋工程保障服务等 5 部分。重点向 4 类用户提供服务：一是海域用户组网信息服务，为海域作业的各类用户提供海域综合信息网络服务；二是岛礁用户组网信息服务，对重点岛礁周边实施全时监控，为岛礁用户提供综合信息网络服务；三是港口用户组网信息服务，向港口用户提供港口综合信息网络服务；四是特殊用户组网信息服务，为海上维权执法和应急救援以及海洋资源开发等特殊用户提供专用信息网络服务[401]。

"三网"合一的海洋网络信息体系在满足海洋产业应用中的能源需求、信息需求和设备需求等方面发挥了重要作用，推动着海洋产业向自动化、智能化、信息化和绿色化迈进。通过新兴技术的推动，海洋网络信息体系的发展将呈现出广阔前景。以下将从我国海洋网络信息体系的总体构想和"三网四化"的推动路径来对我国未来海洋网络信息体系建设做出具体展望。

3.2 总体构想

3.2.1 发展目标

1. 总体目标

深入贯彻落实党的二十大精神，以习近平新时代中国特色社会主义思想为指导，面向国家全球战略、强国战略，以新发展理念为引领，以技术创新为驱动，以信息网络为依托，通过无人化、网络化、智能化等手段，构建海洋物联网、海洋能源网、海洋信息网("三网")，应用云计算和联网技术，推动"三网"融合，进一步加强海洋网络信息体系全方位能力建设，形成"空天地海潜"一体化的新型基础设施体系("三网一体")，提供数字转型、智能升级、融合创新等服务，支撑海洋农业、海洋工业、海洋服务业、海洋治理等四个现代化("四化")进程，高质量发展海洋、利用海洋，构建以"三网四化"为基础的数字海洋科技产业体系，探索向海图强、向海发展的新路径，加快建设海洋强国。

2. 近期目标

以实现第二个百年奋斗目标为指引，基于数字海洋科技产业体系关键技术及应用，构建海洋物联网、海洋能源网、海洋信息网高度融合的数字海洋新基建的"三网"技术架构。完善海洋网络信息体系，实现部分关键设备和软件自主化，深化重点区域海洋基础设施建设，推进海洋信息获取能力的全球化。以"三网一体"的基础设施，加速推动海洋四个现代化；建立独立自主可控的海洋大数据服务中心，加强示范海域信息立体化感知和海洋资源开放共享，以此发挥海洋的社会效益和经济效益。

3.2.2　发展思路

1. 谋划数字海洋新基建

人类文明已进入信息时代，但海洋的基础建设还处于"游牧"时代，成为时代发展的洼地。"新基建"是新型基础设施建设的简称，以新发展理念为指引，以科技创新应用为支持，以促进经济社会高质量发展为目的，是 5G 技术、人工智能、工业互联网和物联网等基础设施数字化及智能化产物[402]。2020 年 3 月，中共中央政治局常委会召开会议强调，要加快 5G 网络、人工智能、大数据中心等新型数字新基建建设[403]。数字海洋新基建即是利用这些先进技术对海洋领域进行新型基础设施建设和升级改造，提升海洋智能化水平和产业发展能力，促进海洋与数字经济的深度融合，主要包括建设海洋数据智能化、云化存储和分析中心，开发支持海洋数据共享、开发和应用的海洋数据中心；开发支持海洋资源探测、环境监测、生态保护和安全防范等各方面应用的海洋人工智能技术；搭建能推进海洋与信息技术深度融合、提高海洋信息化水平的海洋云平台；构建实现海洋智能化、自动化、无人化和信息化的海上物联网全球生态系统。

总之，数字海洋新基建将成为海洋领域跨域发展的颠覆力量。其实质是探索国家主导、企业市场主体、创新驱动、合作发展的建设模式，旨在将新一代信息技术与海洋环境、装备和活动深度结合，构建以海洋信息基础设施为依托、整合各类信息资源的海洋信息体系，以实现海洋信息透彻感知、通信泛在随行、数据充分共享、服务个性智能[404]。随着观测数据的增加，海洋领域已经全面进入大数据时代，数据量的空前增长使常规方法分析数据变得越来越困难。作为智能感知与物联网技术的集合，数字海洋新基建可大幅提高海洋观测数据的采集、加工和分析效率，将"智慧海洋"概念落地实现：通过大数据对海洋资源进行合理的开发利用和管理，有助于全球海洋治理和国际合作；通过由数据到服务的海洋信息领域的跨域融合，促进海洋科学研究和海洋太阳能、海洋生物、海水淡化等技术的进一步发展，同时对海洋渔业、海洋油气开采、海洋交通运输业和海洋旅游业等产业结构进行优化，为海洋经济发展提供新动能；通过对海洋环境进行实时监测和评估，有助于及时发现并解决海洋污染、生态破坏等问题，促进海洋生态的可持续发展；通过加强海域监视和预警能力，有效预防和应对海上恐怖袭击、海盗活动、非法渔业和海洋环境灾害等问题，维护国家海洋安全。

2. 完善海洋产业体系

构筑产业体系新支柱，聚焦新一代信息技术、生物技术、新能源、新材料、高端装备、新能源汽车、绿色环保以及航空航天、海洋装备等战略性新兴产业，加快关键核心技术创新应用，增强要素保障能力，培育壮大产业发展新动能。前瞻谋划未来产业，在类脑智能、量子信息、基因技术、未来网络、深海空天开发、氢能与储能等前沿科技和产业变革领域，组织实施未来产业孵化与加速计划，谋划布局一批未来产业。

坚持陆海统筹、人海和谐、合作共赢，协同推进海洋生态保护、海洋经济发展和海洋权益维护，加快建设海洋强国。建设现代海洋产业体系，围绕海洋工程、海洋资源、海洋环境等领域突破一批关键核心技术。培育壮大海洋工程装备、海洋生物医药产业，推进海水淡化和海洋能规模化利用，提高海洋文化旅游开发水平。优化近海绿色养殖布局，建设海洋牧场，发展可持续远洋渔业。建设一批高质量海洋经济发展示范区和特色化海洋产业集群，全面提高北部、东部、南部三大海洋经济圈发展水平。以沿海经济带为支撑，深化与周边国家涉海合作。

3. 打造可持续海洋生态环境

打造可持续海洋生态环境，探索建立沿海、流域、海域协同一体的综合治理体系。严格围填海管控，加强海岸带综合管理与滨海湿地保护。拓展入海污染物排放总量控制范围，保障入海河流断面水质。加快推进重点海域综合治理，构建流域-河口-近岸海域污染防治联动机制，推进美丽海湾保护与建设。防范海上溢油、危险化学品泄漏等重大环境风险，提升应对海洋自然灾害和突发环境事件能力。完善海岸线保护、海域和无居民海岛有偿使用制度，探索海岸建筑退缩线制度和海洋生态环境损害赔偿制度，自然岸线保有率不低于 35%。将海洋技术投入向海洋环境治理倾斜，积极利用高新技术来攻克重大难题并发展关键技术；以先进的信息技术武装城市海洋管理力量和平台，全面提升海洋环境治理能力[405]。在"双碳"目标的引领下，大力发展蓝碳经济，不仅有助于维护海洋生态环境，还可为修复和保护海洋生态系统提供资金支持，进而推动海洋生态形成良性循环，实现可持续发展的海洋经济，助力实现"碳达峰、碳中和"[405]。

4. 深度参与全球海洋治理

深度参与全球海洋治理，积极发展蓝色伙伴关系，深度参与国际海洋治理机制和相关规则制定与实施，推动建设公正合理的国际海洋秩序，推动构建海洋命运共同体。新的规则需要平衡发展中国家与发达国家的关系、平衡沿海国家与内陆国家的关系、平衡人类与海洋的关系、平衡当前利益与未来利益的关系。深化与沿海国家在海洋环境监测和保护、科学研究和海上搜救等领域务实合作，加强深海战略性资源和生物多样性调查评价。参与北极务实合作，建设"冰上丝绸之路"。提高参与南极保护和利用能力。加强形势研判、风险防范和法理斗争，加强海事司法建设，坚决维护国家海洋权益。有序推进海洋基本法立法。

3.2.3 推进策略

1. 构建世界级数字海洋战略科技产业集群

基于互惠互利、优势互补、共同发展的思路，充分结合某些海洋中心城市相关政策、资金优势和大型国有企业人才、科技优势，以"三网四化"科技体系建设为引领，主要围绕国家重大产业需求和重大技术突破的双重大目标，建立数字海洋科技产业创新机制，开展区域应用示范建设，以示范建设产业链部署创新链、围绕创新链布局产业链，构建海洋科技产业生态，带动沿海省市（区）数字海洋科技产业集群形成内循环，并依托海上丝绸之路，服务周边地区形成产业集群外循环，最终打造成世界级海洋信息战略科技产业集群。

2. 打造以智能无人航运为牵引工程的先导性产业布局

(1) 构建以智能无人航运为应用示范的牵引工程

推进以无人航运应用为典型场景的海洋一体化管理体系建设。巩固提高海洋管理一体化国家战略体系和能力，在"三网四化"科技体系建设引领下，探索建立我国海洋一体化管理体系，以无人航运示范应用打造试点先行样板，探索无人航运产业高效的管理机制、运营模式和技术服务标准体系，为全球全域管理贡献中国方案。

(2) 构建海洋"四化"典型应用

第一，以智慧渔业为抓手的海洋渔业。面向海洋渔业产业发展规模化、监管现代化需求，打造以渔港、渔船、渔产、渔民、渔市等为核心的智慧渔业体系化解决方案，增强渔业资源市场匹配交易能力，提升政府渔业监管能力，构建智慧渔业产业规模化发展。

第二，以海洋无人智能体系为抓手的海洋装备制造。海洋装备制造主要开展海洋无人智能装备研发与制造，通过打造无人潜航器、低成本轻量型智能浮台等关键装备以及水上水下无人协同观测平台等系统级产品，逐步构建通用化的无人智能装备研制能力和场景化的业务服务能力。

第三，以无人航运为抓手的海洋航运。面向港航智能化管理建设需求，开展港口码头信息化智能化升级改造，实现航运环境感知数字化、港区生产调度自动化；开展大型无人货运电船及核心元器件研发，构建无人货运船舶高端生产线，实现海洋航线无人化突破。

第四，以海上执法安防为抓手的海洋治理。保护海上安全，针对非法走私、非法捕捞、非法采砂等违法事件，打造智慧海防信息化平台，建设智慧海洋海上执法情报网络、传输网、无人智能查证手段与信息决策平台，开展全方位的海上情报采集、海上现场取证、目标跟踪、情报研判等业务。

3.2.4 发展重点

1. 强化宏观调控，注重体系建设

形成国家主导、企业主体、市场驱动的联合建设模式。

由国家发改委、工信部、科技部等部委以及沿海省市(区)地方政府相关部门牵头或联合提出业务需求,把控建设发展方向,并引领和主导体系的建设和实施;以国有大中型企业,特别是从事电子信息领域央企作为建设主体,积极发挥国家海洋信息产业发展联盟平台作用,联合行业内骨干力量、多方参与、互惠共赢,共同开展数字海洋科技产业体系论证和重点重大工程建设实施;以行业市场为驱动,发挥市场资源配置作用,高效对接供给侧需求。体系建设总体按照"需求牵引、联合共建、分步实施、示范先行、长期演进"原则和思路进行。

2. 强化政策引导,推动多元融资

发挥财政金融引导作用,建立多元化"政府+企业+市场"金融投入模式,助力数字海洋科技产业快速发展。在财政金融政策方面,完善以财政为引导的海洋经济投融资政策,鼓励和引导民间资本参与数字海洋科技产业发展,建立"政府+企业+市场"等多元化的投融资机制,支持数字海洋科技产业发展;支持金融机构更积极地向海洋传统产业和新兴产业提供信贷支持,利用信贷资源优化配置来引导和调整数字海洋科技产业的投资结构,支持有实力、有潜力且符合条件的涉海企业上市融资;探索设立专项基金以促进数字海洋科技产业的发展,鼓励各类创业投资基金向小型微型海洋科技企业倾斜;探索海洋自然灾害保险的运作机制,推出一种由被保险人、保险公司、相关政府和融资市场共担风险的保险和担保机制[406]。

3. 优化标准机制，创新管理模式

形成综合业务集聚、共建共享共创、数据信息增值、互惠共赢的盈利模式。按照"体系建设、标准先行"的理念，统一管理规范和标准。海洋信息产业建设运营，需要针对业务管理、质量管理、安全管理、风险管理等依托法人实体成立专门组织架构，明确管理职责，严格规范流程，实施统一管理；体系运营方面应以市场化思维、用户核心价值、服务理念，在信息平台开放、产品定位开发、体系方案优化、业务服务流程、产品计费方式、工程服务保障等方面通过价值流动构建精益高效的运营机制，并通过大数据、云计算、人工智能等新一代信息技术实现信息的增值服务，形成互惠共赢的盈利模式。

4. 发达省市先行，建立产业示范

以"三网四化"科技体系建设为引领，优先发展沿海发达省市数字海洋科技产业，推进数字海洋科技产业试点示范落地。基于沿海发达省市(区)良好的经济与科教基础，由地方政府组织集中周边涉海科研机构、企业和高校等优势科研力量，加强海洋科技人才培养与资金政策倾斜，打造地区海洋科技创新示范性平台。面向海洋渔业、海洋盐业、海洋化工业等海洋传统产业以及海洋信息基础产业、海洋信息服务运营产业等海洋新兴产业需求，规划一批达到国际先进水平的数字海洋科技产业重大科技工程，突破一系列海洋重点难点技术，促使科技成果快速转化为现实生产力，建立起科技创新与产业发展相互促进的正反馈效应机制，从而带动沿海省市(区)数字海洋科技产业发展。

3.2.5 建设原则

海洋网络信息体系的建设依照四个关键性原则：交互协同、分布式架构、创新生态以及信息安全。这些原则成为海洋网络信息体系发展的重要支撑。

1. 交互协同

在当前全球化的背景下，海洋网络信息体系的建设强调了全球范围内的设计、建设、共享的重要性。由于海洋资源的公开性质，需要各国、各组织进行交互式协同合作才能充分发挥其潜力。例如，ARGO 项目便是一个典型的案例，由全球 35 个国家和团体在全球范围内合作实施。这不仅在海洋观测设备的布放上实现了协同，更重要的是在海洋数据信息的共享上取得了显著的成效，为全球科研工作者提供了海洋环境、气候变化等方面的宝贵数据。

2. 分布式架构

海洋网络信息体系作为全球信息网络体系的重要组成部分，其数据来源广泛，从海洋到陆地，从天空到地下。为了管理这样庞大和复杂的数据系统，需要一个高效、稳定的分布式网络架构。在过去的一年，边缘计算技术在海洋信息领域取得了新的突破，通过将数据处理和存储分布在接近数据源的设备，实现了更高效的数据分析和决策，同时大大减少了数据传输的延迟和网络负载。这种分布式架构为海洋网络信息体系的大规模运行提供了重要支撑。

3. 创新生态

一个健康的创新生态是推动海洋网络信息体系持续发展的重要动力。这需要从政策法规的制定、技术研发到应用推广形成一个良性循环，不断吸引更多的人才和资本参与。2022 年，人工智能技术和大数据技术在海洋信息领域取得了显著的应用成果，比如，人工智能被用于自动分析海洋数据，帮助科学家快速了解海洋环境的变化，而大数据则被用于分析海洋生态系统的健康状况，为制定有效的海洋保护政策提供了重要依据。这些技术创新不仅推动了海洋网络信息体系的发展，同时也引发了更多的科技创新和应用探索。未来，更多的新技术和创新成果，如量子通信、区块链等，有望被引入海洋信息领域。

4. 信息安全

在大数据和云计算等技术深入应用的背景下，数据安全和隐私保护的重要性日益凸显。在海洋网络信息体系中，数据来源广泛，包括海洋环境数据、生物资源数据、航行信息数据、海洋自然灾害数据等。这些数据的收集、存储、处理和传输过程中，如何有效地保障数据安全，避免数据泄露、数据篡改和非法利用，是当前和未来都需要重点关注的问题。例如，新兴的加密技术，如同态加密，可以在保证数据隐私的同时，让数据可用于计算和分析，这为保障海洋信息数据的安全提供了新的解决方案。此外，区块链技术的应用也可以有效防止数据篡改，确保数据的真实性。同时，海洋信息涉及的各类主体，包括政府、企业、个人等，其数据隐私权利需要得到充分尊重和保护。

3.2.6　系统布局

数字海洋科技产业集群建设要系统思考、体系谋划，从制度、金融、科技、产业等方面统筹布局，充分结合我国涉海企事业单位自身优势，深入研究产业发展趋势，制定专项行动计划，确定阶段性行动目标。

1. 制度体系推进

(1) 建立联合专项工作组

由各海洋区域城市的政府部门引导，涉海企事业单位共同参与，建立区域数字海洋科技产业联合专项工作组，统筹推进数字海洋科技产业战略合作，谋划打造数字海洋新基建战略产业集群。

(2) 挂牌成立科技产业创新机构

成立实体数字海洋科技事业单位创新机构，建立"理事会+管理层"的治理架构，采取理事会领导下的主任负责制。

2. 金融体系推进

(1) 争取国家部委专项政策与资金支持

争取国家发改委对数字海洋科技产业进行专项支持，争取工信部、交通运输部在频谱资源划拨、产业政策支持及先期投入方面予以资金支持。

(2) 完善市区级财政扶持政策支持

推动海洋经济优势省市建立数字海洋新基建专项资金，重点扶持发展数字海洋科技产业技术研发创新、科技成果转化与产业化，推动成立专项资金扶持，推动创新机构运行、创业公司孵化等。

(3) 引入社会资本进行企业投资

鼓励金融机构加大信贷支持力度，利用信贷资源的优化配置引导和调整海洋产业投资结构；对符合条件的数字海洋科技产业企业提供上市融资支持；鼓励各类创业投资基金投资小型微型海洋科技企业。

3. 科技体系推进

(1) 合力推动建设科技创新网络

支持大型国企统筹技术研发和整合工作，通过创新机制、联合研发、开放平台共建等方式，构建紧密合作的创新网络，为打造领先的数字海洋科技产业体系提供有力支撑。

(2) 打造科技创新发展平台

支持基于创新机构申报院士工作站、省部级实验室、集团产业实验室等科研创新发展平台，聚焦海洋科技产业"A+B"关键技术(A 指工业软件，B 指公共基准、工业母机和实验样机)，广泛联合国内外优势企事业单位、科研院所等产学研用实体，联合带动海洋信息科技创新与产业孵化。

4. 产业体系推进

(1) 提供产业基金资金扶持

争取建立数字海洋科技产业专项及产业发展专项资金，综合运用沿海经济发达城市产业发展基金、创新创业基金及社会资本建立的发展基金，对海洋科技项目予以优先保障。

(2) 推动开展产业工程示范

以"国家重大工程+区域先行示范+产业生态"产业发展路径,结合产业化推进程度,先期推动在无人船水质监测、土地监测等业务领域发展应用,谋划国家重大工程;聚焦沿海经济发达省市,开展数字海洋科技产业工程建设,形成区域应用示范。

(3) 形成产品推广市场

研制数字海洋科技产业领先成熟产品谱系,如智能无人电船、海洋供能模组、复合海洋电源微系统、海洋能源管理芯片等,建立数字海洋科技产业联盟,有效汇聚优势力量,打造开放共享的试验基础设施,通过广泛联合、优势互补、扩大宣传等手段,快速构建产业发展生态。

第4章 我国热点亮点

4.1 概　述

近年来，我国海洋网络信息体系建设无论是在关键技术上还是在行业应用上，均取得了可喜成绩。同时，我国在国际上发起并主持海洋科学方面的重大项目，在为全球海洋治理提供科学解决方案上占有一席之地。

在关键技术上，"三网"均取得了重大进展。海洋物联网方面，"南海立体观测网"持续开拓构建，海洋环境认知能力显著提升；多代深海坐底长期观测系统经受考验，有望成为原位、长期、连续通用的水下观测探测平台；第二代海底有缆珊瑚生态在线观测系统海试完成，近岸海洋生态学及多学科交叉研究得到重要支撑；东海多圈层立体塔基观测平台启动，满足多方位观测需求和应用需求。

海洋能源网方面，半潜式海上漂浮式光伏发电平台交付，新一代海上风电安装船在烟台开工，自升式风电安装平台顺利铺设，潮流能发电机组"奋进号"在舟山启动，深远海浮式风电平台"海油观澜号"成功并入文昌油田群电网并开始为海上油气田输送绿电。

海洋信息网方面，全球高分辨率油膜数据集成功构建，为能源开发和海洋治理提供重要决策依据；沉积物重力活塞岩芯取样再获新纪录，规律认识再深化；无人自主航行技术取得突破性进展，开创了无人探测新时代。在国际合作研究方面，我国某研究所牵头发起的"海洋与气候无缝预报系统"(Ocean to Climate Seamless Forecasting System，OSF)大科学计划和"多圈层动力过程及其环境响应的北极深部观测"(Arctic Deep Observation for Multi-Sphere Cycling)国际合作研究计划项目获批联合国"海洋十年"行动[407]。

在行业应用方面，我国从基础设施到政策法规和产业能力，均显示出十足的发展潜力和广阔的发展前景。

一是在基础设施上，智能敏捷海洋立体观测仪、海底数据舱等一批亮点项目开始实施，为应对复杂海洋任务、以海洋科技创新作为驱动力提供了样板；同时，若干海洋综合试验场陆续投入运营、水下控制系统核心装备技术取得突破、浅水水下生产系统和深水可遥控生产平台成功投产、全国产化百吨级无人艇顺利完成自主航行，标志着我国在经略海洋上迈上新的台阶。

二是在政策法规上，国家和多省市紧紧围绕发展海洋经济、建设海洋强国这条主线从决策层面大力推动海洋现代化建设。《国务院关于落实〈政府工作报告〉重点工作分工的意见》中明确提出要发展海洋经济；广西壮族自治区发布了《广西大力发展向海经济建设海洋强区三年行动计划(2023—2025 年)》；深圳市发布了《深圳市海洋发展规划(2023—2035 年)》；青岛市印发了支持海洋经济发展的综合性产业政策"海洋 15 条"，并发布了《贯彻落实青岛市支持海洋经济高质量发展 15 条政策的实施细则》；此外，在推动海洋牧场实现现代化方面，还颁布了《海洋牧场建设技术指南》。

三是在产业能力上，2022年我国海洋产业顶住压力，发展韧劲持续彰显，海洋经济总量实现平稳增长。

4.2　关键技术

我国在海洋物联网、海洋能源网和海洋信息网的关键技术方面取得了出色成绩。在海洋物联网方面，关键战略海域观测网的构建为生态监测和信息获取保驾护航，同时，东海多圈层立体塔基观测平台可满足多方位的观测需求和开发并治理海洋的应用需求；在海洋能源网方面，海上风电、光伏发电、潮流能发电取得突破进展，海上绿电输送已正式实施；在海洋信息网方面，通过SAR影像构建的全球高分辨率油膜数据集为能源开发和海洋治理提供重要决策依据，沉积物岩心取样增进了对深海矿产分布特征及成矿规律的认识，天基卫星和海基无人船及无人航行器为海洋环境监测、水下探测、海底测绘提供重要手段。

4.2.1　海洋物联网

1. "南海立体观测网"的构建与信息保障应用取得重要突破(热点)

南海作为中国构建海洋强国的关键战略海域，对于实现其复杂海洋环境的三维网络观测和信息保障应用有着重大的意义。南海观测研究团队利用40套自行研发的实时和自驱深海潜标为主要观测工具，有效地整合了中国的海洋系列天基遥感卫星，以及国内研制的长航程水下滑翔机等多种观测装备，构筑了海地空天一体化区域海洋观测系统——"南海立体观测网"[408]，实现了南海复杂多变的海洋环境全天候、全海域长期连续实时观测，为南海的水下环境安全保障及深水导管架平台"海基一号"安装施工的海洋环境信息保障做出重要贡献。

2. 多代深海坐底长期观测系统布放突破多项关键技术(亮点)

多代深海坐底长期观测系统(LOOP)在我国南海冷泉区布放多年，在水下耐腐蚀技术和能源管理技术等关键领域取得突破[409, 410]。该系统以新模式进行水下布放和回收，实现了对观测区域高清影像、近海底理化参数及保压流体样品等数据的综合获取。LOOP 为以实时视频为指导的缆放式着陆器[409, 410]。在布放过程中，通过搭载的水下高清摄像头实时监测着陆点位置，借助科考船的配合，可相对精确地控制布放位置，且在海底着陆后仍可通过同轴缆根据实际情况调整观探测参数，以确保观探测效果最优；回收时则通过同轴缆直接回收[409, 410]。LOOP 提供了一种创新、可控的布放和回收模式，有望成为原位、长期、连续通用的水下观探测平台[409, 410]。

3. 第二代海底有缆珊瑚生态在线观测系统顺利完成海试(亮点)

2022 年 8 月，福建台湾海峡海洋生态系统国家野外科学观测研究站(简称"台海站")东山实验场在东山近岸海域顺利完成第二代海底有缆珊瑚生态在线观测系统[411](Coral Ecosystem Cabled Observatory, CECO-II)为期两个月

的海试工作，运行状态良好，数据已正式入库至厦门大学
海洋监测与信息服务中心(MMIS)的海洋云平台(图 4-1)。该
系统具有实时传输、水下宽视角、运行稳定、维护简便、
环境友好等优点，可为近岸海洋生态学研究及多学科交叉
研究提供关键技术支撑。该系统的正式上线，满足了珊瑚
生态系统长期原位观测的需求，推动了珊瑚生态监测和研
究工作中相关问题的解决，提高了我们对高纬度造礁珊瑚
如何响应全球气候变化这一问题的认识，并助力我国高纬
度珊瑚的保育与生态修复工作的开展。

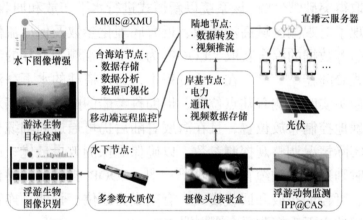

图 4-1　　CECO-II 系统主要结构组成示意图[411]

4. 东海多圈层立体塔基观测平台启动陆地建造(亮点)

2023 年 4 月，海底科学观测网国家重大科技基础设施
的标志性构筑物——东海多圈层立体塔基观测平台[412]在
青岛启动陆地建造。此次开工建设，标志着我国立体塔基
观测平台陆地建造正式开工。该平台拟搭载至少 66 种、195
台观测仪器，建成后可实现大气圈、水圈和岩石圈的全方

位、综合性、长期实时的高分辨率立体观测，满足海洋资
源开发、环境监测和灾害预测等方面的综合需求[413]。

4.2.2　海洋能源网

1. 半潜式海上漂浮式光伏发电平台交付(热点)

2023 年 4 月，我国拥有自主知识产权的半潜式海上漂
浮式光伏发电平台正式下水安装(图 4-2)。该平台配置单个
浮体方阵 4 个，装机总容量达 400kWp，平台总净甲板面
积为 1900m² 左右[414]；包括浮式结构支撑系统、浮力材料
系统、多体连接及系泊系统、护舷防撞系统、光伏发电及
逆变系统、智能监测系统、动态海缆输电系统及电力消纳
系统等 8 个系统[414]；在浪高 6.5m、风速 34m/s、潮差 4.6m
的开阔性海域仍可安全运行[414]。

图 4-2　半潜式海上漂浮式光伏发电平台正式下水安装[414]

该光伏发电平台自 2023 年 3 月下旬安装到位以来，多
次经历 8 级以上大风考验，验证了半潜式海上漂浮式光伏

的可行性，为后续产品开发、规模化应用、度电成本的论证提供了可靠依据，为推进"半潜式光伏走向深远海"提供了探索示范和引领路径[414]。

2. 新一代海上风电安装船在烟台开工(热点)

2022 年 7 月，某海洋工程有限公司为荷兰 Van Oord 公司建造的 Van Oord JUV BOREAS 大型风电安装船在烟台建造基地举行开工仪式[415]。海上风电安装船是对海上风机和基础进行运输、并配备适合各种安装方法的起重设备和定位设备。该项目由丹麦 KEH(Knud E. Hansen)公司设计，目前是行业内起重能力最强的风电安装船之一[415]。船体总长 176m，型宽 63m，型深至主甲板 13.2m，最大作业水深 80m，定员 135 人，甲板面积超过 7000m²[415]。另外，该船采用了三角桁架桩腿，桩腿长 127.4m，为满足清洁环保的排放标准，船上配备有 2900m³ 甲醇储舱及 5 台甲醇双燃料主机，已通过挪威船级社(DNV)认证[415]。该项目的成功建设，将有力推动我国海上风电项目的发展和落地。

3. 自升式风电安装平台顺利铺设(亮点)

2022 年 11 月，"神大 101 号""神大 102 号"两座 1200 吨风电安装平台顺利进入龙骨铺设阶段[416]。两平台入级中国船级社(CCS)，船体总长 106.6m，型宽 44.2m，型深 8.45m，设计吃水 5m，最大作业水深 60m，最大吊装高度 185m，适用于无限航区航行和作业[416]。平台采用流线型船艏、方型艉部、全焊接钢质船体、中部双层底的驳船船型，由船体、4 个圆柱桩腿、4 套液压摇销式升降系统等组成，艏部左舷配有一台 1200 吨绕桩式主起重机，艉部左舷设置一台 300 吨绕桩式辅起重机[416]。整个平台采用全电力驱动，具有辅助操作、推进功能和 DP1 动力定位能力，可实现从码头到海装机位的一体化运输吊装[416]。

4. 潮流能发电机组"奋进号"在舟山启动(热点)

2023 年 2 月，潮流能发电机组"奋进号"在舟山秀山岛成功下海(图 4-3)，经试运行一个月后并入国家电网，装机容量达 3.3MW，总装机容量和发电量均居世界前列[417]。此次下海的"奋进号"机组，是潮流能第四代单机兆瓦级机组，总重 325 吨，额定功率 1.6MW，设计年发电量 200 万 kWh，预计可减少二氧化碳排放 1994 吨[417]。

图 4-3　潮流能发电机组"奋进号"

5. "海油观澜号"成功并入文昌油田群电网(热点)

2023 年 5 月,我国深远海浮式风电平台"海油观澜号"成功并入文昌油田群电网并正式为海上油气田输送绿电(图 4-4)[418]。"海油观澜号"位于离海南文昌 136km 的海上油田海域,由风力发电机、浮式基础、系泊系统和动态缆组成,装机容量 7.25MW,所产生的绿电通过长达 5km 的动态海缆接入海上油田群电网[418]。投产后,年发电量将达 2200 万 kWh,全部用于油田群生产用电,每年可节约天然气近 1000 万 m³。海上油田电力系统是海上油气平台的动力命脉,日常生产作业和生活基础要消耗大量的电能,需要靠其提供稳定的电源。目前国内外海上油田均采用化石能源提供电能。文昌油田群电网通过多个油田的电力组网实现了海上油气电力高稳定性供应,同时通过接入大容量的可再生能源发电机组,为未来海上油气田高比例利用新能源电力提供依据,是我国打造海上绿色低碳新型电力系统的有效尝试[418]。

图 4-4　深远海浮式风电平台"海油观澜号"[418]

4.2.3 海洋信息网

1. 全球海面油膜遥感监测取得重要进展(亮点)

厘清海面油膜的自然/人为来源比例对海洋可持续发展至关重要，但油膜的分布广泛、位置不定、过程短暂、形态多变等特性，使得全球尺度海面油膜分布特征不清晰，也很难确定不同来源的贡献比例[419]。研究团队分析了 2014—2019 年 56 万余景 SAR 影像，提出了半自动化海面油膜识别-提取-分类框架[420]；构建了全球高分辨率的油膜数据集，并观察到 21 条与航线高度匹配的高密度油膜带。此外，还建立了较为全面、位置明晰的油膜持续排放源清单。研究发现，人类活动是全球海面油膜的主要来源，过去 20 年中人类活动对海洋石油污染的影响被严重低估。这项研究为海洋能源开发、污染治理和环境监管提供了先验知识与决策依据[421]，同时也为实现联合国可持续发展目标 14——保护和可持续利用海洋及海洋资源以促进可持续发展——提供了科学和规范基础。

2. 沉积物重力活塞岩芯取样再获新纪录(亮点)

某重点实验室于 2022 年成功组织实施了西太平洋底质调查航次和西印度洋底质和底栖生物调查航次。在西太平洋底质调查航次中，实现了"向阳红 01"船 30m 重力活塞取样的业务化应用，在 6000 多米的海底获得了 25.45m 沉积物长岩芯，进一步深化了对深海稀土分布特征、成矿规律的认知。在西印度洋底质和底栖生物调查航次中，取得了系列沉积物长岩芯，其中最长达 19.3m，创造了专项任务沉积物岩芯的最长纪录，也是我国迄今为止在印度洋采集的最长重力活塞沉积岩芯，为研究印度季风演化、海陆相互作用、印度洋偶极子演化过程及其与气候变化之间的联系等提供了支撑[422]。目前大多数沉积物重力活塞岩芯采样器只能沿直线下降和采集，未来可结合传感器技术，实现深海岩芯采集器的实时监测和反馈，更加精准地采样和测量，提供数据保障和操作反馈。

3. 海洋监视监测雷达/动力环境卫星星座(热点)

2022 年 4 月，1 米 C-SAR02 卫星(高分三号 03 星)升空，与已在轨运行的首颗 1 米 C-SAR 业务卫星(高分三号 02 星)及高分三号科学试验卫星实现三星组网运行，卫星重访与覆盖能力显著提升，标志着我国海洋监视监测雷达卫星星座正式建成[423]。1 米 C-SAR 业务卫星由两颗指标性能一致的卫星组成，能够获取多极化、高分辨率、大幅宽、定量化的海陆观测数据；相比于高分三号卫星，在成像质量、探测效能及定量化应用等多个方面做了提升[424]。三颗卫星完成组网后，平均重访时间由 15 小时缩短至 5 小时，能够为海洋环境监测与海上目标监视、自然灾害与安全生产事故应急监测、土地利用以及地表水体等多要素观测提供高时效且稳定的定量遥感数据，满足业务化应用需求[423]。

2022 年 7 月，海洋二号 D 卫星投入业务化运营，与海洋二号 B/C 卫星组网，形成全天候、全天时、高频次全球大中尺度的海洋动力环境监测体系，为新时代海洋强国建设提供重要支撑，为人类更好开发、利用、保护、管控海洋提供"中国力量"[425]。

4. 近海海域的海底基础调查工程成功实施(热点)

2022 年的 6 月至 9 月期间，某调查中心利用"作业母船+无人船"集群测绘作业模式，成功完成了年度首个大湾区近海海域海底基础调查项目。该模式极大地提升了测绘效率：原先需要 16 个人员和一艘 500 吨的测量船在半年时间内完成的工作，现在只需 5 艘总重 15 吨的无人艇，在短短 61 天内就完成了 28000km 的海上测绘。此突破性进展预示着广域异构跨域组网协同控制技术已成熟并得到应用[426]；这些技术，包括利用母船运载、布放和指挥无人船艇集群作业，将成为海洋科学前沿研究的强大工具，并为解决众多海洋科学考察实际问题提供智能高效的帮助。

5. 海空两栖无人航行器"哪吒 IV"试验成功(热点)

海洋技术团队近期研发的创新型海空两栖无人航行器"哪吒 IV"在真实海洋环境下成功完成了自主飞行、水下潜航和海空跨域航行全流程试验[427]。该试验中，"哪吒 IV"实现的最大下潜深度达到了 60m。据详细资料介绍，这款新型无人航行器的自重为 21kg，最大载荷为 7kg，设计工作深度为 100m，最大飞行高度可达 200m。其采用可折叠、模块化的设计理念，完全展开时尺寸为 1.4m，折叠后的尺寸则分别为 0.96m 和 0.62m。结合了无人机和自主水下航行器的功能，"哪吒 IV"具备了卓越的机动性能，尤其适用于应急搜救以及水下探测等领域。研制的"哪吒 F"[428]，经过实际的千岛湖测试，具有完全自主的空中巡航能力、反复跨越介质能力、水下连续定深能力以及自主返航回收能力。能在水下长时间隐蔽潜航，水下续航长达 29 小时，远长于现有其他的海空两栖航行器的水下续航时间，安全下潜深度为 8m，水下连续定深误差小于 5cm。

4.3　行　业　应　用

4.3.1　基础设施

1. 智能敏捷海洋立体观测仪(亮点)

2022 年 11 月，"智能敏捷海洋立体观测仪"项目正式立项。当前，海洋资源开发、海洋经济发展、海洋科技创新、海洋生态文明建设等方面的活动日益增加，亟须提升快速、机动、高效地获取高时空分辨率海洋信息的能力，而发展和巩固这一能力的关键在于自主研发先进的海洋观测仪器设备，并实现基于不同仪器设备的智能化组网观测。该项目将以智慧母船为支撑载体，通过空、海、潜无人平台跨域协同组网，研制一套"智能敏捷海洋立体观测仪"(图 4-5)，解决广域异构无人节点集群组网协同控制、复杂海洋环境下的高可靠跨域异构组网通信、广域跨介质环境下的时间同步与定位导航、数据可视化与科考作业管理、适用于复杂任务场景的多功能无人节点等关键技术问题，实现对复杂海洋任务的智能、快速、同步、立体观测。

2. 海底数据舱(亮点)

我国商用海底数据中心首舱在海南陵水下水(图 4-6)[429]，

图 4-5   "智能敏捷海洋立体观测仪"系统架构

图 4-6   我国商用海底数据中心首舱在海南陵水下水

数据中心包括岸站、水下中继站、水下数据终端和海缆四个部分。岸站负责电力、网络接入和中央监控等设施；水下中继站是中间接续水下设施的统称，负责电力及网络分发、控制和回传；水下数据终端则集中放置电子信息设备和水下设施[429]。其中，水下中继站和水下数据终端均被部署在特定目标海底[429]。海底数据中心的核心设备是呈圆柱形罐体状的海底数据舱，舱内保持恒湿、恒压和无氧的安全密闭环境[429]。该数据舱重量为 1300 吨，罐体直径达3.6m，与"天和号"空间站核心舱相当，结构设计寿命25年，应用水深超 30m。利用海洋作为自然冷却源，将服务器安置于海底的数据舱内，具有省电、无需淡水、节约土地资源、高安全、高算力和快速部署等优点[429]。

3. 水下控制系统核心装备研制成功

在渤海浅水油田开发项目中，攻克了水下控制系统的主要核心技术和装备制造技术——水下控制模块(SCM)(图 4-7)[430]。SCM 是水下控制系统的"大脑"，是集机、电、液、光一体化的设备，核心部件都要通过高温、高压、

图 4-7　水下控制模块[430]

高强度冲击振动的测试，需要解决很多学科难题。浅水水下控制模块的研制成功，相当于中国水下油气生产系统有了自己的"最强大脑"，开辟了浅水油气田的作业新模式[430]。该装备各项指标达到国际同等水平，并通过挪威船级社(DNV)认证。

4. 海洋试验场

(1) 国家浅海海上综合试验场(热点)

国家海洋综合试验场浅海试验场区(威海)位于距离褚岛北侧 700m 处的 5km² 海域，于 2021 年 9 月 24 日正式揭牌[431]。试验场的最大水深达 70m，岸边乘船到试验场仅需 20 分钟，是我国浅海大陆架中难得的近岸深水区域，也是我国海洋观测、监测和调查的仪器设备研发、海洋科学研究、促进高新技术成果转化及海洋可再生能源开发的重要试验平台，由国家海洋技术中心、威海市政府、哈尔滨工业大学(威海)三方共建的公益性科技支撑平台，是我国集科学观测、技术装备试验、方法研究和模式检验等多功能于一体的综合试验场[431]。

(2) 青岛海上综合试验场(热点)

青岛海上综合试验场项目总投资约 30 亿元，分两期建设，一期总投资 11.9 亿元，于 2021 年 3 月正式立项。包括陆域和海域两个部分，陆上试验基地占地约 140 亩，位于青岛蓝谷核心区，海上部分面积 20km²。建成后将拥有完善的环境观测体系，能进行声学、电磁学等方面的试验。按照"系统化、平台化、工程化、标准化、数字化"的思路，针对海洋设备生命周期各阶段，通过完善的质量体系、信息化技术等，打造集试验、科研及服务等功能为一体的海洋试验基地。

(3) 浙江舟山潮流能试验场

舟山潮流能试验场地处普陀区与葫芦岛之间，于2022 年 6 月完成建设，该海域地形复杂，基岩裸露，平均水深 31m，最大潮流流速为 3.86m/s，潮流能资源丰富，是国家"十三五"规划中的潮流能试验平台，是由国家海洋局海洋可再生能源专项资金支持的、具备公共测试和示范功能的公益性开放型国家级潮流能试验场[432]。

(4) 海南三亚国家海洋综合试验场(深海)(热点)

2022 年 8 月，自然资源部与海南省人民政府签署《自然资源部海南省人民政府共建国家海洋综合试验场(深海)协议》(简称《协议》)[433]。《协议》签署后，部省双方将按照资源整合、优势互补、平等互利、共建共享的原则，在三亚共同打造功能完备、开放共享的国家级深海试验场，以满足深海仪器装备产业发展、深海科技创新能力提升、国家海洋观测监测业务体系建设、海洋污染防治和生态保护、海洋可再生能源开发利用技术发展等重大需求，构建集深海装备"技术研发、测试试验、成果转化、产品孵化、检验检测"于一体的公共服务平台[433]。

(5) 海洋能海上综合试验场(热点)

2023 年 5 月，海洋能海上综合试验场建设项目[434]测试平台位于青岛市胶南琅琊台镇斋堂岛南侧海域，整体为钢质结构，高度为 45.5m，重量为 480 吨，采用四点支撑重力式底座和单立柱升降架结构。试验平台安装完成后，将进行波浪能和潮流能两种类型海洋能装置的现场测试，对于开展我国海洋能标准化测试服务与准入认证、全面参与海洋能标准制定、引领我国海洋能科学研究、支撑相关产业快速发展具有重大意义。

5. 自主研发的浅水水下生产系统成功投产(亮点)

2022 年 11 月，我国自主研发的浅水水下生产系统在渤海锦州 31-1 气田成功投产[432]。该水下生产系统投用测试过程中，历经百余次潜水作业配合，克服水下安装就位能见度低、水陆联合功能测试精密度高、流程改造点位多、建造工艺要求高等多项技术难题，最终实现了成功投用，由此开启浅水领域油气开发新模式，为促进渤海区域产业协同发展、加快渤海区域油气资源开发和维护国家能源安全提供更加强大的保障力[432]。目前，锦州 31-1 气田采用无人化开发模式，可实现水下开采的精确控制和智能监控，有效降低了工程投资和生产运营成本，成为低成本水下生产系统的国产化示范应用，对后期建立渤海区域水下生产系统的标准技术体系具有重要意义[432]。

6. 可遥控生产超大型深水平台建造成功(热点)

2023 年 4 月，"深海一号"超深水大气田完成远程遥控生产改造与调试工作，具备在台风期间保持连续安全稳定生产能力，向全面建成超深水智能气田迈出了关键一步，对保障国家能源安全、实现海洋能源开发领域的高水平科技自立自强具有重要意义[435]。该气田位于海南岛东南海域，最大作业水深超过 1500m，运营我国自主设计建造的 10 万吨级深水半潜式生产储油平台——"深海一号"

能源站，年产气量达 30 亿 m³[435]。该平台通过了远程监控测试和恶劣海况条件下的遥控生产测试；在距离 400km 以外的海口控制中心可以直接指挥生产，并实时监测厂区内的 20 余万台设备[435]。由于不受台风影响，该气田每年增加天然气产量 6000 多万 m³，可供 47 万家庭使用一年[435]。

7. 全国产化百吨级无人艇完成海上试航(热点)

2022 年 6 月，全国产化百吨级无人艇在舟山海域顺利完成海上自主航行试验，标志着我国无人艇自主航行和智能机舱技术取得了新的突破。该无人艇采用三体船型，排水量约 200 吨，最大航速 20 余节，可在 5 级海况正常工作，6 级海况安全航行[436]。

4.3.2　政策法规

我国海洋发展政策体系日趋完善。国家和各省市在发展海洋经济、谋划海洋科技创新、建设和发展现代化海洋牧场等方面均出台了相关政策。

在发展海洋经济方面，2022 年 3 月，《国务院关于落实〈政府工作报告〉重点工作分工的意见》在深入实施区域重大战略和区域协调发展战略这一条款中，重点强调"发展海洋经济，建设海洋强国"。之后，广西壮族自治区在 2023 年 4 月发布《广西大力发展向海经济建设海洋强区三年行动计划(2023—2025 年)》，指出到 2025 年向海经济空间布局更合理，现代向海产业体系加快形成，向海通道网络更加健全，海洋科技创新能力不断增强，向海开放合作深化拓展，海洋生态环境持续向好，向海发展意识显著增强，向海经济综合实力稳步提升。深圳市在 2023 年 5 月发布《深圳市海洋发展规划(2023—2035 年)》，指出要从引领海洋经济高质量发展出发，详细梳理海洋有关产业、技术等核心要素，结合深圳优势产业基础，聚焦新兴产业和未来产业，引导产业下海发展，加速培育和壮大海洋新兴产业。青岛市印发了实施加快引领型现代海洋城市建设的意见、五年规划和三年行动方案，在全国率先出台精准支持海洋经济发展的综合性产业政策"海洋 15 条"[437]，构建起海洋高质量发展"四梁八柱"政策[438]。此后，在 2022 年 7 月 23 日，青岛市对外发布《贯彻落实青岛市支持海洋经济高质量发展 15 条政策的实施细则》[439](简称《实施细则》)，系统阐明了"海洋 15 条"适用政策范围、申报条件等内容，对现代渔业、航运服务业、高端船舶与海工装备、海洋科技创新、海洋产业倍增计划、成长性海洋企业评选等领域的政策提出了明确的申报方法和兑现流程。《实施细则》是全国第一部支持海洋经济发展的综合性产业政策的配套细则；该文件的出台，进一步丰富了青岛市海洋经济政策体系，标志着"海洋 15 条"正式进入落地实施阶段。

在谋划海洋科技创新方面，国家发展改革委、商务部、市场监管总局联合出台了《关于支持广州南沙放宽市场准入与加强监管体制改革的意见》(简称《南沙意见》)，于 2023 年 12 月正式印发实施[440]。该意见坚持改革创新和优化市场准入环境，通过首创性改革举措，着力为南沙高质量发展注入新动能；希望省市区上下一体发挥合力，率先探索建立竞争有序的现代市场体系，推动新业态新领域率先探索突破，真正将放宽市场准入改革成果传导转化为新质生产力发展的成效。在落实发展海洋新质生产力上，该意见提出具体要求：打造全国天然气水合物研发和商业开发总部基地，利用南沙已落户的南方海洋科学与工程实验室、天然气水合物勘查开发国家工程研究中心、冷泉生态系统研究装置、天然气水合物钻采船等机构和装置，推动更多创新资源进入天然气水合物研发商业体系[440]。天然气水合物的研发和商业化将有助于推动延伸海洋创新链条，在深海科研领域持续催生更多原创性、系统性创新成果，从而缓解能源供需矛盾、助力实现"双碳"目标。

在建设和发展现代化海洋牧场方面，习近平总书记在2018年庆祝海南建省办经济特区30周年大会上的讲话中指出，"支持海南建设现代化海洋牧场"。2021年发布的《中华人民共和国国民经济和社会发展第十四个五年规划和2035年远景目标纲要》中特别提出了"优化近海绿色养殖布局，建设海洋牧场，发展可持续远洋渔业"的宏伟目标[441]。2021年11月，我国海洋牧场建设的国家标准《海洋牧场建设技术指南》正式发布。面对新形势和新任务，以数字化和体系化为驱动力的海洋牧场3.0即将到来，即涵盖淡水和海洋的全域型水域生态牧场[442]。2022年中央一号文件进一步强调要稳定水产养殖面积，提升渔业发展质量[443]。

4.3.3　产业能力

2022年，沿海地方和涉海部门深入贯彻党中央、国务院决策部署，有效应对超预期因素冲击，海洋经济发展承压前行，总体平稳，主要经济指标企稳回升，发展韧性不断彰显，高质量发展成效进一步提升。

1. 海洋经济总体运行情况

2022 年，全国海洋生产总值 94628 亿元，比上年增长 1.9%，占沿海地区生产总值的比重为 7.8%，占比与去年持平[444]。其中，海洋第一产业增加值 4345 亿元，第二产业增加值 34565 亿元，第三产业增加值 55718 亿元，分别占海洋生产总值的 4.6%、36.5% 和 58.9%[444]。由国家海洋信息中心发布的《2022 中国海洋发展指数报告》，综合客观反映我国海洋经济发展水平、成效和潜力，数据显示：2021 年，海洋经济发展规模与效益指数为 114.2，比上年增长 4.7%，结构优化与升级成效显著[445]。2021 年，结构优化与升级指数为 115.1，比上年增长 4.4%。2021 年海洋新兴产业增加值比 2015 年翻一番，海洋新兴产业动能积蓄增强[445]。资源节约与利用能力进一步增强，2021 年，资源节约与利用指数为 114.6，比上年增长 2.7%。对外经济与贸易加快发展，2021 年，对外经济与贸易指数为 111.5，比上年增长 4.6%[445]。民生保障与改善有力有效，2021 年，民生保障与改善指数为 114.4，比上年增长 1.4%[445]。我国海洋经济规模和效益显著提升，呈现稳中向好态势，并发布了海洋经济运行监测与评估智慧管理平台[438]。

2. 主要海洋产业发展状况

2022 年，15 个海洋产业增加值 38542 亿元，比上年下降 0.5%[445]。海洋传统产业中，海洋渔业、海洋水产品加

工业保持了平稳发展；海洋油气业、海洋船舶工业、海洋
工程建筑业、海洋交通运输业以及海洋矿业均取得了 5%
以上的较快增长[445]。海洋新兴产业方面，海洋电力业、海
洋药物和生物制品业、海水淡化等行业仍然保持较快增长
势头[445]。其中，海洋电力业、海洋矿业、海洋船舶工业增
速位居前三，分别为 20.9%、9.8%、9.6%，呈现快速增长
态势。由于产业结构调整以及宏观经济放缓，海盐产量和
海洋化工产品产量有所下降；海洋旅游业下降幅度较大。
2022 年海洋生产总值数据如表 4-1 所示。

表 4-1　2022 年海洋生产总值数据表[445]

指标	总量/亿元	增速/%
海洋生产总值	94628	1.9
海洋产业	38542	−0.5
海洋渔业	4343	3.1
沿海滩涂种植业	2	1.0
海洋水产品加工业	953	0.9
海洋油气业	2724	7.2
海洋矿业	212	9.8
海洋盐业	44	−1.4
海洋船舶工业	969	9.6
海洋工程装备制造业	773	3.0
海洋化工业	4400	−2.8
海洋药物和生物制品业	746	7.1
海洋工程建筑业	2015	5.6

续表

指标	总量/亿元	增速/%
海洋电力业	395	20.9
海水淡化与综合利用业	329	3.6
海洋交通运输业	7528	6.0
海洋旅游业	13109	−10.3
海洋科研教育	5950	3.6
海洋公共管理服务	15902	3.5
海洋上游相关产业	13560	2.4
海洋下游相关产业	20673	4.2
三次产业结构占比	4.6∶36.5∶58.9	

　　总的来说，2022 年我国海洋经济总量平稳增长。在国内外纷繁复杂的形势下，海洋经济顶住压力，实现了平稳增长[446]。

第 5 章　领域年度热词

热词 1：海洋十年

1. 基本定义

2017 年第 72 届联合国大会通过决议，宣布 2021 年至 2030 年为"联合国海洋科学促进可持续发展十年"(简称"海洋十年")；2020 年 12 月，"海洋十年"《实施计划》获联合国大会第 75/239 号决议审议通过[447]。"海洋十年"旨在通过激发一场海洋科学的深刻革命，为全球、区域、国家以及地方等不同基层海洋管理提供科学解决方案，以遏制海洋健康不断恶化的态势，确保海洋为人类长期可持续发展提供有力支撑，以达到"科学至实、海洋可期"的愿景[447]。"海洋十年"将促进社会各界采取行动，实现联合国《2030 年可持续发展议程》及其 17 个可持续发展目标[447]。"海洋十年"是联合国促进海洋可持续发展的重要决议，是十年期间最重要的全球性海洋科学倡议，将对海洋科技发展和全球海洋治理产生深远影响[447]。

2. 应用水平

联合国教科文组织发布的"海洋十年"《实施计划》与《实施计划摘要》，为地方政府、科研院所、产业部门以及与"海洋十年"有关的所有利益相关方提供了一个精确、全面的参考框架，使其更好地理解并参与到"海洋十年"计划中。截至2023年6月，已发起5次"行动呼吁"。这些呼吁确保各项举措合力推动落实"海洋十年"的优先事项，并有助于对举措的影响展开持续评估。截至2022年6月，"海洋十年"共批准了35个大科学计划，133个项目，并计划到2030年完成80%海床测绘。2022年6月，联合国教科文组织政府间海洋学委员会(海委会)发布了《"海洋十年"进展报告(2021—2022)》。这份报告详细记录了2021年1月至2022年5月期间，"海洋十年"计划实施的主要信息，并从十年行动、治理与协调、资源调配和利益相关方的参与四个方面，总结了"海洋十年"的进展和成果，对未来行动提供了重要参考。2022年8月19日，"海洋十年"中国委员会成立会议在北京召开。会议审议并原则性通过了《"海洋十年"中国行动框架(草案)》。这一框架将作为中国参与"海洋十年"计划的指导性文件，对于中国在"海洋十年"行动中的规划和实施具有重要指导意义。

热词2：蓝色经济

1. 基本定义

据世界银行定义，蓝色经济是一种在维护海洋生态健康的基础上，持续利用海洋资源以推动经济增长、提高生活质量及提供就业机会的模式[448]。欧盟委员会则将其描述为"所有与海洋和海岸有关的经济活动"，包括各种广泛的、彼此关联的传统和新兴部门。蓝色经济不仅包含了渔业、旅游业、海运等传统的海洋活动，还涵盖了可再生能源、水产养殖、海底采掘活动以及海洋生物技术和生物勘探等新兴产业[449]。蓝色经济与传统的海洋经济相比，有以下更丰富的内涵：首先，它更强调海洋开发与保护的协调发展，主张在保护海洋生态和环境的同时持续利用其资源，以实现生态文明海洋的建设；其次，蓝色经济更注重海洋经济的高质量发展，推动培育高端海洋产业，优化升级海洋产业结构；再次，蓝色经济引入了海陆统筹的理念，从区域整体空间视角出发，推动海洋与陆地在科技、产业和环境等方面的全面融合发展[450]。蓝色经济加强了海洋科技创新在蓝色经济发展中所扮演的角色，明确了海洋科技创新在推动蓝色经济发展中的支撑和引领地位[450]。

2. 应用水平

作为一个小岛屿发展中国家，多米尼克的主要城市都沿海而建，海洋成为其居民的主要生活来源和生活方式。与此同时，多米尼克也展现出了小岛屿发展中国家典型的一些脆弱性特征，如陆地面积有限、人口较少、治理能力有待提升、经济结构单一，以及易受自然灾害的影响。面对全球气候变化的严峻挑战、海洋生态的退化问题，推动蓝色经济的发展并实现绿色复苏变得至关重要，这也是多米尼克实现经济多元化和转型升级的关键任务。

多米尼克拥有丰富的旅游资源，包括全球第二大沸腾湖、硫磺温泉、火山遗址、热带雨林和原住民领地等。据东加勒比中央银行的数据，尽管在 2017 年受到“玛利亚”超级飓风的严重打击，但到 2019 年，多米尼克的旅游业已经强劲复苏，游客总数达到了 33.5 万人，同比增长了

62.5%,其中包括邮轮游客 23 万人(同比增长 70.8%)和其他游客 10.5 万人(同比增长 46.8%)。游客总支出达到了 1.05 亿美元,同比增长 29.6%。联合国开发计划署的报告显示,2019 年多米尼克旅游业的总产值达到了 1.65 亿美元,占多米尼克 GDP 总值的 37%,并贡献了 56.4%的外汇收入和 34.4%的就业。近年来,多米尼克政府大力提高基础设施投资,努力改善旅游环境,如积极推动大型国际机场建设、发掘现有小型国际机场的潜力、推进五星级酒店和其他度假酒店建设等,旅游业发展前景看好。

热词 3:海洋 6G

1. 基本定义

海洋 6G 是一个专门面向海洋环境设计的 6G 通信技术,核心理念在于实现泛在的水下通信[451]。这个理念旨在改变处理和传输海洋数据的方式,通过促进无缝的连通性,建立起全新的海洋数据网络。海洋 6G 的主要思想在于构建一个连接海洋和大气的“数据桥梁”,这意味着在构建海洋无线移动网络时,需要优先考虑水下路径和空中路径的联合使用。这种创新做法涉及尽快捕获水下的声音信号,将其转换为无线电信号,并进一步传送到大气电波信道中。目标是实现一个基于 6G 的一体化的空-面-潜海基网络,为构建一个互联的海洋生态系统奠定基础。海洋 6G 作为先进的无线 6G 技术的实例,预计将在传输能力上显著提升,达到太赫兹(THz)频段。相比 5G,其数据传输率将提升 1000 倍,达到前所未有的每秒一太字节(1TB/s)。此外,海洋 6G 将大大降低网络延迟,使得延迟时间从 5G 中的毫秒级

(1ms，10^{-3}s)降低到微秒级(100μs，10^{-4}s)。

2. 应用水平

海洋 6G 研发涉及的未来水下一体化网络面临的关键挑战是建立跨界面的"数据桥梁"，并找到克服水-空传输阻碍的技术路径。当前，主要有四类"桥梁"：水声-无线电浮标、甚低频电磁波(VLF，3—30kHz)、海洋移动平台以及对水下声音产生的海表面条纹的微波探测。尽管在水下环境中建立与陆地和空天环境相似的一体化网络难度较大，实际做法仍倾向于鼓励通过创新研究来实现多种技术路径。为此，需有大量研究团队和项目涌现，对海洋一体化网络的各种应用需求、信号传播条件、联网规模进行研究。在研究与开发环境、投资与管理政策方面，对多样性、异质性、可扩展规模的海洋网络研究都应给予鼓励。在一段多样化发展时期后，积累的成果将有助于实现海洋一体化网络的最终目标。期待在未来，色彩斑斓的水下鱼群活动能实时在电视屏幕上展示；海底采矿设备能通过物联网在陆基工厂进行远程控制；自主水下航行器能在数百公里外与母船通信；极端天气预报数据能及时送达科学家手中；全球各地接入水下世界信息的时间延迟能降到最低。

热词 4：海洋能源融合立体开发

1. 基本定义

海洋能源融合立体开发指将多种海洋能源利用技术进行综合应用和优化配置，实现各种海洋能源的互补、协同和共存开发。这种综合开发模式可以在相同海域内实现不同类型海洋能源装备的集成联合运营，并充分利用两种或两种以上的海洋能源资源(如潮汐能、海流能、波浪能、海水温差能等)，最大化地提高海洋能源的综合利用效率。同时，该模式还可为运营、维护和管理提供更加便利和经济有效的方案，并在保护海洋环境和生态系统方面具有一定的优势。海洋能源融合立体开发被认为是未来海洋能源行业发展的主要趋势之一，也是推动可持续性发展的一项重要措施。

"海上风电+海洋牧场"是一种综合利用海洋资源的技术组合，将海上风能和海洋养殖有机结合在一起。该技术以风能发电为主体，同时在风电场周边的海域中进行海洋养殖，从而提高海洋资源的综合利用效率，缓解海洋资源的矛盾，提高海洋经济的可持续性。

2. 应用水平

海洋能源融合立体开发模式创新的典范便是东方 CZ9 海上风电场[452]。2022 年 11 月底，明阳集团宣布东方 CZ9 海上风电场示范项目正式动工，将建设成"海上风电+海洋牧场+海水制氢"创新开发示范项目，成为海南省海洋能源立体化融合开发示范项目[452]。实际上，"海上风电+"模式在全球范围内的应用已十分广泛；一些更早开始海上风电商业化发展的欧洲国家，早在数年前就开始尝试海上风电融合储能、制氢和制氨等领域[452]。

2022 年 1 月 19 日，明阳集团广东阳江沙扒深海渔业养殖实验区完成收鱼(图 5-1)，表明该"海上风电+海洋牧场"示范区实践成功，对我国海洋能源立体融合开发与海洋经济的高质量发展起到引领作用[453]。该实验区离岸超过30km，相较于近岸常规养殖的金鲳鱼，深海网箱金鲳鱼养殖周期缩短，肉质结实，味道更加鲜美。在高集成度的处理流程、冷链全覆盖加持下，水产品在24小时内就能走进千家万户、走上百姓餐桌。该实验区的网箱安装及鱼苗投放于2021年8月进行，其间经历了"狮子山"等多场台风的冲击考验，网箱安全性和运营状态良好。整个养殖试验过程非常顺利，明阳集团成功获取了宝贵的风渔融合试验数据，探索出"海上风电+海洋牧场"这一可复制、可推广的海洋经济高质量发展模式。

图 5-1　深海渔业养殖实验区[453]

热词5：海水制氢

1. 基本定义

海水制氢属于氢能产业链上游的氢气制取，是一种电解水制氢的方式，如果采用的电能是通过风电与光伏生产的"绿电",那么制取的氢气就是"绿氢"。海水制氢是利用丰富的海水资源电解制取氢气,技术工艺类似于碱性电解水,但是对原料(即海水)的要求较低,能够实现低成本制取氢气,所以普遍认为是后续"绿氢"制取发展的重要技术方向[454]。

2. 应用水平

2022 年 11 月,图灵科创自主设计生产的小规模高效海水/碱水电解制氢设备亮相[455]。与目前电解槽行业高度依赖纯水不同,该设备能够在海水中稳定高效工作。同月,明阳集团东方 CZ9 海上风电场示范项目动工,将建设成面向无补贴时代"海上风电+海洋牧场+海水制氢"立体化海洋能源创新开发示范项目[455]。

2023 年 2 月,大连启动了滩涂光伏、储能和海水制氢一体化项目。随着风电等可再生能源装机逐渐向深远海发展,电力远距离输送损耗问题愈发凸显[455]。近年来,越来越多的项目开始采用风电耦合海水制氢模式,由化石能源转向绿色清洁能源,帮助解决深远海新能源电力消纳问题[455]。

热词 6:养殖工船

1. 基本定义

养殖工船是一类应用于水产养殖的船舶,是现代海洋牧场和智慧渔业的重要组成设备,通过在船上加装鱼网、水处理设备等形成水产养殖舱,构建接近于自然环境的网箱养殖环境。相较于传统水产养殖,养殖工船养殖模式更加灵活，不受水产养殖地点限制，可根据养殖工船所在海域环境变化情况，通过自带动力系统随时更换养殖海域，降低恶劣海洋环境对养殖产业造成的影响，提高水产品养殖效率。

2. 应用水平

2022 年 5 月 20 日，10 万吨级智慧渔业大型养殖工船"国信 1 号"在中国船舶集团青岛北海造船有限公司交付运营。"国信 1 号"船长 249.9m，排水量近 13 万吨，载重量为 10 万吨[352]。

预计 2023 年年底前启动建造"国信 2-1 号""国信 2-2 号"，船长 244.9m，排水量 14.2 万吨，全船设有 21 个养殖舱，养殖水体达 10 万 m^3，采用"船载舱养"模式，以大黄鱼等优质鱼类为主，设计年产 3700 吨[456]。青岛国信集团同步启动 30 万吨级超大型养殖工船研发设计工作，并开展了耐波性与养殖舱晃荡模型试验[456]。

热词 7：水下生产系统

1. 基本定义

相对于传统的海上油气资源开采所使用的水面固定平台和浮式生产设施而言，水下生产系统(图 5-2)是一种水下生产设施，将生产设备放到海底，从而避免建造昂贵的海上采油平台，缩短建设时间，节省大量建设成本，且对自然灾害抵抗能力较强[457, 458]。水下生产系统将是未来深水油气资源开采的必然趋势；一般由水下井口、水下采油树、水下管汇、海底油气管道、脐带缆、控制系统和其他油气处理设施等组成，采出的油气资源通过立管回接到生产平台或生产储油轮上[457, 458]。

动力脐带缆　立管基础　水下压缩机　水下管汇结构　　修复系统　　　　　　管汇

搭接和连接系统　　　　　电液分配系统　　　　　水下采油树
水下井口
控制系统

图 5-2　Aker 公司的电液复合式水下生产系统

2. 应用水平

水下生产系统技术正逐步成为开发深水油气田及边际油气田的"利器"。目前应用最广泛的是液复合式水下生产系统，特别适用于深水大型油气田多井项目的开发。2007年 7 月投产的美国墨西哥湾 Independence Hub 凝析气田作业水深达 2714m；2007 年 8 月投产的挪威北海气田，作业水深 250—345m，回接距离达 143km[459]。针对海洋环境保护等问题，Cameron 公司率先研发出了第一代全电式水下生产系统，于 2008 年用于荷兰 K5F 油气田的开发，并于2011 年推出第二代全电式水下生产系统，且实现了光纤通信[458]。

2022 年 11 月，我国自主研发的浅水水下生产系统在渤海锦州 31-1 气田成功投产，有效解决了渤海油气开发的难题，并将盘活渤海浅水海域数亿吨的难动用储量，成为未来浅水油气田经济高效开发新的增长点[460]。该技术也为国内外其他海域同类型油气田提供了新的解决方案。

热词 8：新能源与油气耦合开发利用

1. 基本定义

新能源与油气耦合开发利用，一方面是在通过海洋油气生产设施进行传统油气开采时，对天然气水合物进行全面的开发利用；另一方面是依托于海洋油气设施，充分利用波浪能、潮汐能及温差能等海洋能进行发电。这种一体化开发将大大拓宽海洋石油工业的发展领域，实现对可再生能源的充分利用，保证未来能源的可持续发展；还能够将二氧化碳温室气体以水合物的形式封存于大洋深处，从而降低全球温室效应[461]。

2. 应用水平

挪威国家石油公司正在 Gullfaks 和 Snorre 油田平台之间建设首座为海上油气平台供电的浮式海上风电场[462]。该项目离岸 140km，采用挪威国家石油公司自有的 Hywind 漂浮式技术，总装机容量由原计划的 88MW 提升至 95MW，预计可满足 Gullfaks 油田 A、B、C 平台以及 Snorre 油田 A、B 平台超过 35%的电力需求[462]。挪威还瞄准了邻国近海油田开发的巨大能源需求，计划将其海上风电的剩余电力外售给英国、丹麦等国的海上油田企业。英国拥有约占世界一半的海上风电项目，海上风电一直是其经济社会发展和能源转型的重要领域[462]。英国海上风电企业 Flotation Energy 公司正在计划与挪威能源公司合作，利用海上风电场产出的可再生电力实现北海油气装置电气化，并将富余电力供给英国消费者[462]。此外，意大利油服公司赛班(Saipem)正策划参与英国、挪威等国近海油气田群的未来风力发电项目，以协助降低二氧化碳排放[462]。

2023 年 3 月，我国深远海浮式风电平台"海油观澜号"成功启航，标志着我国海上油气开发自此迈入"绿电时代"[462]。作为工作海域距离海岸线超过 100km、水深超过 100m 的浮式风电平台[462]，"海油观澜号"拥有 7.25MW 的装机容量，投入运营后预计年发电量将达 2200 万 kWh[462]。所发电力通过一条 5km 长的动态海缆接入海上油田群电网，替代部分现有天然气发电机组，每年可节约天然气近 $10^7 m^3$，减少二氧化碳排放 2.2×10^4 吨[462]。

热词 9：深海一号

1. 基本定义

"深海一号"大气田是我国迄今为止自主发现的平均水深最深的海上超深水气田。2021 年 6 月 25 日投产后，气田即按计划推动 11 口生产井全部开井产气，并进行生产处理系统深度调试和工艺优化，加快天然气产能释放[463]。

2. 应用水平

"深海一号"位于海南岛东南海域，是我国自主勘探建设的 1500m 超深水大气田[463]。2022 年 6 月 25 日，"深海一号"投产一周年，累计生产天然气超过 20 亿 m^3，累计外输凝析油超过 20 万 m^3，成为我国"由海向陆"保供粤港澳大湾区和海南自贸港的主力气田[464]。

"深海一号"大气田创新性地使用了"半潜式生产平台

+水下生产装置+海底管线"的全海式生产模式，并引入了
"保温瓶内胆式"立柱储油技术，成功实现了采出油气的就
地分离和凝析油的安全存储，有效降低了海底油气管线的
铺设费用，为深海天然气经济高效开发开辟了新路径[464]
(图 5-3)。

图 5-3　深海一号[465]

热词 10：水下考古

1. 基本定义

水下考古以淹没于江河湖海底的人类水下文化遗产为
研究对象，通过对古代遗迹和遗物进行调查、勘测和发掘，
运用考古学的独特观点和研究方法作为认识问题的手段并
使其发挥应有的作用[466]。历史上由于地震、火山喷发、海
啸等自然灾变，一些位于水边的居址、港口、墓葬等沉没
于水中；在一些古代航线下，还保存有大量古代船只和文
物[467]。水下考古除发掘水下的古代遗址、打捞沉船和水

下文物外，还研究古代造船术、航海术、海上交通和贸易等[467]。

水下考古的技术可分为人员潜水技术与物探设备技术两方面，水下考古所用的物探设备主要包括多波束水下声呐、浅地层剖面仪、旁侧声呐、短基线系统、水下机器人(ROV)等[466]。这些设备吊挂在船舷上，探头下放至水中，在船只行进的同时，实时呈现海底地形三维成像图，从而对海底情况有一个较为直观与全面的分析，便于在大范围内广泛探测、发现水下文物遗存[466]。实际工作中使用大量专门技术，以解决水下作业的难题。

2. 应用水平

我国水下考古作业捷报频传。由"探索一号""探索二号"科考船组成的联合航次在南海北部取得可喜成绩，总计发现文物标本66件，考古深度突破2000m；对圣杯屿元代海船水下考古进行了正式发掘，提取出水瓷器类文物58件；长江口二号古船考古与文物保护项目正式启动整体打捞迁移；等等[468]。

深海考古是全球水下考古研究的前沿领域，也是我国水下考古发展的重要方向。2018年1月，深海考古联合实验室正式设立，同年4月在西沙群岛北礁海域进行了深海考古调查[469]。2022年10月，在南海西北陆坡约1500m深度海域，深海考古联合实验室发现了两处古代沉船，分别将其命名为南海西北陆坡一号沉船和二号沉船[470]。其中，一号沉船遗物以瓷器为主，推测文物数量超过10万件，根据出水文物初步判断为明代正德年间(1506—1521年)[469]。

借助自主研发的潜载测深侧扫声呐，成功获取了沉船区域水下全局分布图，为快速弄清文物分布范围、选址测绘基点以及制定文物保护方案提供了关键数据图像支持。二号沉船遗物主要包括大量原木，初步研判是明代弘治年间(1488—1505年)从海外装载货物驶往中国的古代沉船[469]。2023年5月，"深海勇士"号载人潜水器启用，对南海西北陆坡一号沉船进行了第一次考古调查，在沉船遗址核心堆积区西南角布放水下永久测绘基点[469](图5-4)，并进行初步搜索调查和影像记录，南海西北陆坡一号、二号古代沉船遗址的考古调查工作由此启动。接下来，将利用"探索一号"和"探索二号"科考船，搭载"深海勇士"号4500米级和"奋斗者"号万米载人潜水器，以及"狮子鱼一号"ROV(水下机器人)等装备，在沉船区开展多种探测、取样

图5-4　在沉船遗址布放的水下永久测绘基点[469]

和文物提取工作[469]。按照水下考古工作规程，用一年左右时间，分三个阶段实施南海西北陆坡一号、二号古代沉船遗址考古调查工作[469]。第一阶段从 2023 年 5 月 20 日持续至 6 月上旬，使用载人潜水器搜索摸清沉船分布范围，对沉船遗址进行多角度、全方位的资料采集和考古记录工作，适量提取有代表性的文物标本，以及海底底质等科学检测样本，该阶段工作已宣告顺利结束[471]；第二阶段、第三阶段计划于 2023 年 8 月至 9 月、2024 年 3 月至 4 月实施。考古调查工作结束后，将科学评估沉船保存状况和技术条件，研究提出下一步考古和遗址保护方案[471]。

无独有偶，以硬核科技赋能水下考古、催生技术创新的典型代表还有"长江口二号"古船考古。2022 年 3 月 2 日，体量最大、保存最为完整、船载文物数量巨大的木质沉船——"长江口二号"古船正式开始打捞；同年 11 月 21 日，古船成功整体打捞出水(图 5-5)[472]，超 600 件水下文物入库清理。此次水下考古工作在"零能见度"的环境下取得关键性技术突破和成果，为全球开展河口海岸复杂浑水水域的水下考古研究提供了新方法、开辟了新思路，树立了世界浑水水下考古技术的新标杆[473]。古船打捞采用了"弧形梁非接触文物整体迁移技术"，创造性地融合了核电弧形梁加工工艺、隧道盾构掘进工艺、沉管隧道对接工艺，并运用液压同步提升技术、综合监控系统等高新技术[474]。此外，为了平稳安全提升弧形梁形成的沉箱并顺利将其护送至船坞，创造性地设计并建造出一艘专用打捞工程船"奋力轮"[474]。穿梁完成后的弧形梁沉箱装载着古船直接由"奋力轮"从海底提升至中部月池，并转运、卸载至船坞，一艘船完成了提升、运输、卸载三项任务，具有安全性高、操作性强、科技含量高等诸多优点[474]。古船探测过程中陆续研发出水下沉船自动识别辅助系统、智能化立体采样无人艇及机器人水下考古装备等；采用"精海"系列无人艇，智能探测长江口二号古船位置、掩埋情况及其周围环境；采集海底极其微弱的"波浪能"，为长时间监测保护长江口二号古船及船载文物的水下装备充电；用计算机模拟长江口水域的"沧海桑田"，试图解密长江口二号古船沉没原因[475]。

图 5-5 "长江口二号"古船整体打捞

热词 11：国产首艘大型邮轮"爱达·魔都号"开启商业首航

1. 基本定义

"爱达·魔都号"是我国经过八年科研攻关和五年设计建造完成的首艘大型邮轮，全长 323.6m，宽 37.2m，最大高度 72.2m，总吨位 13.55 万吨，可提供 2125 间客房，最多可载 5246 名乘客[476](图 5-6)。在"爱达·魔都号"的设计建造过程中，建造方协同管理了 361 家全球供应商和 1105 家二级配套企业，成功突破了多项关键核心技术，展现了突出的大型邮轮设计建造和复杂巨系统工程管理能力[476]。"爱达·魔都号"巧妙融合了东西方美学以及多元巧思和创新理念，并且精心打造了海上新场景，包括沉浸娱乐、潮流购物、匠心珍味和创享空间等，给船上宾客带来完美的全新体验[476]。

图 5-6　　"爱达·魔都号"邮轮[478]

2. 应用水平

2024 年 1 月 1 日，"爱达·魔都号"在上海吴淞口国际邮轮港正式开启了商业首航。首航期间，成功举办了四场敦煌研究院专家的系列讲座，分别是《文化瑰宝，敦煌石窟》《敦煌石窟艺术》《念念敦煌：数字敦煌走进爱达邮轮艺术导览》和《从敦煌石窟管窥古代衣冠服饰》，向船上宾客展示了敦煌石窟艺术的魅力，并传播了中华文化的内涵和精髓，宾客们在欣赏海上美景的同时也享受到了海上文旅的融合魅力[477]。"爱达·魔都号"首航展现了完善的国际运营管理、大型邮轮团队执行力、船上和岸上游客服务机制，并且在品牌塑造方面产生了巨大的影响力[476]。未来，"爱达·魔都号"计划开设中国至东南亚的邮轮航线，为宾客提供多样旅行度假选择，包括长、中、短途，并适时推出海上丝绸之路邮轮航线[476]。"爱达·魔都号"致力于打造集吃、住、行、游、购、娱为一体的高质量服务，将时刻倾听市场反馈，提供高质量的邮轮产品，为船上宾客提供更加丰富多彩完美的出行体验。

热词 12："五月花号"横渡大西洋

1. 基本定义

2022 年 6 月 5 日，由人工智能控制的远洋三体船"五月花号"自主船(Mayflower Autonomous Ship)，经过超过 5600km 的航行，驶进加拿大新斯科舍省哈利法克斯港，成为史上首只成功横渡大西洋的无人驾驶船只。该船由国际商业机器公司(International Business Machines Corporation, IBM)的人工智能提供支持，由非营利性海事研究组织 Promare 设计和建造，"五月花号"之名则是向 1620 年运载首批英国移民赴美的同名三桅木船致敬。

2. 应用水平

"五月花号"全长 15m，以太阳能作为动力，最高时速约 20km。船上安装有 6 个由人工智能驱动的摄像头，30 余个传感器和 15 个边缘设备，所有数据输入到可操作系统中，供人工智能船长解释、分析、判断、决策，整个决策过程会被透明地记录下来，帮助人类了解决策过程和原因。该船在没有人类干预的情况下，针对不同的问题进行实时决策，能够避免危险、评估船舶性能、重新规划路线，实现自主应对突发情况。同时，该船也是一个具有成本效益和灵活性的数据采集平台，其安装应用的 Hypertaste 可收集化学、生物和环境 DNA 信息；全息显微镜可用来计算和成像水中的颗粒，从而检测微塑料和浮游生物；水听器可用来捕捉并记录鲸鱼和海豚的声音，以衡量它们的种群分布[479]。

IBM 的目标是将"五月花号"建成一个开放的海洋研究平台，在更安全、更科学的情况下充分挖掘和利用海洋资源，更轻松地面对危险和数据收集过程中不可预测的海洋环境。

第 6 章 领 域 指 标

领域	类别	序号	类型	指标数据			获取		更新频率	备注(数据来源)
				内容	中国	国际	公开	收费		
海洋物联网	技术类	1	核心	海燕-X	连续续航5天，实际最大潜深10619m	美国 Slocum Glider 最深可潜至6000m	是	/		中国
		2	重要	海燕-L	连续续航301天，实际最大潜深1026m	美国 SeaGluider，最长续航可达10个月，最深可潜至1000m	是	/		中国
		3	重要	无人艇自主航行距离		4421海里	是	/	每年	美国
		4	重要	无人艇最高航速		80节	是	/	每年	美国
海洋能源网	技术类	1	核心	晶体硅光伏电池	26.81%		是	/		中国
		2	核心	海上光伏系统效率日值		17.9%	是	/		国外
		3	核心	光伏系统效率(PR)		87.1%	是	/		国外

续表

领域	类别	序号	类型	指标数据			获取		更新频率	备注(数据来源)
				内容	中国	国际	公开	收费		
海洋信息网	技术类	1	核心	直接海空光通信速率	5.5Gbit/s		是	/	每年	中国
		2	核心	水声通信距离	14km		是	/	每年	中国
		3	核心	水下机器鱼FishBot续航里程		>100km	是	/	每年	中国
		4	重要	水下机器鱼FishBot最大潜深		300m	是	/	每年	中国
现代海洋农业	统计类	1	重要	深远海渔业养殖装备养殖体积	$5 \times 10^4 m^3$		是	/		中国
		2	重要	10万吨级智慧渔业大型养殖工船"国信1号"年产鱼量	3700吨大黄鱼		是	/		中国
现代海洋服务业	统计类	1	重要	港口集装箱吞吐量排名		新加坡港,3729万标箱(注:2021年排名第二)	是	/	每年	中国
	技术类	1	核心	42m级电船续航力		380km	是	/	每年	中国
		2	重要	42m级电船电池容量		4620kWh	是	/	每年	中国
		3	核心	42m级电船载重		940吨	是	/	每年	中国

续表

领域	类别	序号	类型	指标数据			获取		更新频率	备注(数据来源)
				内容	中国	国际	公开	收费		
现代海洋治理	产业类	1	核心	新型蛙人探测声呐(DDS)开式蛙人探测距离		1000—1200m	是	/		以色列

说明:

(1) 海燕-X:核心指标;2020 年组织实施了"海燕-X"水下滑翔机万米深渊观测,使用 2 台万米级"海燕-X"水下滑翔机,开展了连续 5 天的综合调查,共获得观测剖面 45 个。其中,3000m 级、6000m 级和 7000m 级剖面各 1 个,万米级剖面 3 个,分别下潜至 10245m、10347m 和 10619m。连续的万米深度滑翔剖面,充分验证了"海燕-X"水下滑翔机在深渊环境下的工作可靠性,以及超高压浮力精准驱动、轻型陶瓷复合耐压壳体、多传感协同控制等关键技术的自主攻关能力,标志着我国在万米水下滑翔机关键技术方面取得重大突破。

(2) 海燕-L:重要指标;原型机重 93kg,于 2020 年 7 月部署在马里亚纳海沟附近,穿越第一岛链和第二岛链,最终于 2021 年 1 月在南海回收。本次海试最大滑行距离达到 5506km,截至目前"海燕-L"水下滑翔机最长续航时间已超 300 天,最远航行距离超过了 5506km,最大潜深 1026m。

(3) 无人艇自主航行距离:重要指标;无人艇自主航行是其自主任务能力的基础,是其智能化等级及装备稳定性的判定标准之一。美国大型无人艇"游牧民"号进行了 2 次从墨西哥湾到加利福尼亚的远程自主航行测试,全程航行了 4421 海里[480],其中 98%处于自主模式。

(4) 无人艇最高航速:重要指标;无人艇的航速及其对海况的适应能力是体现其机动性能的关键指标,直接影响任务执行能力。美国 MARTAC 公司研发的 Devil Ray 双体无人水面艇具有高速、高稳定、高机动的特性,爆发速度为 80 节[480],巡航速度为 25 节,可在 1—5 级海况下运行,在 7 级海况下生存,灵活的双船体形式允许其以超过 6GS 的爆发速度转弯。2021 年 7 月,Devil Ray 完成了从佛罗里达州到巴哈马再返回的全自动航渡,出航耗时 53min,返航耗时 51min，平均航速为 60—65 节。

(5) 晶体硅光伏电池：核心指标；2022 年 11 月，我国企业隆基绿能创造了 26.81%[481]的硅太阳能电池效率世界纪录，这是继 2017 年日本公司创造单结晶硅电池效率纪录 26.7%以来时隔五年诞生的最新世界纪录。随着我国海洋经济不断发展，特别是海上风电、海上油气等产业的快速发展，利用晶体硅光伏电池在海上进行太阳能发电具有广阔的应用前景。晶体硅光伏电池还可为需要长期部署以测量海洋温度、盐度、流速等参数的传感器，提供可靠的电力支持。隆基绿能硅异质结电池世界纪录的重要性在于它不仅仅是一项技术突破，更是对全球光伏行业的重要推动。①降低光伏成本：高效的硅异质结电池可以提高光伏电站的发电量，降低光伏发电的成本；对于推广和普及光伏发电具有重要意义，有助于实现可持续能源的目标。②提升产业竞争力：隆基绿能的技术突破将有助于提升中国光伏产业的整体竞争力，推动产业向高端制造和服务方向转型升级，具有较强的战略意义。③推动创新发展：隆基绿能以及其他光伏企业在技术创新方面的不断探索和突破，将有助于推动全球光伏产业的发展和创新，为人类提供更多更便捷的清洁能源。

(6) 海上光伏系统效率日值：核心指标；指在一天内海上光伏系统所发电的总电量与系统额定容量之比。通常情况下，效率日值可以通过监测光伏系统输出的电流和电压来计算得到。国外的研究目前最高效率为 17.9%，是对安装在巴尼亚水电站水库上的浮动光伏系统进行了日常能源性能分析。该项目为试验机组，装机容量为 500kWp，光伏阵列安装 1536 个多晶组件。系统位置具有典型的地中海气候条件的"Csa"组。

(7) 光伏系统效率(PR)：核心指标；是电站实际输出功率与理论输出功率的比值，是用来评估光伏系统性能的关键数据，对于优化光伏系统设计和提高光伏系统发电效率具有重要意义。通过对光伏系统效率的监测和分析，可以了解系统在不同光照和温度等条件下的工作情况，优化系统设计和调整运行策略，提高系统的稳定性和可靠性。国际上光伏系统效率最高达 87.1%，是基于在马尔代夫群岛近岸地区安装的基于薄膜的海上浮式光伏系统得出的成果。

(8) 直接海空光通信速率：直接海空光通信是一种利用光的传播特性在水下和水上节点之间传输信息的技术。在这种系统中，光源(如激光或 LED)被用作发射器，将信息编码为光信号并发射出去。这些光信号通过水体传播，然后被接收器(如光电二极管或光电倍增管)接收并解码，从而实现信息的传输。通信速率是一个重要的性能指标，表示系统在单位时间内能够传输的信息量，通常以比特每秒(bit/s)或其倍数(如 Mbit/s、Gbit/s 等)来表示。通信速率的大小直接影响了直接海空光通信系统的数据传输效率和实时性，国内在下行直接海空光通信试验中达到了 5.5Gbit/s 的速率值。

(9) 水声通信距离：水声通信是一种在水下环境中使用声波进行信息传输的技术。声源(如声波发射器)将信息编码为声音信号并发射出去，声波信号通过水体传播，然后被接收器(如水听器或水声传感器)接收并解码，从而实现信息的传输。由于声波在水中的传播速度相对较慢，且受到水的温度、盐度、深度等环境因素的影响，因此水声通信的速率通常低于其他类型的通信技术。2021 年自主研发的全平台适配水声通信机，实现了 14km 收发距离 3.07Kbit/s 的相干高速率数据传输，传输成功率达 90%[482]。

(10) 水下机器鱼 FishBot：FishBot 型号机器鱼在一次装足燃料后能连续行驶的最大航程大于 100km，最大潜水深度可达 300m。

(11) 深远海渔业养殖装备养殖体积：这是衡量深海渔业养殖装备养殖能力的重要指标。"深蓝 1 号"全潜式深海渔场箱体主体结构呈正八边形，周长 180m，高度 38m，养殖体积为 $5 \times 10^4 m^3$，年产量可达 1500 吨[354, 355]，是我国全潜式深远海养殖网箱的代表，其成功建造与应用在我国深远海养殖业中具有重要意义。

(12) 10 万吨级智慧渔业大型养殖工船"国信 1 号"年产鱼量：重要指标；"国信 1 号"是 10 万吨级智慧渔业大型养殖工船，2022 年 1 月 25 日，在中国船舶集团青岛北海船厂顺利实现出坞下水。全船共 15 个养殖舱，养殖水体达 8 万 m^3，大黄鱼等高端经济鱼类的养殖生产得到开展，高品质大黄鱼的年产量约 3700 吨[483]。

(13) 港口集装箱吞吐量排名：重要指标；港口集装箱吞吐量反映港口国际贸易市场需求量的大小，同时也是进行港口规划和基本建设的依据。2022 年度我国港口吞吐量排名第一(吞吐量 4730 万标箱)[484]，体现了我国港口在国际贸易上具备显著优势。

(14) 42m 级电船：船长 42m 的中短途集装箱货运智能无人电船在额定电池(4620kWh)驱动下连续航行的最大航程为 380km，可载重 940 吨。

(15) 新型蛙人探测声呐(DDS)开式蛙人探测距离：核心指标；开式蛙人是指使用开放式呼吸器的蛙人，蛙人呼出的气体直接进入水中，产生大量气泡，新型蛙人探测声呐对开式蛙人的探测距离可达 1000—1200m。

附件：全球知识产权(专利)和国际标准最新发展情况

A. 海洋物联网

1. 全球知识产权(专利)

海洋观测平台和传感器是海洋物联网的核心组件。近两年，国际上海洋观测技术及其装备产业迅猛发展，海洋物联网在海底供电通信技术、海洋观测平台技术、海洋传感器技术等方面均有多项专利成果产出。

海底供电通信技术是海底观测网组网核心技术，关乎原位观测设备在海底长期运行的持续充裕电能供给和海量数据双向传输，对于海底观测网长期可靠运行至关重要。海底观测网供电通信领域的最新专利主要涉及水下供电系统的稳定性和功率输出能力提升、故障识别与监测定位、电能变换及通信低耗能、宽带容量和稳定性提升等，例如，Submarine optical cable system(WO2022044545)，A high voltage offshore power plant power distribution assembly (WO2022194667A1)，Subsea cable system and method (EP4210186A1)，Optical switching and electricity supply architecture for submarine for submarine mesh network (JP2021197735A)，一种功率调整电路、调整电压的方法及海底观测网系统(CN202211002633)，基于多元故障电流时域特征的海底直流供电系统故障定位方法

(CN202211557641)等。

海洋观测平台是海底观测网的核心节点，为各类传感器实现长期有效的海上运行提供载体。常见的海洋观测平台包括浮标、潜标、坐底等固定观测平台，以及 AUV、ARGO 浮标、水下滑翔机等移动观测平台。海洋观测平台近两年在多源互补大功率供电技术、数据实时传输技术、水下导航与定位技术、结构稳定性提升等方面产出了众多知识产权。例如，具备剖面实时供电和通信功能的分布式浮力配置潜标系统(CN113060245A)、Structure of a ocean observation buoy resistant to waves(KR102311739B1)、Submarine observation network-based real-time power supply and high-speed data transmission subsurface buoy device (WO2023025034A1)、Broadcast-type underwater navigation and positioning system and method(WO2023082382(A1))、Subscriber receiver as part of a deep-sea long-range hydroacoustic positioning system(RU0002789636C1)、Low frequency sound source for long-range glider communication and networking(US2023150630A1)等。

海洋传感器是感知获取海洋环境观测数据的基础设备。最新专利技术主要集中在传感器材料、耗能、数采传输等方面的性能升级。例如，Autonomous submersible sensor apparatus with piston dive control(WO2022232428A1)、Parallel Clock Salinity Sensor(US202217671809A)、一种风速计数据校正方法、系统及装置(CN116660579A)、一种传感器测量用数据传输管理系统(CN116827874A)、Sensor and telemetry unit (STU) adapted for securable coupling to a floating object or buoyant aid to navigation (ATON) to operate as a selectively deployable ocean data acquisition system (ODAS)(US202117152423A)等。

2. 国际标准

海洋物联网领域的国际标准为全球海洋调查和观测提供统一的标准和操作流程，对推动水上/下观测系统的建立、海洋能的利用和海洋新型装备制造业的发展具有重要意义，美国、日本、韩国、加拿大、欧盟等国家和组织正积极利用国际化组织开展相关技术标准的谋划和布局。

近年来，国际上已有的海洋物联网领域的标准主要有国际标准化组织(ISO)发布的《海洋技术—海洋观测系统—海洋水文气象观测系统重用与交互设计准则》(ISO 21851:2020)、美国电气电子工程师协会(IEEE)发布的《海洋观测复杂虚拟仪器设计准则》(IEEE 2402-2017)。在 2022—2023 年间，国际标准化组织船舶与海洋技术委员会(ISO/TC8)等船海领域国际标准化组织，积极响应国际海事立法要求和业界技术发展需求，在海洋物联网领域发布和立项了多项国际标准，涉及自主船舶、自主水下航行器、海底地震探测、海上环境参数监测、船舶网络安全、船岸数据通信、舾装与甲板机械设备、海上结构物、船舶设计、内河航运、海洋技术等领域，如表 A1—A4 所示(附在本节后)。其中，2023 年 5 月发布的 ISO 3482: 2022《船舶与海洋技术—海底地震仪主动源探测技术导则》是我国主持制订的首项海洋地球物理调查国际标准[485, 486]。该标准包括海底地震仪器主动源探测的专业术语、仪器校准、外作设计、OBS 投放回收、人工震源、作业流程、数据采集与处理等技术要求，有利于各国海底地震仪的技术性能提升和海底地震仪数据格式的统一，从而促进各个国家在海底资源调查、开发和利用方面的合作[485, 486]。2023 年 3 月发布的 ISO 4845:2023《船舶与海洋技术—深海系泊组合索具》由我国主导制定，立足于我国自主研发的产品和技术，为推动我国相关领域优势技术和产品走向国际市场，发挥了有力的标准引领和支撑作用。ISO 4845 标准的成功发布，不仅给海上结构物的深海系泊设计及使用带来有力的理论支撑，还极大地提高了深海组合索具产品质量，促进了深海系泊索具产业链的健康发展。2023 年 3 月发布的 ISO 23807:2023《船舶与海洋技术—异步低时效船岸数据传输一般要求》由日本主导提出，聚焦非实时文件传输，为"船舶数据中心"架构下船岸之间的数据通信提供技术支撑。同时，由日本主导修订的 ISO 16425《船舶与海洋技术—用于船载设备与系统的通信网络安装指南》、ISO 19847《船舶与海洋技术—船载海上共享数据服务器》、ISO 19848《船舶与海洋技术—船载机械设备数据格式》等标准已完成最后一次技术意见协调，预计于 2023 年内发布[487]。

相比于 2022 年，2023 年新增的国际标准大多是在已有物联网装备技术上的规范与细化。以船舶与海洋技术门类为例，海船用铝质舷梯、深海系泊组合索具、玻璃钢格栅、船用回声测深设备、油舱及水舱放泄装置、踏步梯等设备进一步标准规范化，更有利于海洋船舶的安全行驶和设备管理的有序化。除设备标准外，2023 年在船舶与海洋技术门类针对软件与数据传输等方面也进行了规范化约束，如船用连续监测 TRO 传感器性能试验程序、异步非实时船岸数据传输一般要求等。这些内容的标准制定，与硬件设备一起，成为船舶系统组成不可或缺的部分，为开展相关国际合作提供技术支撑和标准保障。

我国海洋观测标准主要标准化对象为海洋观测要素、观测方法、观测数据处理等内容，主要有以岸站为观测方式的《海滨观测规范》和以调查船为观测方式的《海洋调查规范》[488, 489]。由全国海洋标准化技术委员会(TC283)组织起草的《自动剖面漂流浮标》于 2023 年 9 月 1 日起实施，《国际海底区域和公海环境调查规程》《海洋生态环境水下有缆在线监测系统技术要求》等于 2023 年 12 月 1 日起实施，进一步补充和完善了我国自然资源海洋标准体系。

随着海洋观测技术、海洋通信技术、物联网技术、GIS技术、大数据技术、区块链技术、人工智能技术、边缘计算技术等新技术的发展，海洋观测逐渐从单点观测向多平台组成的自适应观测网络方向发展，但当前尚未形成国际化集成规范和标准。

表 A1　2022 年度海洋物联网领域新发布的部分国际标准[490]

标准号	标准名称	所属国际组织	发布时间
ISO 3482:2022 (Ed.1)	Ships and marine technology – Technical guidelines for active source exploration with ocean bottom seismometers (OBS) 船舶与海洋技术—海底地震仪主动源探测技术导则	ISO/TC 8/SC 13	2022-05-19
ISO/TS 23860:2022 (Ed.1)	Ships and marine technology – Vocabulary related to autonomous ship systems 船舶与海洋技术—自主船舶系统相关术语	ISO/TC 8	2022-05-25

标准号	标准名称	所属国际组织	发布时间
ISO 23668:2022 (Ed.1)	Ships and marine technology – Marine environment protection – Continuous on-board pH monitoring method 船舶与海洋技术—海上环境保护—船载式 pH 连续监测法	ISO/TC 8/SC 2	2022-11-09

表 A2   2022 年度海洋物联网领域新立项的部分国际标准[490]

标准号	标准名称	所属国际组织	立项时间
ISO/AWI 23816(Ed.1)	Ships and marine technology – Secured ship network based on IPv6 Ethernet network 船舶与海洋技术—基于 IPv6 以太网的安全船舶网络	ISO/TC 8	2022-05-04
ISO/AWI 18131 (Ed.1)	Ships and marine technology – General requirements for publish-subscribe architecture on ship-shore data communication 船舶与海洋技术—船岸数据通信发布-订阅式体系结构一般要求	ISO/TC 8	2022-09-05

表 A3   2023 年 1—9 月海洋物联网领域新发布的部分国际标准[487]

标准号	标准名称	所属国际组织
ISO 23807:2023 (Ed.1)	Ships and marine technology – General requirements for the asynchronous time-insensitive ship-shore data transmission 船舶与海洋技术—异步低时效船岸数据传输一般要求	ISO/TC 8

续表

标准号	标准名称	所属国际组织
ISO 23780-1:2023 (Ed.1)	Ships and marine technology – Procedure for testing the performance of continuous monitoring TRO sensors used in ships – Part 1: DPD sensors 船舶与海洋技术—船用连续监测 TRO 传感器性能试验程序—第 1 部分：DPD 传感器	ISO/TC 8
ISO 9875:2023 (Ed.4)	Ships and marine technology – Marine echo-sounding equipment 船舶与海洋技术—船用回声测深设备	ISO/TC 8/SC 6
ISO 5540:2023 (Ed.1)	Ships and marine technology – Sea-going vessels – Dual traction/stowage winches for oceanographic research 船舶与海洋技术—牵引式海洋调查绞车	ISO/TC 8/SC 4
ISO 22804:2023 (Ed.1)	Marine technology – General technical requirement of marine conductivity-temperature-depth (CTD) measuring instrument 海洋技术—船用温盐深仪(CTD)通用技术要求	ISO/TC 8/SC13
ISO 4845:2023 (Ed.1)	Ships and marine technology – Combined rigging for deep-sea mooring 船舶与海洋技术—深海系泊组合索具	TC 8/SC4/WG3
ISO 5528:2023 (Ed.1)	Ships and marine technology – Deep-sea hydraulic winch equipment 船舶与海洋技术—深海液压绞车装置	ISO/TC8/SC4
ISO 24681:2023 (Ed.1)	Ships and marine technology – Fibre-reinforced plastic grating 船舶与海洋技术—玻璃钢格栅	ISO/TC8/SC8
ISO 4853:2023 (Ed.1)	Ships and marine technology – A-frame launch and recovery system 船舶与海洋技术—A 型门架系统	ISO/TC8/SC4
ISO 4861:2023 (Ed.1)	Ships and marine technology – Piling barge winches 船舶与海洋技术—打桩船用绞车	ISO/TC8/SC4

标准号	标准名称	所属国际组织
ISO 3797:2023 (Ed.2)	Ships and marine technology – Vertical steel ladders 船舶与海洋技术—钢质直梯	ISO/TC8/SC8
ISO 5483:2023 (Ed.3)	Ships and marine technology – Drain facilities from oil and water tanks 船舶与海洋技术—油舱及水舱放泄装置	ISO/TC8/SC3
ISO 9519:2023 (Ed.2)	Ships and marine technology – Single rungs and rungs for dog-step ladders 船舶与海洋技术—踏步梯	ISO/TC8/SC8

表 A4　2023 年 1—6 月海洋物联网领域新立项的部分国际标准[487]

标准号	标准名称	所属国际组织
ISO/AWI 20682 (Ed.1)	Autonomous underwater vehicles – Risk and reliability 自主水下航行器—风险和可靠性	ISO/TC 8/SC 13
ISO/CD 7061 (Ed.4)	Ships and marine technology – Aluminium shore gangways for seagoing vessels 船舶与海洋技术—海船用铝质舷梯	TC 8/SC 1/WG 2
ISO/AWI 19901-2 (Ed.4)	Petroleum and natural gas industries – Specific requirements for offshore structures – Part 2: Seismic design procedures and criteria 石化和天然气工业—海上结构物的特殊要求—第 2 部分：抗震设计程序和标准	ISO/TC67/SC7
ISO/AWI 20650 (Ed.1)	Inland navigation vessels – Small floating working machines – Requirements and test methods 内河船—小型浮动工作机—要求和测试方法	ISO/TC8/SC7

B. 海洋能源网

1. 全球知识产权(专利)

海洋能源网方面的知识产权主要涉及海洋能源的转换、发电、储电、预测、开发等多个领域，涉及海洋能源转换器技术、海洋浮标长续航自供能技术、海洋光纤传感网络热电能量采集技术、海洋风能预测技术、海洋天然气水合物开发技术等，对提高海洋能源的综合利用效能，为海洋表面长时监测、海底稳定观测等提供能源保障具有重要意义。

在海洋能源转换和发电储电方面成果产出颇丰。美国国家可再生能源实验室公开了一项新技术领域的专利——分布式嵌入式能源转换器技术(DEEC-Tec)，将应用于海洋能源转换器[491]。广州海洋地质调查局发明了一种海上近岸多种能源综合利用装置，包括三大模块，即波浪能收集模块、潮汐能收集模块、风能收集模块，具有结构设计巧妙、便于生产和安装的特点，可组网使用以进行大规模发电，具有广泛的应用前景和社会价值[492]。山东科技大学发明了一种长续航自供能海洋浮标，在浮标上浮下潜过程中实现自发电，大幅提高了浮标的续航能力，解决了现有浮标本身电力存储有限、无法长时间应用且电量用完后难以回收的问题[493]。武汉理工大学三亚科教创新园发明了一种用于海洋光纤传感网络的热电能量采集系统，实现了采集并利用光纤无线传感网络工作时散发的热能，提高设备的续航能力，有效解决了频繁更换电池导致的观测中断问题[494]。在海洋能源预测方面，四川北控清洁能源工程有限公司公开了一种基于深度学习神经网络的海洋风能降尺度方法，通过深度学习神经网络，提取数据蕴含的内在特征和本质规律，减小降尺度误差，提高了海洋风能预测的准确性[495]。在海洋能源资源开发方面，中国地质调查局青岛海洋地质研究所申报的国际专利 System and method for exploiting deepwater shallow low-abundance unconventional natural gas by artificial enrichment 获得美国国家知识产权局批复。该专利通过在地层中建立有效的沟通通道，通过原位改性、二次人工诱导成矿、抽吸富化、快速提取等步骤，实现深海浅层低丰度非常规天然气的开发，是一种完全不同于深水常规油气开发思路的开采方法。

　　表 B1 列举了与海洋能源网相关的其他部分专利。这些专利技术致力于利用海洋能源资源进行能源供应和发电，并通过不同的装置设计和控制手段，提高能源的利用效率、稳定性和安全性，有助于推动海洋能源领域的发展与创新，并为能源的可持续开发利用提供新的途径。

表 B1　海洋能源网方面的部分相关专利

序号	专利名称	发明人	授权公告号	公开日期
1	基于数字图像处理的海上风力机角速度测量方法	薛佳慧[496]	CN116740619A	2023-09-12
2	海洋能驱动机器人节能避障方法	廖煜雷、李可、赵永波等[497]	CN116578095A	2023-08-11
3	基于薄膜叶片海流轮机的离网式深海观测系统	郭朋华、张大禹、段昱冰等[498]	CN116461653A	2023-07-21
4	基于等厚度圆弧翼叶片海流轮机的离网式深海观测系统	郭朋华、张大禹、段昱冰等[499]	CN116534190A	2023-08-04

续表

序号	专利名称	发明人	授权公告号	公开日期
5	海浪能自动提水装置	王洪松[500]	CN116498514A	2023-07-28
6	一种风机平台波浪能和潮流能综合利用发电系统	卜王辉、武泽、阎耀保等[501]	CN116447069A	2023-07-18
7	一种海上浮式结构物的二氧化碳捕集及存储装置	高阳、彭贵胜、姜得志等[502]	CN217410279U	2022-09-13
8	一种基于海洋能源和海上风能的供氢供电系统	卢惠民、卢小溪、徐晨等[503]	CN219317092U	2023-07-07
9	一种海洋船舶工业用电池组电池壳铝片的制备方法	杨金来、韩克武、王金宝等[504]	CN115354198B	2023-03-10
10	基于海洋能源采集用生物质能储存装置	钟超、陆敬安、康冬菊等[505]	CN218595107U	2023-03-10
11	一种海洋发电的新能源浮标	李陈[506]	CN218288034U	2023-01-13
12	一种分级式可变向贮能-发电-储电一体化海洋能源装置	杨满平、张海潮、路艳军等[507]	CN115450826A	2022-12-09
13	一种基于海洋能源用波浪能发电装置	钟超、陆敬安、康冬菊[508]	CN217873093U	2022-11-22
14	一种可燃冰开采过程中近井海洋能源土气-水两相渗透及力学性质测试装置和方法	张玉、李建威、程志良等[509]	CN115308105A	2022-11-08
15	一种用于海洋能源资源的风浪流测量装置	赵雪英、张波[510]	CN217505157U	2022-09-27
16	一种含天然气水合物的海洋能源土与结构接触面力学特性的测试装置和测试方法	张玉、刘书言、李昊[511]	CN112748011B	2022-07-15

2. 国际标准

2022—2023 年，ISO/TC 8、ISO/TC 18、ISO/TC 67、ISO/TC 142、ISO/TC 188 等船海领域国际标准化组织，积极响应业界技术发展需求，在海洋能源网领域发布和立项了多项国际标准，涉及石油与天然气工业、小艇能源与动力、电动船舶、液化天然气厂温室气体排放等领域，如表 B2—B6 所示(附在本节后)。

2022 年 6 月 6 日，由中国海油牵头制定《石油与天然气工业—海洋隔水导管下入深度与安装设计》(ISO 3421:2022 Petroleum and natural gas industries – Drilling and production equipment – Offshore conductor design, setting depth and installation)由 ISO 出版发布。这是中国海洋钻井技术领域以"模型、算法"为核心的 ISO 国际标准，旨在为全球海洋石油工业提供海洋隔水导管入泥深度的精确预测、稳定性校核与施工控制等技术，适用于浅水和深水油气勘探开发领域[512]。该标准所推荐的设计方法和技术已在渤海、东海、南海西部和南海东部百余个油气田现场应用与验证，取得显著的经济社会效益，并在巴西、西非、墨西哥湾得到推广应用[512]。

2022 年 8 月 31 日，国际标准化组织发布了《旋转机械用进气过滤系统—试验方法—第 2 部分：雾和薄雾环境中过滤元件耐久性试验》(ISO 29461-2: 2022 Air filter intake systems for rotary machinery-Test methods-Part 2: Filter element endurance test in fog and mist environments)。这是我国在 ISO/TC142 主导提出的 ISO 国际标准，标志着我国在旋转机械通风进气领域的国际标准化工作取得了重要

突破[513]。该标准提供了一种燃气轮机进气系统耐湿性能的测试方法，同时包含了对一般通风过滤装置耐湿耐水雾性能的评价[513]。该测试方法已广泛应用于国内外相关设备厂家、燃气电厂、海洋平台和舰船，对解决全球范围内燃气轮机进气系统湿堵难题，保障燃气轮机在雨水、雾霾、高湿等复杂环境条件下安全运行具有重要意义[513]。

ISO/TC 8 积极行动，响应落实国际海事组织(IMO)在《2023 年 IMO 船舶温室气体(GHG)减排战略》[514](MEPC.377(80))中提出的碳达峰和碳中和目标。中日韩等国围绕 LNG、甲醇、氢、氨等低碳和零碳燃料提出了《船舶与海洋技术—甲醇燃料船的加注规范》《氢动力船液氢阀的试验程序》《船舶与海洋技术—船用氨燃料系统—词汇》《船舶与海洋技术—LNG 船液货围护系统蒸发率测试方法》等新工作项目，以加快推进清洁能源在船舶行业的应用。由丹麦主导制定的船舶设备能效评估系列标准 ISO 8933 目前已完成委员会草案编制,包括 ISO/DIS 8933-1《船舶与海洋技术—能源效率—第 1 部分:单个海事部件的能源效率》和 ISO/DIS 8933-2《船舶与海洋技术—能源效率—第 2 部分：海事功能系统的能源效率》，需要业界密切关注[487, 515]。

表 B2　2022 年度海洋能源网领域新发布的部分国际标准[490, 512, 513]

标准号	标准名称	所属国际组织	发布时间
ISO 3421:2022	Petroleum and natural gas industries - Drilling and production equipment - Offshore conductor design, setting depth and installation 石油与天然气工业—海洋隔水导管下入深度与安装设计	ISO/TC 67/SC 4	2022-06-06

续表

标准号	标准名称	所属国际组织	发布时间
ISO 29461-2:2022	Air intake filter systems for rotary machinery - Test methods - Part 2: Filter element endurance test in fog and mist environments 旋转机械用进气过滤系统—试验方法—第 2 部分：雾和薄雾环境中过滤元件耐久性试验	ISO/TC 142	2022-08-31
ISO 21487:2022 (Ed.3)	Small craft - Permanently installed petrol and diesel fuel tanks 小艇—永久性安装的汽油和柴油燃油柜	ISO/TC 188	2022-11-11
ISO 10088:2022 (Ed.5)	Small craft - Permanently installed fuel Systems 小艇—永久性安装的燃油系统	ISO/TC 188	2022-11-24
ISO/TS 16901:2022 (Ed.2)	Guidance on performing risk assessment in the design of onshore LNG installations including the ship/shore interface 陆上液化天然气装置(包括船/岸界面)设计中的风险评估指南	ISO/TC 67/SC 9	2022-12-13

表 B3   2022 年度海洋能源网领域新立项的部分国际标准[490]

标准号	标准名称	所属国际组织	立项时间
ISO/DIS 6338 (Ed.1)	Method to calculate GHG emissions at LNG plant 液化天然气厂温室气体的测算方法	ISO/TC 67/SC 9	2022-04-11
ISO/AWI 16259 (Ed.1)	Ships and marine technology - Performance test procedures of LNG BOG re-liquefaction system on board a ship 船舶与海洋技术—船上 LNG BOG 再液化系统性能测试程序	ISO/TC 8	2022-05-04

续表

标准号	标准名称	所属国际组织	立项时间
ISO/AWI 10665(Ed.1)	CNG and LNG equipment and accessories - CNG and LNG propulsion system for ships and craft CNG 和 LNG 设备和配件—船舶的 CNG 和 LNG 推进系统	ISO/TC 8/SC 8	2022-05-26
ISO/CD 8665-2 (Ed.1)	Small craft - Power measurements and declarations - Part 2: Electric marine propulsion 小艇—功率测量和说明—第 2 部分：船用电力推进	ISO/TC 188	2022-06-01
ISO/AWI 23625 (Ed.1)	Small craft - Lithium-ion batteries 小艇—锂离子电池	ISO/TC 188	2022-06-17
IEC 63462-1 (Ed.1)	Maritime battery system - Part 1: Secondary lithium cells and batteries - Safety requirements 海上电池系统—第 1 部分：二次电池和蓄电池—安全要求	ISO/TC 18	2022-07-01

表 B4　2023 年 1—6 月海洋能源网领域新发布的部分国际标准[487]

标准号	标准名称	所属国际组织
ISO 6338:2023 (Ed.1)	Method to calculate GHG emissions at ING plant 液化天然气厂温室气体排放的计算方法	ISO/TC 67/SC 9
ISO 4679:2023 (Ed.1)	Ships and marine technology - Hydraulic performance tests for waterjet propulsion system 船舶与海洋技术—喷水推进水力性能试验方法	ISO/TC 8/SC 8

表 B5　2023 年 1—6 月海洋能源网领域新立项的部分国际标准[487]

标准号	标准名称	所属国际组织
ISO/AWI 1896 (Ed.1)	Ships and marine technology - Rechargeable battery systems for electrically propelled ships 船舶与海洋技术—电动船舶可充电电池系统	ISO/TC 8/SC 8
ISO/DIS 16904-2 (Ed.1)	Installation and equipment for liquefied natural gas - Design and testing of marine transfer systems - Part 2: Design and testing of transfer hoses 液化天然气的安装和设备—船用输送系统的设计和试验—第 2 部分：输送软管的设计和测试	ISO/TC 67/SC 9
ISO/DIS 6338-1 (Ed.1)	Calculations of GHG emissions throughout the LNG chain - Part 1: General LNG LNG 产业链的温室气体排放量计算—第 1 部分：总则	ISO/TC 67/SC 9
ISO/AWI 21341 (Ed.1)	Ships and marine technology - Test procedures for liquid hydrogen valve of hydrogen ships 船舶与海洋技术—氢动力船液氢阀的试验程序	ISO/TC 8/SC 3
ISO/AWI 21154 (Ed.1)	Ships and marine technology - Boil-off-rate measurement method for cargo containment system of LNG ship 船舶与海洋技术—LNG 船液货围护系统蒸发率测试方法	ISO/TC 8

表 B6　2023 年 5—9 月 ISO/TC8 在海洋能源网方面的国际标准新项目开启投票清单[487, 515]

标准号	标准名称	所属国际组织	开启投票时间	结束投票时间	研制阶段
ISO/NP 22120	Ships and marine technology - Specification for bunkering of methanol fuelled vessels 船舶与海洋技术—船舶甲醇燃料加注规范	ISO/TC 8	2023-05-15	2023-08-07	NP

续表

标准号	标准名称	所属国际组织	开启投票时间	结束投票时间	研制阶段
ISO/NP 23397	Ships and marine technology - Ammonia fuel systems for ships - Vocabulary 船舶与海洋技术—船用氨燃料系统—词汇	ISO/TC8/SC3	2023-07-06	2023-09-28	NP
ISO/DIS 11326	Ships and marine technology - Test procedures for liquid hydrogen storage tank of hydrogen ships 船舶与海洋技术—氢动力船储氢罐试验规程	ISO/TC 8/SC 3	2023-08-15	2023-11-07	DIS
ISO/DIS 8933-2	Ships and marine technology - Energy efficiency - Part 2: Energy efficiency of maritime functional systems 船舶与海洋技术—能效—第2部分：船舶功能系统的能源效率	ISO/TC 8	2023-09-14	2023-12-07	DIS

C. 海洋信息网

1. 全球知识产权(专利)

作为智慧海洋的重要组成部分，海洋信息化产业近年来发展迅速[516]，在海洋信息感知、传输、信息处理等方面均有多项专利成果产出。

在海洋信息感知和信息传输方面，上海某公司发明了一种高可靠性的海上浮漂数据智慧监测系统及方法，能够及时高效处理智慧浮漂终端的多种故障，保证采集的监测数据完整上传，提高了监测数据的准确性，从而保障了海洋监测系统的高可靠性[517]。镇江某公司设计了一种用于船舶的远程安全监测与港口管理系统，能够通过 GPS 实时定位船舶的位置，并通过显示模块将船舶的位置显示出来，方便远程进行安全监测和调控。同时，远程端可以将泊位的空余情况通过无线发射模块告知船舶上的工作人员，使船舶能够在返航时快速找到对应的泊位[518]。武汉某高校提出了一种基于 Lora 通信的海洋监测系统和方法，适用于远距离水域的海洋数据实时在线监测。该系统包括多个无人监测船、Lora 网关和岸端上位机。其中，无人监测船与岸端上位机使用 Lora 通信方式进行传输，具有功耗低、传输距离远、部署简单、可扩展性强等特点[519]。

　　在海洋信息处理方面，作为新一代信息技术，海洋大数据处理技术与海洋调查观测、开发利用、综合管理、科学研究、海洋安全与权益维护等各类海洋活动深度融合，逐步发展为认识海洋和经略海洋的重要手段[520]。海底观测网实现海洋数据的多元感知与探测，源源不断地产出海量海洋大数据，对数据的存储与管理、可视化展示、深度挖掘、预测预报和安全保障等环节提出新需求，与海洋大数据处理技术相关的专利也随之增多。例如，一种适用大规模海洋数据的分布式存储和处理方法及系统 (CN116226139A)，一种多源异构数据汇集存储方法 (CN116226119A)，Prediction system of ocean environmental data and required power of ships using deep learning and big data(KR102116917B1)，一种气象海洋数据三维可视化的方法(CN116152415A)，海量海洋要素数据的动态渲染方法、装置、设备及介质(CN116028737A)，Bayesian optimal model system (BOMS) for predicting equilibrium ripple geometry and evolution(US2023017695A1)。

2. 国际标准

国际标准化组织船舶与海上技术委员会下设的联合运输和近海航运分委员会(ISO/TC 8/SC 11)近年来高度关注船舶软件、船岸数据通信、港口自动化以及港口供应链等智能化和信息化领域标准的研制。2023 年 5 月 17 日，ISO/TC 8/SC 11 第 17 届全会批准电子港口通关领域两项在研标准 ISO/DIS 28005-1《船舶与海洋技术—电子港口通关(EPC)—第 1 部分：应用协议接口和信息结构》和 ISO/DIS 28005-3《船舶与海洋技术—电子港口通关(EPC)—第 3 部分：管理和操作数据交换技术要求》进入国际标准草案(Draft International Standard，DIS)投票阶段(表 C1)，批准船舶软件领域在研标准 ISO/PRF 24060-2《船舶与海洋技术—船舶软件操作日志系统—第 2 部分：电子服务报告》进入国际标准发布阶段(表 C2)，标准推进速度预计将进一步加快[521]。

表 C1　2023 年海洋信息网领域进入投票阶段的部分国际标准[521]

标准号	标准名称	所属国际组织
ISO/DIS 28005-1	Ships and marine technology - Electronic port clearance(EPC) - Part 1: Message structures and application programming interfaces 船舶与海洋技术—电子港口通关(EPC)—第 1 部分：应用协议接口和信息结构	ISO/TC 8/SC 11

续表

标准号	标准名称	所属国际组织
ISO/DIS 28005-3	Ships and marine technology - Electronic port clearance(EPC) - Part 3: Data elements for ship and port operation 船舶与海洋技术—电子港口通关(EPC)—第 3 部分：管理和操作数据交换技术要求	ISO/TC 8/SC 11

表 C2　2023 年海洋信息网领域进入发布阶段的部分国际标准[521]

标准号	标准名称	所属国际组织
ISO/PRF 24060-2	Ships and marine technology - Ship software logging system for operational technology - Part 2: Electronic service reports 船舶与海洋技术—船舶软件操作日志系统—第 2 部分：电子服务报告	ISO/TC 8/SC 11

作者：陆军　冯拓宇　刘海波　王晨旭　叶海军　乔永杰

参 考 文 献

[1] 夏颖颖, 王哲, 王志鹏, 等. "联合国海洋科学促进可持续发展十年"行动研究及我国参与建议. 海洋经济, 2023, 13(4): 88-95.

[2] 管松, 于莹, 乔方利. "联合国海洋科学促进可持续发展十年": 内容与评述. 海洋学报, 2021, 43(1): 155-164.

[3] 王小谟, 陆军, 彭伟, 等. 加速海洋"新基建"建设, 推动海洋产业高质量发展. 科技导报, 2021, 39(16): 76-80.

[4] 程骏超, 何中文. 我国海洋信息化发展现状分析及展望. 海洋开发与管理, 2017, 34(2): 46-51.

[5] 顶风破浪给海洋"体检". 海南特区报, 2023-04-12.

[6] 在向海图强路上奋力谱写蓝色华章——中国海洋大学师生深入学习贯彻党的二十大精神. 光明日报. http://dangjian.people.com.cn/n1/2023/0118/c117092-32608842.html [2023-06-23].

[7] 杨灿, 王雪峰, 廖泽芳. "一带一路"倡议促进海洋产业结构转型升级评估——基于 DID 双重差分模型. 海洋开发与管理, 2023, 40(4): 61-69.

[8] 于仁成, 吕颂辉, 齐雨藻, 等. 中国近海有害藻华研究现状与展望. 海洋与湖沼, 2020, 51(4): 768-788.

[9] 联合国教科文组织政府间海洋学委员会. 实施计划摘要: 联合国海洋科学促进可持续发展十年(2021—2030 年), 2021.

[10] NRDC 自然资源保护协会. 美国推出有史以来首个《海洋气候行动计划》. https://mp.weixin.qq.com/s/MB42eJpYf7A3u16ftucp4A [2023-06-02].

[11] 韩国发布《蓝碳推进战略》. http://aoc.ouc.edu.cn/2023/0625/c9829a436200/page.htm [2023-06-21].

[12] 瑞士通过《海洋战略 2023—2027》. http://aoc.ouc.edu.cn/2023/0625/c9829a436199/page.htm [2023-06-20].

[13] Strategy 2023-2027: Advancing EOOS - The foundation of European ocean knowledge. https://www.eoos-ocean.eu/wp-content/uploads/2023/02/EOOS-Strategy-2023-2027.pdf [2023-07-12].

[14] 欧洲海洋观测系统发布 2023—2027 年战略. http://www.casisd.cn/zkcg/ydkb/kjqykb/2023/kjqykb202305/202306/t20230615_6778483.html [2023-06-15].

[15] 宗山雨. 欧洲海洋观测系统发布《2023—2027 年 EOOS 战略》. 科技中国, 2023, (4): 108.

[16] Decade Coordination Office for Ocean Observing. https://oceandecade.org/zh/actions/decade-coordination-office-for-ocean-observing [2023-07-05].

[17] 新西兰的综合海洋观测系统. https://oceandecade.org/zh/actions/integrated-ocean-observing-system-for-new-zealand/ [2023-07-05].

[18] 新版"海洋安全战略"彰显欧盟海权竞逐目标. https://www.icc.org.cn/trends/mediareports/1673.html [2023-05-16].

[19] 日本海洋政策指导方针《海洋基本计划》. https://www.wells.org.cn/index.php/home/literature/detail/id/3504.html [2023-04-28].

[20] UNESCO-IOC, Ocean Decade Progress Report 2021-2022. Paris, 2022.

[21] Deep Ocean Observing Strategy(DOOS). https://oceandecade.org/actions/deep-ocean-observing-strategy-doos/ [2023-06-23].

[22] 海洋科技动态. 广州海洋局海洋战略研究所. https://mp.weixin.qq.com/s/MB42eJpYf7A3u16ftucp4A [2023-07-05].

[23] 日本财团-GEBCO海底2030项目. https://oceandecade.org/zh/actions/the-nippon-foundation-gebco-seabed-2030-project/ [2023-06-23].

[24] 日本将于2030年完成"全球海底深度地图"绘制. http://www.dsac.cn/News/Detail/26145 [2023-10-10].

[25] UNESCO. San Juan, Puerto Rico-Schmidt Ocean Institute launched today its newly refitted 110-meter global-class research vessel for use by scientists worldwide to dramatically advance marine science and push the frontiers of deep sea expedition. https://oceandecade.org/news/soi-new-research-vessel-change-ocean-exploration/ [2023-07-05].

[26] 陈嘉楠.《欧洲海洋研究基础设施地图》发布. 中国自然资源报, 2022-12-12.

[27] New endorsed Decade Actions spotlight science-based solutions for ocean resilience. https://oceandecade.org/news/new-endorsed-decade-actions-spotlight-science-based-solutions-for-ocean-resilience/ [2023-07-14].

[28] Five JPI Oceans Underwater Noise Projects kick off their activities in Brussels. https://oceandecade.org/news/five-jpi-oceans-underwater-noise-projects-kick-off-their-activities-in-brussels/ [2023-07-14].

[29] 加拿大北极生物地理学观测网. https://oceandecade.org/zh/actions/ canadian-arctic-biogeochemsitry-observing-network/ [2023-07-07].

[30] Future arctic mobilities: Informing transportation adaptation through climate observations and model projections of changing snow and ice(Future arctic mobilities). https://oceandecade.org/zh/actions/future-arctic-mobilities-infor

ming-transportation-adaptation-through-climate-observations-and-model-pro
jections-of-changing-snow-and-ice-future-arctic-mobilities/ [2023-07-07].

[31] 圣劳伦斯河口研究和观察计划. https://oceandecade.org/zh/actions/st-
lawrence-estuary-research-and-observation-plan/ [2023-07-07].

[32] 中科院海洋科技情报网《海洋科技快报》2023 年第 1 期. https://mp.weixin.
qq.com/s?__biz=MzIwNTY1ODMxNg==&mid=2247486952&idx=1&sn=9
7b9df66160544115e77c801ddefd706&chksm=972ccc4ba05b455de0fab5ef2
2c62de45328c52e736c7d0856d8730a6a436dcbaa4e71606db3&scene=27
[2023-02-03].

[33] Chemistry, observation, ecology of submarine seeps. https://oceandecade.org/
actions/chemistry-observation-ecology-of-submarine-seeps/ [2023-07-05].

[34] Gomez B, Kadri U. Numerical validation of an effective slender fault source
solution for past tsunami scenarios. Physics of Fluids, 2023, 35(4).

[35] Zhan Z, Cantono M, Kamalov V, et al. Optical polarization-based seismic and
water wave sensing on transoceanic cables. Science, 2021, 371(6532):
931-936.

[36] 沿海复原力十年合作中心(DCC-CR). https://oceandecade.org/zh/actions/
decade-collaborative-centre-for-coastal-resilience-dcc-cr/ [2023-07-13].

[37] 国家海洋信息中心. 联合国"海洋十年"第六海洋实验室边会活动"拓
展亚欧海洋数据互操作"研讨会在线举行. https://mp.weixin.qq.com/s/
NBbpvumfB9z50Gxdxq8Uvw [2023-07-05].

[38] FUGRO 和 IOC/UNESCO 成立工作组，释放私营部门的海洋数据. https://
oceandecade.org/zh/news/fugro-and-ioc-unesco-launch-working-group-to-un
lock-private-sector-ocean-data/ [2023-07-12].

[39] 吴小兰. 2022 年国外海军装备发展综述. 国防科技工业, 2022, (12):
42-45.

[40] 2022 年上半年海洋领域世界科技发展趋势. https://baijiahao.baidu.com/s?
id=1746319646584569127&wfr=spider&for=pc [2022-10-11].

[41] 吴敏文. 透视美国主导的"环太平洋-2022"联合军演. 军事文摘, 2022,
(19): 35-39.

[42] 海洋知圈. 自主远程收集海洋信息，提供海域态势感知数据——美海军
测试无人帆船. https://mp.weixin.qq.com/s/4iwLGyipnxvrRi4sIlcmSw
[2023-07-05].

[43] 兰顺正. 小船搏大舰——自杀式小艇袭击与防御问题漫谈. https:
//baijiahao.baidu.com/s?id=1763667997989446944&wfr=spider&for=pc [2023-

06-20].

[44] 朱振宇, 周乃恩, 贺少帅. 基于"彩虹 4"无人机海洋监测平台的设计与验证. 海洋科学, 2022, 46(3): 122-134.

[45] 穆松, 张建, 王晓静, 等. 美国海军深海装备发展研究. 舰船科学技术, 2022, 44(14): 186-189.

[46] 美国DARPA海上无人项目研究现状. https://ibook.antpedia.com/x/807866.html [2023-07-12].

[47] 温秉权. 小型浅水域水下自航行器系统设计与试验研究 天津大学博士论文, 2005.

[48] New class of unmanned undersea vehicles emerging. https://www.navaltoday.com/2022/09/27/new-class-of-unmanned-undersea-vehicles-emerging/ [2023-07-12].

[49] 韩林生, 王祎. 全球海洋观测系统展望及对我国的启示. 地球科学进展, 2022, 37(11): 1157-1164.

[50] Ocean observatories initiative-A new era of oceanography. https://oceanobservatories.org/the-vision/ [2023-04-13].

[51] Sustained data for a changing ocean. https://oceandecade.org/zh/actions/sustained-data-for-a-changing-ocean/ [2022-08-06].

[52] Sixteenth turn of the coastal endurance array. https://oceanobservatories.org/2022/03/sixteenth-turn-of-the-coastal-endurance-array/ [2023-01-06].

[53] Coastal Pioneer New England Shelf Array. https://oceanobservatories.org/array/coastal-pioneer-array/#:~:text=The%20Coastal%20Pioneer%20Array%20is%20located%20off%20the [2024-09-27].

[54] Station Papa collaborative expedition completed. https://oceanobservatories.org/2022/05/station-papa-collaborative-expedition-completed/ [2022-05-31].

[55] Month-long expedition to refresh irminger sea array. https://oceanobservatories.org/2022/06/month-long-expedition-to-refresh-irminger-sea-array/ [2022-06-19].

[56] 45 days of discovery: RCA's 8th O&M expedition. https://oceanobservatories.org/2022/08/45-days-of-discovery/ [2022-08-10].

[57] Ocean observatories initiative's pioneer array relocating to southern mid-atlantic bight. https://www.whoi.edu/press-room/news-release/ocean-observatories-initiatives-pioneer-array-relocating-to-southern-mid-atlantic-bight/[2023-02-21].

[58] OOI launches QARTOD. https://oceanobservatories.org/2022/11/ooi-launches-qartod/ [2022-11-03].

[59] OOI biogeochemical sensor data best practices and user guide: Open community review. https://oceanobservatories.org/2022/12/ooi-biogeochemical-sensor-data-best-practices-and-user-guide-open-community-review/[2022-12-19].

[60] Data stream parameters simplified to ease access. https://oceanobservatories.org/2022/08/data-stream-parameters-simplified-to-ease-access/[2022-08-25].

[61] 李风华, 路艳国, 王海斌, 等. 海底观测网的研究进展与发展趋势. 中国科学院院刊, 2019, 34(3): 321-330.

[62] 2021-2022 Annual Report - Ocean Networks Canada, 2022.

[63] Expeditions recap 2022: #ONCAbyss. https://www.oceannetworks.ca/news-and-stories/stories/expeditions-recap-2022-onc-abyss/ [2022-12-16].

[64] Digital infrastructure-Ocean networks Canada. https://www.oceannetworks.ca/observatories/digital-infrastructure/oceans-3.0 [2023-05-16].

[65] Carapuço M M, Silveira T M, Stroynowski Z, et al. Portuguese European multidisciplinary seafloor and water column observatory initiative. Frontiers in Marine Science, 2022, 9: 227.

[66] Regional facilities profiles. https://emso.eu/observatories/ [2022-04-11].

[67] Studying the oceans. https://emso.eu/studying-the-oceans/ [2021-12-22].

[68] DONET system concept. https://www.jamstec.go.jp/donet/e/ [2017-12-16].

[69] Tonegawa T, Araki E, Kimura T, et al. S-wave velocity structure in the Nankai accretionary prism derived from Rayleigh admittance. Geophysical Research Abstracts, 2017, 19: 10804.

[70] S-net. https://www.seafloor.bosai.go.jp/S-net/ [2023-06-16].

[71] 何立岩, 李智刚, 何震. 水下插拔电连接器的研制. 机电元件, 2016, 36(6): 3-6.

[72] 董胜, 廖振焜, 于立伟, 等. 海洋科考装备技术发展战略研究. 中国工程科学, 2023, 25(3): 33-41.

[73] Nautilus WM10-250. https://www.teledynemarine.com/en-us/products/Pages/nautilus-wm10-250.aspx [2023-10-18].

[74] RS8 APC optical connector. https://www.teledynemarine.com/en-us/products/Pages/apc-rolling-seal-hybrid-connector.aspx [2023-10-18].

[75] Nautilus rolling seal hybrid (NRH). https://www.teledynemarine.com/en-us/products/Pages/nautilus-rolling-seal-hybrid-nrh-connector.aspx[2023-10-18].

[76] Optical wet-mate connectors. http://seaconworldwide.com/products/optical-underwater-mateable/hydralight/ [2023-02-15].

[77] 杨文聪. 深海湿插拔连接器的关键技术研究. 东南大学硕士论文, 2022.

[78] 李红志, 闫晨阳, 贾文娟. 海洋温盐深传感器技术自主创新与产业发展的几点思考. 水下无人系统学报, 2021, 29(3): 249-256.

[79] 刘涛荣, 张渊洲. 海洋生态环境监测传感器的应用与发展. 中文科技期刊数据库(文摘版)工程技术, 2021, (1): 240-241.

[80] 闫亚飞. 海洋传感器产业分析报告. 高科技与产业化, 2021, 27(12): 44-51.

[81] Valeport unveils 6000m rated 'deep' CTD. https://www.oceannews.com/news/science-and-tech/valeport-unveils-6000m-rated-deep-ctd [2023-03-16].

[82] Hendricks A, Mackie C, Luy E, et al. A miniaturized and automated eDNA sampler: Application to a marine environment// OCEANS 2022, Hampton Roads, 2022: 1-10.

[83] Tsabaris C, Androulakaki E G, Alexakis S. An Optimized quantification method for marine radioactivity measurements: Application in the southern Caspian Sea using the KATERINA underwater γ-Spectrometer. Journal of Marine Science and Engineering, 2023, 11(4): 725.

[84] Tsabaris C, Patiris D L, Adams R, et al. In situ radioactivity maps and trace metal concentrations in beach sands of a mining coastal area at North Aegean, Greece. Journal of Marine Science and Engineering, 2023, 11(6): 1207.

[85] Lee S, Park J, Lee J S, et al. Comparative study on gamma-ray detectors for in-situ ocean radiation monitoring system. Applied Radiation and Isotopes, 2023, 197: 110826.

[86] Bezuidenhout J, Le Roux R R, Kilel K K. The characterization and optimization of an underwater gamma-ray detection system(DUGS). Journal of Marine Science and Engineering, 2023, 11(1): 171.

[87] Lee J, Lee M S, Jang M, et al. Comparison of Arduino Nano and Due processors for time-based data acquisition for low-cost mobile radiation detection system. Journal of Instrumentation, 2022, 17(3): P03015.

[88] McPhaden M J. The tropical atmosphere ocean array is completed. Bulletin of the American Meteorological Society, 1995, 76(5): 739-744.

[89] Bourlès B, Lumpkin R, McPhaden M J, et al. The Pirata program: History, accomplishments, and future directions. Bulletin of the American Meteorological Society, 2008, 89(8): 1111-1126.

[90] McPhaden M J, Meyers G, Ando K, et al. RAMA: The Research Moored array for African-Asian-Australian monsoon analysis and prediction.

Bulletin of the American Meteorological Society, 2009, 90(4): 459-480.

[91] Anderson D L T. The tropical ocean global atmosphere programme. Contemporary Physics, 1995, 36(4): 245-265.

[92] Chapman P. The world ocean circulation experiment (WOCE). Marine Technology Society Journal, 1998, 32: 23-36.

[93] Lutjeharms J R E, Gründlingh M L. The world ocean circulation experiment (WOCE). NOAA, 2013, 73: 34-35.

[94] Roemmich D, Gould J. The future of in situ climate observations for the global ocean. CLIVAR Exchanges, 2003, 8(1): 1-46.

[95] Bickle M J, Arculus R J, Barrett P J, et al. Illuminating earth's past, present and future: The science plan for the international ocean discovery program 2013 - 2023. IODP Integrated Ocean Drilling Program, 2011.

[96] German C R, Lin J, Parson L M. Mid-ocean ridges: Hydrothermal interactions between the lithosphere and oceans. Washington DC: American Geophysical Union, 2004.

[97] Hofmann E, Bundy A, Drinkwater K, et al. IMBER - Research for marine sustainability: Synthesis and the way forward. Anthropocene, 2015, 12: 42-53.

[98] Gille S, Ledwell J, Naveira-Garabato A, et al. The diapycnal and isopycnal mixing experiment: A first assessment. CLIVAR Exchanges, 2012, 17: 46-48.

[99] Karl T R, Nicholls N, Ghazi A. CLIVAR/GCOS/WMO workshop on indices and indicators for climate extremes workshop summary. Climatic Change, 1999, 42(1): 3-7.

[100] Garrison D L, Gowing M M, Hughes M P, et al. Microbial food web structure in the Arabian Sea: A US JGOFS study. Deep Sea Research Part II: Topical Studies in Oceanography, 2000, 47(7): 1387-1422.

[101] Schultz C. Surface ocean-lower atmosphere processes. EOS, 2011, 92: 57.

[102] Kudela R, Pitcher G, Probyn T, et al. Harmful algal blooms in coastal upwelling systems. Oceanography (Washington DC), 2005, 18: 184-197.

[103] Zhan Z. Distributed acoustic sensing turns fiber - Optic cables into sensitive seismic antennas. Seismological Research Letters, 2019, 91(1): 1-15.

[104] Marra G, Clivati C, Luckett R, et al. Ultrastable laser interferometry for earthquake detection with terrestrial and submarine cables. Science, 2018, 361(6401): 486-490.

[105] Li Z. Recent advances in earthquake monitoring I: Ongoing revolution of seismic instrumentation. Earthquake Science, 2021, 34(2): 177-188.

[106] Daley T M, Freifeld B M, Ajo-Franklin J, et al. Field testing of fiber-optic distributed acoustic sensing (DAS) for subsurface seismic monitoring. The Leading Edge, 2013, 32(6): 936-942.

[107] Sladen A, Rivet D, Ampuero J P, et al. Distributed sensing of earthquakes and ocean-solid earth interactions on seafloor telecom cables. Nature Communications, 2019, 10(1): 5777.

[108] Williams E F, Fernández-Ruiz M R, Magalhaes R, et al. Distributed sensing of microseisms and teleseisms with submarine dark fibers. Nature Communications, 2019, 10(1): 5778.

[109] Lindsey N J, Dawe T C, Ajo-Franklin J B. Illuminating seafloor faults and ocean dynamics with dark fiber distributed acoustic sensing. Science, 2019, 366(6469): 1103-1107.

[110] Bouffaut L, Taweesintananon K, Kriesell H J, et al. Eavesdropping at the speed of light: Distributed acoustic sensing of baleen whales in the arctic. Frontiers in Marine Science, 2022, 9.

[111] Landrø M, Bouffaut L, Kriesell H J, et al. Sensing whales, storms, ships and earthquakes using an Arctic fibre optic cable. Scientific Reports, 2022, 12(1): 19226.

[112] Rørstadbotnen R A, Eidsvik J, Bouffaut L, et al. Simultaneous tracking of multiple whales using two fiber-optic cables in the Arctic. Frontiers in Marine Science, 2023, 10: 1130898.

[113] Lancelle C. Distributed acoustic sensing for imaging near-surface geology and monitoring traffic at Garner Valley. Madison: The University of Wisconsin-Madison, 2016

[114] Parker L M, Thurber C H, Zeng X, et al. Active-source seismic tomography at the Brady Geothermal Field, Nevada, with dense nodal and fiber-optic seismic arrays. Seismological Research Letters, 2018, 89(5): 1629-1640.

[115] 林融冰, 曾祥方, 包丰, 等. 基于分布式光纤声波传感技术的管道侵入识别与定位. 油气储运, 2021, 40(5): 545-553, 560.

[116] 王宝善, 曾祥方, 宋政宏, 等. 利用城市通信光缆进行地震观测和地下结构探测. 科学通报, 2021, 66(20): 2590-2595.

[117] Xiao Z, Li C, Zhou Y, et al. Seismic monitoring of machinery through noise interferometry of distributed acoustic sensing. Seismological Research

Letters, 2022, 94(2A): 637-645.

[118] 唐凤. 海底电缆不光用来打电话. 中国科学报, 2019-12-02.

[119] Walter F, Gräff D, Lindner F, et al. Distributed acoustic sensing of microseismic sources and wave propagation in glaciated terrain. Nature Communications, 2020, 11(1): 2436.

[120] Jousset P, Currenti G, Schwarz B, et al. Fibre optic distributed acoustic sensing of volcanic events. Nature Communications, 2022, 13(1): 1753.

[121] LUNA 收购 OptaSense 强强联合致力于造就世界最大光纤传感公司. http: //www.iccsz.com/site/cn/News/2020/12/04/20201204021138168704.htm [2023-05-31].

[122] Matsumoto H, Araki E, Kimura T, et al. Detection of hydroacoustic signals on a fiber-optic submarine cable. Scientific Reports, 2021, 11(1): 2797.

[123] DeepTech 深科技. 中科大少年班联合谷歌将海底光缆变为"地震仪", 预警秒级可达. https://baijiahao.baidu.com/s?id=1694012353886926904& wfr=spider&for=pc [2023-06-02].

[124] Strachan D R. Hearing the light: DAS could revolutionize subsea defense. https://www.marinetechnologynews.com/news/hearing-light-could-revoluti onize-625530 [2023-06-01].

[125] Taweesintananon K, Landrø M, Potter J R, et al. Distributed acoustic sensing of ocean-bottom seismo-acoustics and distant storms: A case study from Svalbard, Norway. Geophysics, 2023, 88(3): B135-B150.

[126] Trafford A, Ellwood R, Wacquier L, et al. Distributed acoustic sensing for active offshore shear wave profiling. Scientific Reports, 2022, 12(1): 9691.

[127] Zhang J, Yu H, Chen M. Direct-drive wave energy conversion with linear generator: A review of research status and challenges. IET Renewable Power Generation, 2022, 17(4).

[128] He F, Liu Y, Pan J, et al. Advanced ocean wave energy harvesting: current progress and future trends. Journal of Zhejiang University-Science A, 2023, 24(2): 91-108.

[129] 张多. OEE 发布《2022 年海洋能产业发展趋势与统计》报告. https://newenergy.in-en.com/html/newenergy-2421703.shtml [2023-06-13].

[130] California's Senate approves wave and tidal renewable energy bill. https://www.offshore-energy.biz/california-senate-approves-wave-and-tidal-renewable-energy-bill/ [2023-06-08].

[131] CorPower sings praises for Portuguese wave energy suppliers. https://www.

offshore-energy.biz/corpower-sings-praises-for-portuguese-wave-energy-su ppliers/ [2023-06-08].

[132] Bermuda incorporates wave energy into its legal framework. https://www. offshore-energy.biz/bermuda-incorporates-wave-energy-into-its-legal-frame work/ [2023-06-13].

[133] Tidal stream power could significantly enhance energy security, research finds. https://www.offshore-energy.biz/tidal-stream-power-could-significantly- enhance-energy-security-research-finds/ [2023-06-08].

[134] Lloyd's Register issues world's first IECRE feasibility statement for tidal energy device. https://www.offshore-energy.biz/lloyds-register-issues-worlds- first-iecre-feasibility-statement-for-tidal-energy-device/ [2023-06-08].

[135] IEA-OES highlights tidal energy development in latest brochure. https: //www.offshore-energy.biz/iea-oes-highlights-tidal-energy-development-in- latest-brochure/ [2023-06-08].

[136] MeyGen sets record with world's first 50GWh of electricity generated by tidal energy. https://www.offshore-energy.biz/meygen-sets-record-with-worlds- first-50gwh-of-electricity-generated-by-tidal-energy/ [2023-06-08].

[137] Minesto wraps up first phase of offshore installation for 1.2MW tidal energy kite. https://www.offshore-energy.biz/minesto-wraps-up-first-phase-of-offshore- installation-for-1-2mw-tidal-energy-kite/ [2023-06-08].

[138] EEL Energy gets green light to deploy biomimetic tidal energy turbines in France. https://www.offshore-energy.biz/eel-energy-gets-green-light-to-deploy- biomimetic-tidal-energy-turbines-in-france/ [2023-06-08].

[139] 陈嘉楠. 《2022 年全球风能报告》发布. 中国自然资源报, 2022-04-18.

[140] 陈嘉楠. 《2022 年世界能源转型展望》报告发布. 中国自然资源报, 2022-04-15.

[141] Going with the FLOW - Damen concept aims to tackle the next generation of offshore wind. https://www.offshore-energy.biz/going-with-the-flow- damen-concept-aims-to-tackle-the-next-generation-of-offshore-wind/ [2023- 06-08].

[142] Garanovic A. Global floating solar set to go above 6GW by 2031, Wood Mackenzie finds. https://www.offshore-energy.biz/global-floating-solar-set- to-go-above-6gw-by-2031-wood-mackenzie-finds/ [2023-06-08].

[143] Philippine government awards contracts for world's largest floating solar project.https://www.offshore-energy.biz/philippine-government-awards-contracts-

for-worlds-largest-floating-solar-project/ [2023-06-08].

[144] Belgian partners present new offshore solar technology. https://www. offshore-energy.biz/belgian-partners-present-new-offshore-solar-technology/ [2023-06-08].

[145] Garanovic A. France gets its first offshore solar farm. https://www. offshore-energy.biz/france-gets-its-first-offshore-solar-farm/ [2023-06-08].

[146] Pacific leaders give the nod to Global Ocean Energy Alliance. https://www. offshore-energy.biz/pacific-leaders-give-the-nod-to-global-ocean-energy-all iance/ [2023-06-08].

[147] Ocean current energy is the third source. https://www.offshore-energy. biz/ocean-current-energy-is-the-third-source/ [2023-06-08].

[148] Europeans launch association for promotion of osmotic energy as renewables source. https://www.offshore-energy.biz/europeans-launch-association-for-promotion-of-osmotic-energy-as-renewables-source/ [2023- 06-08].

[149] 何友, 姚力波. 天基海洋目标信息感知与融合技术研究. 武汉大学学报: 信息科学版, 2017, 42(11): 7.

[150] Amani M, Mahdavi S, Bullock T, et al. Automatic nighttime sea fog detection using GOES-16 imagery. Atmospheric Research, 2020, 238: 104712.

[151] Wentz F J, Ricciardulli L, Rodriguez E, et al. Evaluating and extending the ocean wind climate data record. IEEE Journal of Selected Topics in Applied Earth Observations and Remote Sensing, 2017, 10(5): 2165-2185.

[152] 许文嘉, 王一旭, 彭木根. 卫星遥感与 6G 通信遥感一体化. 电信科学, 2023, 39(4): 60-70.

[153] Man Y, Weber R, Cimbritz J, et al. Human factor issues during remote ship monitoring tasks: An ecological lesson for system design in a distributed context. International Journal of Industrial Ergonomics, 2018, 68: 231-244.

[154] 漆随平, 厉运周. 海洋环境监测技术及仪器装备的发展现状与趋势. 山东科学, 2019, 32(5): 21-30.

[155] 欧洲首个遥控水下实验室在法国海底建设. https://baijiahao.baidu.com/s? id=1761958057009125572&wfr=spider&for=pc. [2023-04-01].

[156] 海底深处, 神秘人类未知的世界: 斯坦福水下机器人的探访之旅. http:// www.xuancaiquanshe.com/3548.html [2023-06-04].

[157] 科企岛: 最小人工智能海洋机器人. https://it.sohu.com/a/552415370_ 121294044 [2023-05-30].

[158] 美国发布《关键和新兴技术的国家标准战略》. https://baijiahao.baidu. com/s?id=1765061435138241619&wfr=spider&for=pc [2023-05-05].

[159] 日本深海机器人："海底猎人"的未来大有可为. http://www.tzdljx.com/ 42218.html [2023-06-25].

[160] 段瑞洋, 王景璟, 杜军, 等. 面向"三全"信息覆盖的新型海洋信息网络. 通信学报, 2019, 40(4): 10-20.

[161] IMO. GMDSS manual. London: International Maritime Organization, 2015.

[162] 姜晓轶, 潘德炉. 谈谈我国智慧海洋发展的建议. 海洋信息, 2018, (1): 1-6.

[163] IMO. NAVTEX manual. London: International Maritime Organization, 2012.

[164] Campos R, Oliveira T, Cruz N, et al. BLUECOM+: Cost-effective broadband communications at remote ocean areas // OCEANS 2016, Shanghai, 2016: 1-6.

[165] Kim H J, Choi J K, Yoo D S, et al. Implementation of MariComm bridge for LTE-WLAN maritime heterogeneous relay network // 2015 17th International Conference on Advanced Communication Technology (ICACT), 2015: 230-234.

[166] Mu L, Kumar R, Prinz A. An Integrated wireless communication architecture for maritime sector // Multiple Access Communications, 2011.

[167] Du W, Zhengxin M, Bai Y, et al. Integrated wireless networking architecture for maritime communications // 2010 11th ACIS International Conference on Software Engineering, Artificial Intelligence, Networking and Parallel/ Distributed Computing, 2010: 134-138.

[168] Myeong Soo C, Jeong M A, Sung Min J, et al. Ship to shore maritime communication for e-Navigation using IEEE 802.16e // 2013 International Conference on ICT Convergence (ICTC), 2013: 759-762.

[169] Manoufali M, Alshaer H, Kong P Y, et al. Technologies and networks supporting maritime wireless mesh communications // 6th Joint IFIP Wireless and Mobile Networking Conference (WMNC), 2013: 1-8.

[170] Cho K, Kang C G, Yun C. Transmission rate control of ASO-TDMA in multi-hop maritime communication network // 2012 International Conference on ICT Convergence (ICTC), 2012: 85-86.

[171] Zhou M t, Hoang V D, Harada H, et al. TRITON: high-speed maritime wireless mesh network. IEEE Wireless Communications, 2013, 20(5):

134-142.

[172] 姜晓轶, 康林冲, 符昱, 等. 海洋信息技术新进展. 海洋信息, 2020, 35(1-5).

[173] 张海君, 苏仁伟, 唐斌, 等. 未来海洋通信网络架构与关键技术. 无线电通信技术, 2021, 47(4): 384-391.

[174] Braga J, Alessandretti A, Aguiar A P, et al. A feedback motion strategy applied to a UAV to work as an autonomous relay node for maritime operations // 2017 International Conference on Unmanned Aircraft Systems (ICUAS), 2017: 625-632.

[175] 刘忠, 刘志坤, 罗亚松. 水下自组织网络及军事应用. 北京: 国防工业出版社, 2015.

[176] Qu F, Wang Z, Yang L, et al. A journey toward modeling and resolving Doppler in underwater acoustic communications. IEEE Communications Magazine, 2016, 54(2): 49-55.

[177] Rice J. SeaWeb acoustic communication and navigation networks // Proceedings of the International Conference on Underwater Acoustic Measurements: Technologies and Results, 2005.

[178] Casari P, Kalwa J, Zorzi M, et al. Security via underwater acoustic networks: The concept and results of the RACUN Project, 2015.

[179] Rice J, Creber B, Fletcher C, et al. Evolution of seaweb underwater acoustic networking // OCEANS 2000 MTS/IEEE Conference and Exhibition Conference Proceedings (Cat No 00CH37158), 2000, 3: 2007-2017 .

[180] Dol H, van Walree P. Underwater acoustic communication research at TNO–Past and present. OCEANS 2011 IEEE, Santander, Spain, 2011: 1-6. doi: 10.1109/Oceans-Spain.2011.6003496.

[181] 罗汉江, 卜凡峰, 王京龙, 等. 海洋物联网水面及水下多模通信技术研究进展. 山东科技大学学报(自然科学版), 2023, 42(1): 79-90.

[182] Signori A, Campagnaro F, Steinmetz F, et al. Data gathering from a multimodal dense underwater acoustic sensor network deployed in shallow fresh water scenarios. Journal of Sensor and Actuator Networks, 2019, 8(4): 55.

[183] Pescosolido L, Petrioli C, Picari L. A multi-band noise-aware MAC protocol for underwater acoustic sensor networks // 2013 IEEE 9th International Conference on Wireless and Mobile Computing, Networking and Communications (WiMob), 2013: 513-520.

[184] Diamant R, Casari P, Campagnaro F, et al. Fair and throughput-optimal routing in multimodal underwater networks. IEEE Transactions on Wireless Communications, 2018, 17(3): 1738-1754.

[185] Zhao Z, Liu C, Qu W, et al. An energy efficiency multi-level transmission strategy based on underwater multimodal communication in UWSNs // IEEE INFOCOM 2020-IEEE Conference on Computer Communications, 2020: 1579-1587.

[186] Basagni S, Di Valerio V, Gjanci P, et al. MARLIN-Q: Multi-modal communications for reliable and low-latency underwater data delivery. Ad Hoc Networks, 2019, 82: 134-145.

[187] Akhoundi F, Salehi J A, Tashakori A. Cellular underwater wireless optical CDMA network: Performance analysis and implementation concepts. IEEE Transactions on Communications, 2015, 63(3): 882-891.

[188] Jaruwatanadilok S. Underwater wireless optical communication channel modeling and performance evaluation using vector radiative transfer theory. IEEE Journal on Selected Areas in Communications, 2008, 26(9): 1620-1627.

[189] Kalwa J. The RACUN-project: Robust acoustic communications in underwater networks - An overview // OCEANS 2011 IEEE - Spain, 2011: 1-6.

[190] Shen C, Guo Y, Oubei H M, et al. 20-meter underwater wireless optical communication link with 1.5Gbps data rate. Optics Express, 2016, 24(22): 25502-25509.

[191] Swathi P, Prince S. Designing issues in design of underwater wireless optical communication system // 2014 International Conference on Communication and Signal Processing, 2014: 1440-1445.

[192] Shijian T, Yuhan D, Xuedan Z. Receiver design for underwater wireless optical communication link based on APD // 7th International Conference on Communications and Networking in China, 2012: 301-305.

[193] Khalighi M A, Uysal M. Survey on free space optical communication: A communication theory perspective. IEEE Communications Surveys & Tutorials, 2014, 16(4): 2231-2258.

[194] Wang J, Shen J, Shi W, et al. A novel energy-efficient contention-based MAC protocol used for OA-UWSN. Sensors, 2019, 19(1): 183.

[195] Shen Z, Yin H, Jing L, et al. A cooperative routing protocol based on

Q-learning for underwater optical-acoustic hybrid wireless sensor networks. IEEE Sensors Journal, 2021, 22(1): 1041-1050.

[196] Gjanci P, Petrioli C, Basagni S, et al. Path finding for maximum value of information in multi-modal underwater wireless sensor networks. IEEE Transactions on Mobile Computing, 2017, 17(2): 404-418.

[197] Ruby R, Zhong S, ElHalawany B M, et al. SDN-enabled energy-aware routing in underwater multi-modal communication networks. IEEE/ACM Transactions on Networking, 2021, 29(3): 965-978.

[198] Wang X, Luo H, Yang Y, et al. Underwater real-time video transmission via optical channels with swarms of AUVs // 2021 IEEE 27th International Conference on Parallel and Distributed Systems (ICPADS), 2021: 859-866.

[199] Pescosolido L, Petrioli C, Picari L. A Multi-band noise-aware MAC protocol for underwater acoustic sensor networks // IEEE 9th International Conference on Wireless and Mobile Computing, Networking and Communications (WiMob), Lyon, France, 2013: 513-520.

[200] Basagni S, Di Valerio V, Gjanci P, et al. Finding MARLIN: Exploiting multi-modal communications for reliable and low-latency underwater networking. IEEE INFOCOM 2017- IEEE Conference on Computer Communications, Atlanta, GA, USA, 2017: 1-9. doi: 10.1109/INFOCOM. 2017.8057132.

[201] Zhao Z, Liu C, Qu W, et al. An energy efficiency multi-level transmission strategy based on underwater multimodal communication in UWSNs // IEEE 39th International Conference on Computer Communications (IEEE INFOCOM), Electr Network, 2020: 1579-1587.

[202] Ruby R, Zhong S, ElHalawany B M, et al. SDN-enabled energy-aware routing in underwater multi-modal communication networks. IEEE-ACM Transactions on Networking, 2021, 29(3): 965-978.

[203] Hu T, Fei Y. MURAO: A multi-level routing protocol for acoustic-optical hybrid underwater wireless sensor networks // 2012 9th Annual IEEE Communications Society Conference on Sensor, Mesh and Ad Hoc Communications and Networks (SECON), 2012: 218-226.

[204] Han S, Noh Y, Liang R, et al. Evaluation of underwater optical-acoustic hybrid network. China Communications, 2014, 11(5): 49-59.

[205] Gjanci P, Petrioli C, Basagni S, et al. Path finding for maximum value of information in multi-modal underwater wireless sensor networks. IEEE

Transactions on Mobile Computing, 2018, 17(2): 404-418.

[206] Wang J, Shen J, Shi W, et al. A novel energy-efficient contention-based MAC protocol used for OA-UWSN. Sensors, 2019, 19(1).

[207] Shen Z, Yin H, Jing L, et al. A Cooperative routing protocol based on Q-learning for underwater optical-acoustic hybrid wireless sensor networks. IEEE Sensors Journal, 2022, 22(1): 1041-1050.

[208] Han G, Gong A, Wang H, et al. Multi-AUV collaborative data collection algorithm based on Q-learning in underwater acoustic sensor networks. IEEE Transactions on Vehicular Technology, 2021, 70(9): 9294-9305.

[209] 张嘉辉. 水下磁感应通信技术研究与验证. 浙江大学硕士论文, 2022.

[210] 曹军青, 王三胜, 杨宏正, 等. 水下磁通信系统路径损耗方程研究. 测试技术学报, 2017, 31(6): 6.

[211] 解得准. 水下磁通信以及相关信道参数的计算. 信息通信, 2015, (9): 2.

[212] Guo H, Sun Z, Wang P. Channel modeling of MI underwater communication using tri-directional coil antenna // 2015 IEEE Global Communications Conference (GLOBECOM), 2015: 1-6.

[213] Zhou J, Chen J. Maximum distance estimation of far-field model for underwater magnetic field communication // 2017 IEEE 7th Annual Computing and Communication Workshop and Conference (CCWC), 2017: 1-5.

[214] 徐胜. 无线地下磁感应通信系统研究与设计. 中国矿业大学硕士学位论文, 2018.

[215] 孙斌. 基于 OFDM 的水下非接触式通信技术研究. 浙江大学硕士学位论文, 2018.

[216] Wei D, Yan L, Huang C, et al. Dynamic magnetic induction wireless communications for autonomous-underwater-vehicle-assisted underwater IoT. IEEE Internet of Things Journal, 2020, (10).

[217] 朱睿超, 高俊奇, 毛智能, 等. 基于磁感应的跨介质通信技术研究. 水雷战与舰船防护, 2022, (4): 5.

[218] Ahmed N, Zheng Y R, Pommerenke D. Effects of metal structures on magneto-inductive coupled coils // 2016 IEEE Third Underwater Communications and Networking Conference (UCOMMS), 2016: 1-4.

[219] Wei D, Yan L, Li X, et al. Ferrite assisted geometry-conformal magnetic induction antenna and subsea communications for AUVs // 2018 IEEE Global Communications Conference (GLOBECOM), 2018: 1-6.

[220] 姜晓轶, 潘德炉. 谈谈我国智慧海洋发展的建议. 海洋信息, 2018, 235(1): 1-6.

[221] Cowles T, Delaney J, Orcutt J, Weller R. The ocean observatories initiative: Sustained ocean observing across a range of spatial scales. Marine Technology Society Journal, 2010, 44(6): 54-64.

[222] Barnes C, Best M, Zielinski A. The NEPTUNE Canada regional cabled ocean observatory. Sea Technology, 2008, 49: 10-14.

[223] Favali P, Beranzoli L. EMSO: European multidisciplinary seafloor observatory. Nuclear Instruments and Methods in Physics Research Section A: Accelerators, Spectrometers, Detectors and Associated Equipment, 2009, 602(1): 21-27.

[224] Wong A P S, Wijffels S E, Riser S C, et al. ARGO data 1999-2019: Two million temperature-salinity profiles and subsurface velocity observations from a global array of profiling floats. Frontiers in Marine Science, 2020, 7.

[225] Stewart R H. SEASAT - Results of the mission. Bulletin of the American Meteorological Society, 1988, 69(12): 1441-1447.

[226] Alsdorf D E, Rodríguez E, Lettenmaier D P. Measuring surface water from space. Reviews of Geophysics, 2007, 45(2).

[227] Biancamaria S, Lettenmaier D P, Pavelsky T M. The SWOT mission and its capabilities for land hydrology. Surveys in Geophysics, 2016, 37(2): 307-337.

[228] Earth science data systems (ESDS) program continuous evolution. https://earthdata.nasa.gov/esds/continuous-evolution [2023-07-05].

[229] Ryabinin V, Barbiere J, Haugan P, et al. The UN decade of ocean science for sustainable development. Frontiers in Marine Science, 2019, 6.

[230] NOAA artificial intelligence strategic plan 2021-2025. Analytics for next-generation earth science. https://sciencecouncil.noaa.gov/Portals/0/Artificial%20Intelligence%20Strategic%20Plan_Final%20Signed.pdf?ver=2021-01-19-114254-380 [2023-07-05].

[231] Sonnewald M, Lguensat R, Jones D C, et al. Bridging observations, theory and numerical simulation of the ocean using machine learning. Environmental Research Letters, 2021, 16(7).

[232] Reichstein M, Camps-Valls G, Stevens B, et al. Deep learning and process understanding for data-driven earth system science. Nature, 2019, 566(7743): 195-204.

[233] Sun Z H, Sandoval L, Crystal-Ornelas R, et al. A review of earth artificial intelligence. Computers & Geosciences, 2022, 159.

[234] Li X F, Liu B, Zheng G, et al. Deep-learning-based information mining from ocean remote-sensing imagery. National Science Review, 2020, 7(10): 1584-1605.

[235] Bolton T, Zanna L. Applications of deep learning to ocean data inference and subgrid parameterization. Journal of Advances in Modeling Earth Systems, 2019, 11(1): 376-399.

[236] Agapiou A. Remote sensing heritage in a petabyte-scale: Satellite data and heritage earth engine applications. International Journal of Digital Earth, 2017, 10(1): 85-102.

[237] 王凡, 冯立强, 曹荣强. 大数据驱动的海洋人工智能服务平台设计与应用. 数据与计算发展前沿, 2023, 5(2): 73-85.

[238] "深远海养殖技术发展国际研讨会"在沪召开, 搭建全球平台发展"蓝色粮仓". http://newsxmwb.xinmin.cn/shizheng/2019/10/18/31598843.html [2019-10-18].

[239] Nam H, An S, Kim C H, et al. Remote monitoring system based on ocean sensor networks for offshore aquaculture // 2014 Oceans - St John's, 2014: 1-7.

[240] Luna F D V B, Aguilar E D L R, Naranjo J S, et al. Robotic system for automation of water quality monitoring and feeding in aquaculture shadehouse. IEEE Transactions on Systems, Man, and Cybernetics: Systems, 2017, 47(7): 1575-1589.

[241] Betancourt J, Coral W, Colorado J. An integrated ROV solution for underwater net-cage inspection in fish farms using computer vision. SN Applied Sciences, 2020, 2.

[242] 工厂化循环水养殖技术研究与产业化发展. https://www.sohu.com/a/608 304434_121119260 [2023-07-05].

[243] 西门子数字孪生解决方案助力水下农业发展. 传感器世界, 2022, 28(4): 46.

[244] 王琪峰. 意大利尼莫花园: 海底种菜梦想成现实. 环境与生活, 2017, 112(6): 76-79.

[245] North Sea Farm #1 Officially Launched!. https://www.northseafarmers.org/ news/pioneering-seaweed-farm-launches-off-the-netherlands#:~:text=Amaz on%20has%20made%20%20%E2%82%AC1.5%20million%20available%20for %20the [2024-09-24].

[246] Esmmagazine. Amazon grants €1.5 million to Dutch seaweed farm project. https://www.esmmagazine.com/retail/amazon-grants-e1-5-to-dutch-seaweed-farm-project-232924 [2020-07-07].

[247] 搜狐网. 拒绝水华、海虱, 挪威三文鱼“蛋型”全封闭养殖网箱项目更进一步. https://www.sohu.com/a/429364808_421212 [2023-07-12].

[248] Coming full circle: First marine donut is almost ready. https://www.fishfarmingexpert.com/bluegreen-marine-donut-mowi/coming-full-circle-first-marine-donut-is-almost-ready/1502633 [2023-07-12].

[249] Leister extruders in use-Marine donut in Norway. https://www.leister.com/en/Stories/2023-04-04-LTAG-Marine-Donut-Norway [2023-07-12].

[250] 第四届全球水产养殖大会在上海召开. http://www.cappma.org.cn/view.php?id=7116 [2021-09-26].

[251] Watkins J L, Reid K, Ramm D, et al. The use of fishing vessels to provide acoustic data on the distribution and abundance of Antarctic krill and other pelagic species. Fisheries Research, 2016, 178: 93-100.

[252] Hsu T Y, Chang Y, Lee M A, et al. Predicting skipjack tuna fishing grounds in the Western and Central Pacific Ocean based on high-spatial-temporal-resolution satellite data. Remote Sensing, 2021, 13(5): 861.

[253] Islam M M, Uddin J, Kashem M A, et al. Design and implementation of an IoT system for predicting aqua fisheries using arduino and KNN // Intelligent Human Computer Interaction: 12th International Conference, 2020, Proceedings, Part II 12, 2021: 108-118.

[254] Adams K, Broad A, Ruiz-García D, et al. Continuous wildlife monitoring using blimps as an aerial platform: A case study observing marine megafauna. Australian Zoologist, 2020, 40(3): 407-415.

[255] 王志勇, 徐志强, 谌志新. 我国远洋渔业装备技术现状及研究进展. 船舶工程, 2022, 44(4): 5.

[256] Gomi S, Takagi T, Suzuki K, et al. Controlling a fishing net geometry underwater using a data assimilation method. Applied Ocean Research, 2021, 106.

[257] 刘健, 黄洪亮, 李灵智, 等. 国外鱿鱼钓机的开发与应用. 渔业现代化, 2012, 39(4): 61-66.

[258] Seafood. Bluewild contracts new factory trawler with design from Ulstein. https://seafood.media/fis/Worldnews/worldnews.asp?monthyear=2-2022&day=25&id=116915&l=e&country=0&special=&ndb=1&df=0 [2023-07-05].

[259] 挪威:波浪能+海洋牧场融合发展迈出重要一步. https://www.sohu.com/a/ 568878915_121196217 [2023-07-05].

[260] OES：海上水产养殖为海洋可再生能源提供新市场. https://newenergy.in- en.com/html/newenergy-2412326.shtml [2023-07-12].

[261] 海上水产养殖：为海洋可再生能源提供新市场. https://www.sohu.com/ a/556680751_121196217 [2022-06-13].

[262] 于莹, 王春娟, 刘大海. 挪威深海矿产资源开采战略路径分析及启示. 海洋开发与管理, 2023, 40(1): 3-11.

[263] 刘烨. 海上油气田仪控系统智能化方案. 化工设计通讯, 2023, 49(2): 36-38, 44.

[264] 广海局. 海洋科技动态. https://mp.weixin.qq.com/s?__biz=MzAwNzE4 MTYxNQ==&mid=2651271409&idx=1&sn=4288d15488d021271262ad33 c5edec85&chksm=80f194b1b7861da7d3c56fc8277e0e82d75ad852bfc51ff6 cd832c5811add791696eb54e0f7f&scene=27 [2023-06-01].

[265] Case study: Deepwater, autonomous seismic data gathering. https://www. unmannedsystemstechnology.com/feature/case-study-deepwater-autonomou s-seismic-data-gathering/ [2023-04-19].

[266] Lopez J L, Grandi S, Juliano D, et al. On-demand ocean-bottom nodes (ODOBN) for low-cost reservoir monitoring. SEG Technical Program Expanded Abstracts, 2023: 197-201.

[267] 袁松才. 智能航海发展对海员职能的影响研究. 珠江水运, 2023, (18): 104-106.

[268] 薛龙玉. 特别关注:你知道吗,无人船发展取得了这些关键突破!. https:// mp.weixin.qq.com/s?__biz=MzA3NTM1MDYyOA==&mid=2650444615 &idx=1&sn=ac7cfe1bb9f12c6e4b5aca48dbd72cd4&chksm=877fe44cb008 6d5ac4693d395b4221c3943e693517ee281bc3559fc1d61b17bb8fd828578b 9e&scene=27 [2023-07-05].

[269] 世界上第一个水下酒店在马尔代夫开业. https://m.aptusmedical.com/ 2018/11/maldives-underwater-hotel-conrad-maldives-rangali-island-muraka/ [2024-01-24].

[270] "漂浮艺术"：一座浮动的都市艺术中心. https://baijiahao.baidu.com/s? id=1667742927625309660&wfr=spider&for=pc [2024-01-24].

[271] 蓝色经济大潮下海洋旅游如何乘风破浪？——2022 亚洲海洋旅游发展大会综述. https://baijiahao.baidu.com/s?id=1738680470882006201&wfr= spider&for=pc [2024-01-24].

[272] 李勋祥. 向海问药: 加速从研发到制造. 青岛日报, 2024-03-14.

[273] 邢更力, 徐常星, 范殿梁, 等. 近岸水域反恐防范技术发展现状及关键技术. 中国安全防范技术与应用, 2018, (5): 08-12.

[274] 盖炳良, 李立纬, 刘亚雷, 等. 美日海上执法平台现状分析. 火力与指挥控制, 2023, 48(1): 14-19.

[275] 王宁, 李燕, 杨鹏程, 等. 海洋生态在线监测技术研究进展. 应用海洋学学报, 2023, 42(1): 178-186.

[276] Management O f C. About national estuarine research reserves. https://coast. noaa.gov/nerrs [2023-07-05].

[277] Monitoring water quality. https://www.Aims.gov.au/monitoring [2023-07-05].

[278] 吴亚楠, 王祎, 姜民, 等. 《2019 年美国 NOAA 科学报告》对我国海洋观测网建设与发展的启示. 海洋技术学报, 2021, 40(3): 84-89.

[279] 范聪慧, 于非, 南峰, 等. 基于无人船的大洋中尺度涡观测系统展望. 海洋科学集刊, 2016, (1): 49-57.

[280] 刘少华. 一份报告背不动日本核污水排海这口"锅". https://baijiahao. baidu.com/s?id=1770808368579811484&wfr=spider&for=pc [2023-07-11].

[281] 透视东瀛: 核污染水排海倒计时, 日本借 IAEA "背书" 能如愿吗. https://baijiahao.baidu.com/s?id=1768215231046716990&wfr=spider&for =pc [2023-07-21].

[282] 五问 "核废水排海": 日本欠全世界一个交代! . https://baijiahao.baidu. com/s?id=1768679611785951577&wfr=spider&for=pc [2023-07-21].

[283] 云间子. 排核废水入海是唯一选择吗. 方圆, 2021, (9): 68-69.

[284] 日本要把核污水排入海里, 会带来哪些潜在风险? . https://baijiahao. baidu.com/s?id=1696830750226725401&wfr=spider&for=pc[2023-07-21].

[285] 何正标. 我国海洋信息化新型基础设施建设研究. 江苏海洋大学学报 (人文社会科学版), 2020, 18(4): 9-17.

[286] 自然资源部. 联合国海洋科学促进可持续发展十年中国委员会成立会议在京召开. https://www.gov.cn/xinwen/2022-08/23/content_5706488.htm [2023-06-02].

[287] 生态环境部. 生态环境部等 6 部门联合印发《"十四五"海洋生态环境保护规划》. https://www.mee.gov.cn/ywdt/hjywnews/202201/t20220117_ 967330.shtml [2023-06-28].

[288] 农业农村部. 农业农村部印发《"十四五"全国渔业发展规划》. https:// www.gov.cn/xinwen/2022-01/07/content_5666850.htm?eqid=97c07b53000

74a2d00000006645b84a3 [2023-06-28].

[289] 中国海洋发展中心秘书处. 2022 海洋热点资讯报告. https://mp.weixin. qq.com/s/lhrJTxWT5iMqGV6igi1ubQ [2023-06-02].

[290] 中国自然资源报. 海洋大数据迈向标准化. https://www.mnr.gov.cn/dt/hy/ 202203/t20220316_2730771.html [2023-06-02].

[291] 国务院. 国务院关于印发气象高质量发展纲要(2022—2035 年)的通知. https://www.gov.cn/zhengce/zhengceku/2022-05/19/content_5691116.htm?i vk_sa=1023197a [2023-06-28].

[292] 王中建. 自然资源部：办公厅印发通知发布新修订的《海洋灾害应急预案》. 浙江国土资源, 2022, (9): 14.

[293] 中国新闻网. 中国财政部出台意见，提出支持碳达峰、碳中和政策措施. https://baijiahao.baidu.com/s?id=1734256389170396768&wfr=spider&for =pc [2023-06-28].

[294] 生态环境部. 专家解读：《海洋生物水质基准推导技术指南(试行)》有关问题. https://baijiahao.baidu.com/s?id=1738883513330320360&wfr= spider&for=pc [2023-06-28].

[295] 中国矿业报. 向海向未来——2022 年自然资源工作系列述评之海洋强国篇. https://mp.weixin.qq.com/s/ZYOTIWapRKy4Mm5lQ6_enQ [2023-06-02].

[296] 海洋与气候无缝预测系统. https://oceandecade.org/zh/actions/ocean-to-climate-seamless-forecasting-system/ [2023-07-24].

[297] 光明日报. "珠海云下水"为全球首艘智能型无人系统母船. https://5gai. cctv.com/2022/05/19/ARTIhfJjk0p7mzgh6ZUiVHII220519.shtml [2023-06 -02].

[298] 自然资源部第三海洋研究所. 自然资源部海洋三所 6000 米级科考海工两用型水下缆控潜器(ROV)——"创新"号海试成功！. https://mil.sohu. com/a/673389048_726570 [2023-06-07].

[299] 中国新闻网. 全球风暴潮、海啸监测预警系统正式投入业务化运行. https://baijiahao.baidu.com/s?id=1765692280501677767&wfr=spider&for =pc [2023-06-07].

[300] 中国海洋与气候关系十年合作中心和十年执行伙伴之间的协调 (DCC-OCC). https://oceandecade.org/zh/actions/decade-collaborative-centre-for-ocean-climate-nexus-and-coordination-amongst-decade-implementing-p artners-in-p-r-china-dcc-occ/ [2023-07-13].

[301] 光明网. 六家学会联合评选中国十大海洋科技进展揭晓. https://tech.

gmw.cn/2023-06/09/content_36621196.htm [2023-07-13].

[302] 唐琳. "夸父一号"发射成功并发布首批科学图像. 科学新闻, 2023, 25, (1): 16.

[303] 航空知识杂志社. 盘点: 2022 年的"第一飞". https://baijiahao.baidu.com/ s?id=1752289122398903341&wfr=%20spider&for=pc [2023-06-29].

[304] 高校海洋动态(2022 年 1 月—4 月). http://aoc.ouc.edu.cn/2022/1129/ c27896 a383504/page.htm [2023-07-07].

[305] 央视网. 新突破! 我国首艘全国产化百吨级无人艇完成首次海上试航. https://news.cctv.com/2022/06/09/ARTIyUJxdWuQ2NGipIiSzNrw220609. shtml [2023-06-05].

[306] 高校海洋动态(2022 年 12 月). http://aoc.ouc.edu.cn/2023/0114/c27896a 422515/page.htm [2023-07-07].

[307] 吴立新, 陈朝晖, 林霄沛, 等. "透明海洋"立体观测网构建. 科学通报, 2020, 65(25): 2654-2661.

[308] 依托联合国"海洋十年"大科学计划成功研制出新一代海洋漂流浮标. https://mp.weixin.qq.com/s?__biz=MzA3MDQ4NjE3OA==&mid=265238 6532&idx=1&sn=2aa7b6e764131e30f80cd55bbb8b0220&chksm=84d0852 9b3a70c3f0593dd149fc881fede5deb648500034ff8013410ffca6b7fc098a45c 7151&scene=27 [2023-07-24].

[309] 齐敏. 我国新一代漂流浮标"浮出海面". https://ecs.mnr.gov.cn/zt/hykp/ 202302/t20230223_27098.shtml [2023-10-11].

[310] IMT-2020(5G)推进组. 面向通感算一体化光网络的光纤传感技术, 2023-09-07.

[311] 海底光缆行业市场现状及行业壁垒分析 2024. https://www.chinairn. com/scfx/20240205/101855406.shtml [2023-04-19].

[312] 光纤油藏地球物理技术成果交流会在川举行. http://bgp.cnpc.com.cn/ bgp/xwggmtzs/202404/7754f8e544494c95992bb030ff56d40f.shtml [2023-04-19].

[313] 智地感知: 给大地做"B 超". https://laoyaoba.com/n/896982 [2023-04-19].

[314] Lin J, Fang S, He R, et al. Monitoring ocean currents during the passage of Typhoon Muifa using optical-fiber distributed acoustic sensing. Nature Communications, 2024, 15(1): 1111.

[315] Zhang J, Zhu Y, Chen D. Assessment of offshore wind resources, based on improved particle swarm optimization. Applied Sciences-Basel, 2023, 13(1).

[316] 2022 年我国海上风电用海缆市场趋势：超高压交流、柔直方案性价比凸显. http://www.leadingir.com/trend/view/6722.html [2023-06-08].

[317] 去年全国海上风电新增装机容量 515.7 万千瓦，六央企规模居首. https://baijiahao.baidu.com/s?id=1761619184443684363&wfr=spider&for=pc [2023-06-08].

[318] 徐初琪, 董建业, 彭儒, 等. 海上光伏腐蚀防护系统性解决方案. 上海涂料, 2023, 61(4): 33-37.

[319] 开启"下海"模式, 海上光伏会是下一个蓝海吗？. https://baijiahao.baidu.com/s?id=1758336253811390008&wfr=spider&for=pc [2023-06-08].

[320] 搜狐网. 新型材料迎接海上光伏组件部件耐腐蚀性能的挑战. https://www.sohu.com/a/588660455_418320 [2023-07-07].

[321] 我国潮汐能发电, 到底有没有前景？. https://baijiahao.baidu.com/s?id=1734610473050762328&wfr=spider&for=pc [2023-06-08].

[322] 路晴, 史宏达. 中国波浪能技术进展与未来趋势. 海岸工程, 2022, 41(1): 1-12.

[323] 用盐也可发电——海洋盐差能. http://www.news.cn/science/2022-11/19/c_1310678147.htm [2023-06-08].

[324] 中国科学报. 新型离子膜实现盐差能高效发电. https://www.cas.cn/cm/202209/t20220908_4847173.shtml [2023-06-08].

[325] 付强, 王国荣, 周守为, 等. 温差能与低温海水资源综合利用研究. 中国工程科学, 2021, 23(6): 52-60.

[326] 成林. 加快我国新型储能发展的思考. 能源研究与管理, 2023, (2): 148-152, 159.

[327] 储能行业 2022 年回顾及 2023 年展望: ESG 绿色低碳转型系列(三十一). https://www.sohu.com/a/678134062_121119270 [2023-06-08].

[328] 葛稚新, 王善宇. 潮汐及其能量利用. 石油知识, 2022, (1): 46-47.

[329] 重磅！全球首次海上风电无淡化海水直接电解制氢在福建海试成功. https://baijiahao.baidu.com/s?id=1767591614075671298&wfr=spider&for=pc [2023-06-29].

[330] "鸿雁"HY30 系列全地形通用小型长航时无人机系统. 设计, 2017, (20): 27.

[331] 曹洪涛, 张拯宁, 李明, 等. 无人机遥感海洋监测应用探讨. 海洋信息, 2015, (1): 51-54.

[332] 姜晓铁, 符昱, 康林冲, 等. 海洋物联网技术现状与展望. 海洋信息, 2019, 34(3): 5.

[333] 刘建强. HY-1A 卫星 COCTS、CCD 遥感器性能及应用现状 // 第十四届全国遥感技术学术交流会, 青岛, 2003: 48.

[334] 陆琦. 海洋一号 D 卫星成功发射. 中国科学报, 2020-06-12.

[335] 张蕾, 张国航, 毛凌野. 中国海洋卫星二十年. 光明日报, 2022-05-16.

[336] Dong X, Lin W. System design and performance simulation of a spaceborne Ku-band rotation fan-beam scatterometer // Geoscience and Remote Sensing Symposium, 2008 IEEE International-IGARSS, 2008.

[337] 我国成功发射大气环境监测卫星. 中国环境监察, 2022, (4): 6.

[338] 杨保华, 张昭, 郭飞. 基于无人布设的海洋环境数据监测系统研究. 环境技术, 2022, 40(2): 11-15, 20.

[339] 高建文, 肖双爱, 虞志刚, 等. 面向海洋全方位综合感知的一体化通信网络. 中国电子科学研究院学报, 2020, 15(4): 8.

[340] 刘建强, 曾韬, 梁超, 等. 海洋一号 C 卫星在自然灾害监测中的应用. 卫星应用, 2020, (6): 26-34.

[341] 刘建强, 蒋兴伟, 林明森. 我国海洋卫星发展历程、现状与建议. 卫星应用, 2021, (9): 14-18.

[342] 窦其龙, 颜明重, 朱大奇. 基于 YOLO-v5 的星载 SAR 图像海洋小目标检测. 应用科技, 2021, 48(6): 7.

[343] 胡智敏, 李凯, 汤国锋, 等. 一种输电线路无人机"巢-巢"巡检新模式. 江西电力, 2018, 42(12): 13-15, 25.

[344] 张拯宁, 安玉拴. 天空地海多基协同多源融合的海洋应用设想. 卫星应用, 2019, (2): 24-29.

[345] 姚天鹜, 李新洪. 多源天基信息融合体系研究. 信息通信, 2019, (8): 268-270.

[346] 刘帅, 陈戈, 刘颖洁, 等. 海洋大数据应用技术分析与趋势研究. 中国海洋大学学报(自然科学版), 2020, 50(1): 154-164.

[347] 杨建洪. 海洋环境监测技术及仪器装备的发展现状与趋势. 中文科技期刊数据库(全文版)自然科学, 2021, (8): 2.

[348] 李辉芬, 李红艳, 陈红英. 大数据在海基测控联合信息环境中的应用构想[J]. 电讯技术, 2020, 60(2): 142-146.

[349] 欧盛春, 屈骙宇, 曹海, 等. 船基数据融合目标监视系统设计与应用. 数据通信, 2021, (5): 15-17, 46.

[350] 我国首艘数字孪生智能科研试验船交付首航. http://www.news.cn/tech/20230703/fe8f8f99682143309a99bbfec8ab2a86/c.html [2023-07-03].

[351] 恒天翼智慧海洋解决方案: 数字化智能化赋能海洋产业信息化升级.

https://baijiahao.baidu.com/s?id=1766285020394012862&wfr=spider&for
=pc [2023-07-05].

[352] 张文萱. "国信一号"驶向深蓝——全球首艘 10 万吨级智慧渔业大型
养殖工船向世界提供了深远海养殖的"中国方案". 走向世界, 2022,
844(50): 38-41.

[353] 大众日报. "国信 2 号"青岛建造签约, 全球首批 15 万吨级智慧渔业
大型养殖工船. https://dzrb.dzng.com/articleContent/1176_1145803.html
[2023-07-05].

[354] 中国水产科学研究院. 走向深蓝, 中国十大深远海智能养殖装备平台汇
总. https://www.fmiri.ac.cn/info/1016/20234.htm#:~:text=该全潜式养殖平
台 [2020-05-01].

[355] 程世琪, 石建高, 袁瑞, 等. 中国海水网箱的产业发展现状与未来发展
方向[J]. 水产科技情报, 2022, 49(6): 369-376, 380. DOI:10.16446/j.fsti.
20210900116.

[356] 寻渔记: 深远海智能网箱介绍. https://www.sohu.com/a/595537737_
120104614 [2022-10-26].

[357] CCS 新闻. "乾动 2 号"下水! CCS 助力"百台万吨"深海养殖平台项
目再添利器. https://www.ccs.org.cn/ccswz/articleD etail?id=202304130
822019952 [2023-07-05].

[358] 澎湃新闻. 广东最大! 海上"巨无霸"正式投产! . https://www.thepaper.
cn/newsDetail_forward_23390261 [2023-07-05].

[359] 齐鲁网. 国内目前最先进智能活鱼运输船——经海 1 号活鱼养殖运输
船正式交付. http://yantai.iqilu.com/ytminsheng/2023/0522/5432626.shtml
[2023-07-05].

[360] 乐东黎族自治县人民政府. "普盛海洋牧场 3 号"在乐东龙栖湾投产将
探索深海旅游. http://ledong.hainan.gov.cn/ledong/jrld/202302/cf1c65a
65df1414b8c10a960de98331a.shtml [2023-07-05].

[361] 王炜. 蓝色粮仓+蓝色文旅: "耕海 1 号"开业在即. 山东国资, 2023,
143(3): 30.

[362] 国家发展改革委. 耕耘"海上田园", 筑牢"蓝色粮仓": 山东省现代
化海洋牧场建设综合试点经验推介之三. https://baijiahao.baidu.com/
s?id=1755404820572982024&wfr=spider&for=pc [2023-07-07].

[363] 马硕, 张禹, 王鲁民, 等. 基于 YOLOv3 模型的金枪鱼鱼群特征识别初
步研究. 渔业现代化, 2021, 48(5): 79-84.

[364] 刘雨青, 周彦, 黄璐瑶, 等. 轻量化神经网络在远洋鱿钓检测技术中的

应用. 渔业现代化, 2022, 49(1): 61-71.

[365] 姚宇青, 戴阳, 王鲁民, 等. 基于层次分析法的南极磷虾瞄准捕捞网口路径规划. 海洋渔业, 2022, 44(5): 598-609.

[366] 2022 年全国油气勘探开发十大标志性成果. http://www.nea.gov.cn/ 2023-01/20/c_1310692197.htm?eqid=b87125000007ec0100000004643651b8 [2023-07-05].

[367] 叶伟. 海上风电向深远化融合化发展. 中国高新技术产业导报, 2023-05-01.

[368] 海洋领域关键核心技术取得新突破! 自然资源部发布 2022 年上半年海洋经济运行情况!. https://mp.weixin.qq.com/s/t0MsMjL-c9NXN-t8o-b2vw [2023-07-05].

[369] 中国海油 2022 年勘探领域获新突破、净产量刷新纪录. http://www.sasac.gov.cn/n4470048/n26915116/n27002231/n27002283/n27002305/c27571472/content.html [2023-07-05].

[370] 潘竹萍. 十个关键词, 回忆 2022 年的中国港口. 中国港口, 2023, (1): 13-16.

[371] 新潮商评论. 2022 全球前十大集装箱港口: 中国占 7 席, 榜首吞吐量达 4730 万标箱. https://baijiahao.baidu.com/s?id=1760605955924807415&wfr=spider&for=pc [2023-07-05].

[372] 贾大山, 徐迪, 蔡鹏. 2022 年沿海港口发展回顾与 2023 年展望. 中国港口, 2023, (1): 1-12.

[373] 浙江新闻. 实践探索: 海上"大综合一体化"行政执法改革的舟山探索. https://zj.zjol.com.cn/news.html?id=1930007 [2023-07-05].

[374] 中国船舶集团. 水下安防系统工程化研制项目通过工信部验收. http://www.cssc.net.cn/n5/n21/c23912/content.html [2023-07-05].

[375] 广东省海洋综合执法总队. 惠州大亚湾大队利用"智慧海洋"平台成功破获一宗深夜电鱼案件. http://gdshyzhzfzd.gd.gov.cn/xwdt/zhzf/content/post_3908974.html [2023-07-05].

[376] 广州日报. 广东汕头海警正式启用"海域执法通"应用平台. https://baijiahao.baidu.com/s?id=1721910921127715515&wfr=spider&for=pc [2023-07-05].

[377] 中国海洋大学. 中国海洋大学海洋环境有缆在线观测系统应用获得新突破. http://www.ouc.edu.cn/2018/0105/c10639a132937/page.psp [2023-07-05].

[378] 中国海洋报. 我国首套海底环状生态监测观测网成功布放. https://www.

mnr.gov.cn/dt/hy/201807/t20180706_2333566.html [2023-07-05].

[379] 国家海洋技术中心. 复合能源关键技术取得新进展并在无人艇项目中得到应用. http://www.notcsoa.org.cn/cn/index/show/2403 [2023-07-05].

[380] 徐乐俊, 赵蕾, 李雪, 等. 从中央一号文件看渔业强国建设基本思路——2023年中央一号文件解读兼谈渔业发展战略. 中国渔业经济, 2023, 41(2): 1-13.

[381] Atzori L, Iera A, Morabito G. The internet of things: A survey. Computer networks, 2010, 54(15): 2787-2805.

[382] 郭忠文, 姜思宁, 刘超, 等. 海洋物联网云平台发展趋势与挑战. 海洋信息, 2018, 33(1): 7.

[383] 周守为, 李清平. 构建自立自强的海洋能源资源绿色开发技术体系. 人民论坛·学术前沿, 2022, (17): 12-28.

[384] 史宏达, 尤再进, 罗兴锜, 等. 基于我国资源特征的海洋能高效利用研究. 中国基础科学, 2023, 25(1): 7-14.

[385] 王项南, 麻常雷. "双碳"目标下海洋可再生能源资源开发利用. 华电技术, 2021, 43(11): 91-96.

[386] Floating solar panels in the ocean. https://www.azom.com/news.aspx?newsID=57098. [2023-06-08].

[387] 李健, 马晓琨, 邱泓苔. 我国海洋能标准现状分析及未来展望. 中国标准化, 2022, (23): 31-35.

[388] 于永学, 王玉珏, 解嘉宇. 海洋通信的发展现状及应用构想. 海洋信息, 2020, 35(2): 25-28.

[389] 林彬, 张治强, 韩晓玲, 等. "空天地海"一体化的海上应急通信网络技术综述. 移动通信, 2020, 44(9): 19-26.

[390] 黄晓栋. 天基海洋目标信息感知与融合技术探讨. 上海信息化, 2020, (12): 33-36.

[391] 吕江滨, 张一帆, 邱瑾, 等. 无人机赋能临海通信系统: 机遇与挑战. 厦门大学学报(自然科学版), 2022, 61(2): 149-162.

[392] 王伟平, 张尤君, 董超, 等. 海洋无人系统跨域协同观测技术进展. 无人系统技术, 2021, 4(4): 14-21.

[393] 王军成, 孙继昌, 刘岩, 等. 我国海洋监测仪器装备发展分析及展望. 中国工程科学, 2023, 25(3): 42-52.

[394] 张帆, 吴奕, 李军. 我国海洋牧场发展现状及价值链提升空间——以青岛、烟台地区为例. 商业经济, 2022, (4): 46-47, 135.

[395] 毛万磊. 行业管理与"综散结合": 中国海洋管理与执法体制研究. 浙

江海洋大学学报(人文科学版), 2022, 39(4): 16-22.

[396] 夏斐, 霍景东, 夏杰长. 大力发展海洋服务业是海洋强国战略的必由之路. 中国经济时报, 2012-12-04.

[397] 张小琼, 咸立文, 吕博. 新形势下我国海洋数据安全的思考. 信息安全与通信保密, 2022, (7): 115-122.

[398] 张灿, 曹可, 赵建华. 海洋生态环境保护工作面临的机遇和挑战. 环境保护, 2020, 48(7): 9-13.

[399] 张云博, 黄耀东, 张惠忠. 新时期海警部队海上执法面临的挑战及对策研究. 海洋开发与管理, 2009, 26(2): 3-7.

[400] 曹保玉, 王瑾. 大数据集成在海洋环境监测中的应用. 资源节约与环保, 2020, (2): 44.

[401] 王永皎, 王冬海, 张博, 等. 海洋网络信息体系的基础设施研究. 无线电通信技术, 2021, 47(4): 439-443.

[402] 尹振涛, 夏诗园. "新基建" 助推经济高质量发展: 内涵、阻碍与建议. 北方金融, 2022, (11): 7-13.

[403] 余萍, 徐之琦. 数字新基建对战略性新兴产业绿色技术创新效率的影响. 工业技术经济, 2023, 42(1): 62-70.

[404] 王妍, 魏莱. 构建智慧海洋体系, 建设世界海洋强国. 今日科苑, 2021, (11): 66-73.

[405] 赵昕. 海洋经济发展现状、挑战及趋势. 人民论坛, 2022, (18): 80-83.

[406] 全国海洋经济发展 "十二五" 规划. 船舶标准化工程师, 2013, 46(2): 17-29.

[407] 齐敏, 孙湫词, 丁巍伟. 两项海洋科学研究获批联合国 "海洋十年" 行动. 中国自然资源报, 2022-06-17.

[408] 陈嘉楠. "海洋十年" 批准新的十年行动. 中国自然资源报, 2022-12-06.

[409] 我国科学家建立常态化深海长期连续观探测平台. https://baijiahao.baidu.com/s?id=1761432613665945560&wfr=spider&for=pc[2023-03-26].

[410] 廖洋, 王敏. 我国建立常态化深海长期连续观探测平台. 中国科学报, 2023-03-28.

[411] 秘境之眼, 潜探碧海: 第二代海底有缆珊瑚生态在线观测系统. https://mel.xmu.edu.cn/info/1012/11148.htm [2023-06-07].

[412] 我国首个海上多圈层立体塔基观测平台项目在青岛开建. http://gxj.qingdao.gov.cn/gzxx/202304/t20230424_7158067.shtml [2023-06-07].

[413] 杨海根. 海上导管架式固定平台 "同济·海一号" 完成陆地建造. 航海, 2023, (6): 35.

[414] 中国新闻网. 国内首个半潜式海上漂浮式光伏发电平台交付. http://www. chinanews.com.cn/cj/2023/04-06/9985368.shtml [2023-07-03].

[415] 澎湃新闻. 全球最大最新一代海上风电安装船在烟台开工：以甲醇为燃料. https://www.thepaper.cn/newsDetail_forward_19112884 [2023-07-03].

[416] 综宣. 在新能源"绿色海洋"中乘风远航. 中国船舶报, 2023-02-08.

[417] 世界单台容量最大潮流能发电机组"奋进号"在舟山启动. https://baijiahao. baidu.com/s?id=1725630994829063090&wfr=spider&for=pc[2023-06-08].

[418] 央视新闻. "海油观澜号"成功并入文昌油田群电网，正式为海上油气田输送绿电！. http://www.hynyw.com/article/1654.html [2023-07-03].

[419] 南大团队首次勾绘全球海面油膜空间分布. https://field.10jqka.com.cn/ 20220622/c639951735.shtml [2023-10-10].

[420] 最新公示！2022 年中国十大海洋科技进展评选结果. https://www. sohu.com/a/677980248_726570 [2023-07-03].

[421] 海洋知圈.名单公布！2022 年度中国海洋与湖沼十大科技进展评选结果揭晓！. https://mp.weixin.qq.com/s/W3pyr5G1Ue1mUMEozhf81A [2023-06-02].

[422] 2022 年度自然资源部海洋地质与成矿作用重点实验室十大科技新闻评选结果公布 https://www.fio.org.cn/science/xshd-detail-10918.htm [2023-01-19].

[423] 第二颗 1 米 C-SAR 业务卫星成功发射. https://www.mnr.gov.cn/dt/ywbb/ 202204/t20220408_2732831.html [2023-06-07].

[424] 曹悦妮. 我国首个海洋监视监测雷达卫星星座正式建成. 中国自然资源报, 2022-04-08.

[425] 挺进深蓝，建设海洋强国. http://news.mnr.gov.cn/dt/pl/202209/t20220 923_2759928.html [2023-06-07].

[426] 云洲智能. "珠海云"正式交付，无人船艇集群助推未来海洋观测变革. http://www.yunzhou- tech.com/info/14070.html [2023-06-05].

[427] 四川日报. 悦读天下. https://epaper.scdaily.cn/shtml/scrb/20220506/ 273476.shtml [2023-06-05].

[428] Bai Y, Jin Y, Liu C, et al. Nezha-F: Design and analysis of a foldable and self-deployable HAUV. IEEE Robotics and Automation Letters, 2023, 8(4): 2309-2316.

[429] "数据下海"的海南实践 https://www.mnr.gov.cn/dt/hy/202302/t20230 220_2776275.html [2023-06-07].

[430] 中国青年报. 水下油气开采"最强大脑"来了！中海油研究总院联合哈

尔滨工程大学研发. https://baijiahao.baidu.com/s?id=1708138689958236
967&wfr=spider&for=pc [2023-06-29].

[431] 首个"国字号"海洋综合试验场落地威海. https://www.weihai.gov.cn/art/
2021/9/26/art_58817_2679081.html [2023-10-28].

[432] 我国首套自主研发浅水水下生产系统投用. 传感器世界, 2022, 28(11):
37.

[433] 共建国家海洋综合试验场(深海). http://finance.people.com.cn/n1/2022/
0825/c1004-32510763.html [2023-10-10].

[434] 观海新闻. 助力关键技术创新研发! 青岛海洋能海上综合试验场建设项
目测试平台安装完成. https://baijiahao.baidu.com/s?id=17651433836508
97107&wfr=spider&for=pc [2023-06-07].

[435] 我国建成世界首个可遥控生产超大型深水平台. http://www.cnenergy
news.cn/guonei/2023/04/13/detail_20230413132022.html [2023-06-08].

[436] 意义重大! 我国首艘全国产化百吨级无人舰艇完成首次海上试航! .
https://mp.weixin.qq.com/s?__biz=MzIxMzY5NTQwNw==&mid=224752
8647&idx=2&sn=0c51a92ce1361260f5fd10c5a6fc939b&chksm=97b0de07
a0c75711610d6d86394122f6f06c4fe1cdd171fc67258fe2bd0cae5070b84da4
697e&scene=27 [2023-07-03].

[437] 青岛市人民政府办公厅关于印发青岛市支持海洋经济高质量发展 15 条
政策的通知. http://www.qingdao.gov.cn/zwgk/xxgk/bgt/gkml/gwfg/2022
01/t20220127_4287242.shtml [2023-05-23].

[438] 董慧, 阚金剑. 青岛出台"海洋 15 条", 构建起海洋经济高质量发展"四
梁八柱". http://sd.china.com.cn/a/2023/benwangyuanchuang_0310/104644
8.html [2023-03-10].

[439] 陈嘉楠. 青岛出台"海洋 15 条"细则: "真金白银"促发展. https://aoc.
ouc.edu.cn/2022/0810/c15170a375173/page.htm [2023-05-23].

[440] 赵宁. 集聚创新要素发展海洋新质生产力. 中国自然资源报, 2024-
04-01.

[441] 中华人民共和国中央人民政府. 中华人民共和国国民经济和社会发展
第十四个五年规划和 2035 年远景目标纲要. https://www.gov.cn/xinwen/
2021-03/13/content_5592681.htm [2021-03-13].

[442] 马文韬, 闫文, 刘林琳. 我国海洋牧场建设研究综述. 山西农经, 2022,
333(21): 142-144.

[443] 广东省海洋综合执法总队. 2022 年中央一号文件发布, 关于渔业这样
说. https://gdshyzhzfzd.gd.gov.cn/xwdt/hyyw/content/post_3834953.html

[2022-02-24]

[444] 2022 年中国海洋经济统计公报. https://www.mnr.gov.cn/gk/zcjd/202304/ t20230413_2781421.html [2023-06-07].

[445] 《2022 中国海洋经济发展指数报告》发布. https://www.mnr.gov.cn/dt/ ywbb/202211/t20221124_2768225.html [2023-06-07].

[446] 海洋经济平稳发展，韧性持续彰显. https://www.mnr.gov.cn/gk/zcjd/ 202304/t20230413_2781421.html [2023-04-13].

[447] 海洋十年：联合国海洋十年海岸带可持续发展国际大科学计划 COASTAL-SOS. http://coastal-sos.xmu.edu.cn/ch/xmgk/hysn.htm [2023-06-05].

[448] 刘艳杰，李杰. "海洋十年"国际合作中心揭牌. 光明日报, 2023-02-16.

[449] 郭少泉. 探索蓝色债券. https://cj.sina.com.cn/articles/view/2155767131/ 807e655b01900ozse [2023-06-07].

[450] 马吉山. 区域海洋科技创新与蓝色经济互动发展研究. 中国海洋大学博士论文, 2013.

[451] Ma Y, Zhang Q, Wang H. 6G: Ubiquitously extending to the vast underwater world of the oceans. Engineering, 2022, 8: 12-17.

[452] 更深远更融合，海上风能开发正当时. https://paper.people.com.cn/zgnyb/ html/2023-01/02/content_25958372.htm [2023-10-10].

[453] 我国首个"海上风电+海洋牧场"示范区收鱼！开创世界深远海抗台风养殖先河. http://www.cnenergynews.cn/fengdian/2022/01/20/detail_2022 01 20116323.html [2023-06-08].

[454] 海水制氢. https://zhuanlan.zhihu.com/p/596271064 [2023-06-08].

[455] 海水制氢：挺进氢能产业"新蓝海". http://www.cnenergynews.cn/ huagong/2023/03/09/detail_20230309131166.html [2023-06-08].

[456] 大众日报. "国信 2 号"青岛建造签约，全球首批 15 万吨级智慧渔业大型养殖工船. https://dzrb.dzng.com/articleContent/1176_1145803.html [2023-06-07].

[457] 尹燕波. 水下生产系统应用及管理. 化学工程与装备, 2021, (12): 100-101.

[458] 李志刚，贾鹏，王洪海，等. 水下生产系统发展现状和研究热点. 哈尔滨工程大学学报, 2019, 40(5): 944-952.

[459] 王玮，孙丽萍，白勇. 水下油气生产系统. 中国海洋平台, 2009, 24(6): 41-45.

[460] France gets its first offshore solar farm. https://www.offshore-energy.biz/ france-gets-its-first-offshore-solar-farm/ [2023-07-07].

[461] 白玉湖, 李清平. 基于海洋油气开采设施的海洋新能源一体化开发技术. 可再生能源, 2010, 28(2): 137-140, 144.

[462] 吴陈冰洁, 何建东, 贾艳雨. 中国石化南海北部新能源与油气耦合开发利用前景分析. 中外能源, 2023, 28(4): 15-22.

[463] "深海一号"大气田日产天然气达千万方. https://www.hainan.gov.cn/hainan/hycy/202111/df968809d0f844f89e6831e759f4edc0.shtml [2023-10-10].

[464] 2022 油气领域十大新闻. http://paper.people.com.cn/zgnyb/html/2023-01/02/content_25958351.htm [2023-10-10].

[465] 深海一号. https://baike.baidu.com/item/深海一号/55887468 [2023-07-12].

[466] 赵敏哲, 夏千惠. "南海一号": 中国水下考古之巨作. 科学 24 小时, 2022, (3): 36-38.

[467] 水下考古. https://baike.baidu.com/item/水下考古/4375122?fr=ge_ala#reference-5 [2023-07-21].

[468] 中央纪委国家监委网站. 新闻纵深: 中国深海考古深度突破 2000 米深潜探测助力水下文化遗产保护. https://baijiahao.baidu.com/s?id=17442350950357314417&wfr=baike [2023-07-21].

[469] 人民网. "勇士"潜千米, 深海探遗珍. https://baijiahao.baidu.com/s?id=1766544514008251088&wfr=spider&for=pc [2023-07-21].

[470] 中国科学院科考团队发现南海大型古代沉船. http://www.idsse.cas.cn/xwdt2015/mtbd2015/202305/t20230522_6760453.html [2023-07-21].

[471] 新华视点. 震撼! 南海古代沉船考古调查纪实. https://mp.weixin.qq.com/s/iWTMEb3nI3jOFe8Bo_bwdg [2023-07-21].

[472] 长江日报. 长江口二号古船成功整体打捞出水. https://baijiahao.baidu.com/s?id=1750061156609725838&wfr=spider&for=pc [2023-07-21].

[473] 孔冰欣. 大海捞珍, "长江口二号"船承文明. 新民周刊, 2022, (12): 48-53.

[474] 李婷. 历史性突破!长江口二号古船成功整体打捞出水. 文汇报, 2022-11-21.

[475] 孙丽萍, 丁汀. "长江口二号"水下考古催生多少"黑科技". 新华每日电讯, 2022-11-22.

[476] 新华社. 国产首艘大型邮轮"爱达·魔都号"开启商业首航. https://www.gov.cn/yaowen/liebiao/202401/content_6923730.htm [2024-01-12].

[477] 国产首艘大型邮轮"爱达·魔都号"完成首航!. https://www.gkzhan.com/news/detail/166818.html [2024-01-12].

[478] 首艘国产大型邮轮爱达·魔都号顺利完成首航. https://www.sohu.com/a/

750168068_121745188 [2024-01-12].

[479] 黄民雄, 张珂, 邵军华, 等. 全球第一艘无人自主船成功跨越大西洋. 航海, 2023, (2): 5-9.

[480] 中国指挥与控制学会. 2021 年无人水面艇发展动态. http://news.sohu. com/a/523682984_358040 [2023-06-08].

[481] Lin H, Yang M, Ru X N, et al. Silicon heterojunction solar cells with up to 26.81% efficiency achieved by electrically optimized nanocrystalline-silicon hole contact layers. Nature Energy, 2023, (8): 8.

[482] 崔雪芹. 国产水声通信机实现相同速率下最远传输. 中国科学报, 2021-12-17.

[483] 王康友, 刘志远, 祝叶华, 等. 2022 年中国重大科学、技术和工程进展. 科技导报, 2023, 41(3): 6-28.

[484] 2022 全球前十大集装箱港口：中国占 7 席, 榜首吞吐量达 4730 万标箱. http://news.sohu.com/a/655545697_100235743 [2023-06-08].

[485] 5 月 ISO 发布 4 项船海国际标准. https://mp.weixin.qq.com/s/6GDVKLBX NGBr8ect2Hx81Q [2022-06-10].

[486] 由我国主持制定的首项海洋地球物理调查国际标准发布. https://ocean. cctv.cn/2022/05/26/ARTI4SJgGRCzcVkprakQzrPM220526.shtml [2022-05-26].

[487] 2023 年上半年船舶与海洋领域国际标准研制情况小结. https://mp. weixin.qq.com/s/3LgG594CxP69fZxQ0cuY2Q [2023-07-20].

[488] 张博, 袁玲玲, 陈华, 等. 中国-国际海洋观测标准比对分析研究. 标准科学, 2019, (11): 117-120.

[489] 王爱军, 程绍华. 海洋观测仪器的通用技术要求. 数字海洋与水下攻防, 2023, 6(2): 167-174.

[490] 2022 年度船舶海洋领域国际标准发布和立项情况. https://mp.weixin.qq. com/s/LsYiyo7Ml2jii9vm3uOnpA [2023-01-31].

[491] 石建高, 余雯雯, 赵奎, 等. 海水网箱网衣防污技术的研究进展. 水产学报, 2021, 45(3): 472-485.

[492] 朱家正, 尉建功, 吴刚. 一种海上近岸多种能源综合利用装置, 专利 2023107140168 [2023-06-15].

[493] 杜云彬, 董瑞春, 刘杰, 等. 一种长续航自供能海洋浮标, 专利 2022106485994 [2022-06-09].

[494] 梁磊, 骆丙锦, 唐浩冕, 等. 一种用于海洋光纤传感网络的热电能量采集系统, 专利 2021115259907 [2021-12-14].

[495] 张双益. 基于深度学习神经网络的海洋风能降尺度方法, 专利 2020102911461 [2020-04-14].

[496] 薛佳慧. 基于数字图像处理的海上风力机角速度测量方法, 专利 2023109999617 [2023-08-10].

[497] 廖煜雷, 李可, 赵永波, 等. 海洋能驱动机器人节能避障方法, 专利 2023106816582 [2023-06-09].

[498] 郭朋华, 张大禹, 段昱冰, 等. 基于薄膜叶片海流轮机的离网式深海观测系统, 专利 2023104847942 [2023-04-28].

[499] 郭朋华, 张大禹, 段昱冰, 等. 基于等厚度圆弧翼叶片海流轮机的离网式深海观测系统, 专利 2023104852495 [2023-04-28].

[500] 王洪松. 海浪能自动提水装置, 专利 20231049714 8X [2023-05-05].

[501] 卜王辉, 武泽, 闫耀保, 等. 一种风机平台波浪能和潮流能综合利用发电系统, 专利 2022117063093 [2022-12-29].

[502] 高阳, 彭贵胜, 姜得志, 等. 一种海上浮式结构物的二氧化碳捕集及存储装置, 专利 2022200874424 [2022-01-13].

[503] 卢惠民, 卢小溪, 徐晨, 等. 一种基于海洋能源和海上风能的供氢供电系统, 专利 2022116806455 [2022-12-27].

[504] 杨金来, 韩克武, 王金宝, 等. 一种海洋船舶工业用电池组电池壳铝片的制备方法, 专利 2022112899677 [2022-10-21].

[505] 钟超, 陆敬安, 康冬菊, 等. 基于海洋能源采集用生物质能储存装置, 专利 2022215628672 [2022-06-22].

[506] 李陈. 一种海洋发电的新能源浮标, 专利 2022220464865 [2022-08-04].

[507] 杨满平, 张海潮, 路艳军, 等. 一种分级式可变向贮能-发电-储电一体化海洋能源装置, 专利 2022110635354 [2022-08-31].

[508] 钟超, 陆敬安, 康冬菊. 一种基于海洋能源用波浪能发电装置, 专利 2022215518437 [2022-06-21].

[509] 张玉, 李建威, 程志良, 等. 一种可燃冰开采过程中近井海洋能源土气-水两相渗透及力学性质测试装置和方法, 专利 2022107771353 [2022-07-01].

[510] 赵雪英, 张波. 一种用于海洋能源资源的风浪流测量装置, 专利 202221263855X [2022-05-13].

[511] 张玉, 刘书言, 李昊. 一种含天然气水合物的海洋能源土与结构接触面力学特性的测试装置和测试方法, 专利 2019110490809 [2019-10-31].

[512] 中国海洋钻井技术领域首部 ISO 国际标准发布. https://m.thepaper.cn/baijiahao_18464619 [2022-06-07].

[513] 国家能源集团牵头制定的首个 ISO 国际标准发布. https://ds.coaledu.cn/news/3916.html [2022-09-20].

[514] MEPC80通过《2023年IMO船舶温室气体减排战略》. https://www.sh.msa.gov.cn/jjdt/95266.jhtml [2023-07-13].

[515] 9月船舶与海洋领域国际标准动态. https://mp.weixin.qq.com/s/Q1q3_yAFGCab9SJX9w6qUQ [2023-10-18].

[516] 海洋信息产业发展态势，海洋信息产业投资潜力分析. https://www.chinairn.com/hyzx/20230214/164325610.shtml [2023-02-14].

[517] 袁逸博, 朱碧泓, 余文博, 等. 一种高可靠性的海上浮漂数据智慧监测系统及方法, 专利 2023108076313 [2023-07-03].

[518] 冀鹏, 季诚, 陈郁腾, 等. 一种用于船舶的远程安全监测与港口管理系统, 专利 2022107925084 [2022-07-07].

[519] 李晓彬, 胡宏涛, 陈威, 等. 一种基于Lora通信的海洋监测系统和方法, 专利 202310348515X [2023-03-30].

[520] 何广顺, 李晋. 海洋信息化顶层设计框架. 海洋信息, 2018, (1): 11-16.

[521] ISO/TC8/SC11 第 17 届全会召开. https://mp.weixin.qq.com/s/lgCYb3DpNHT8TjD8fKDYiQ [2023-05-29].